マセラティ大全

# MASERATI
## COMPLETE GUIDE III

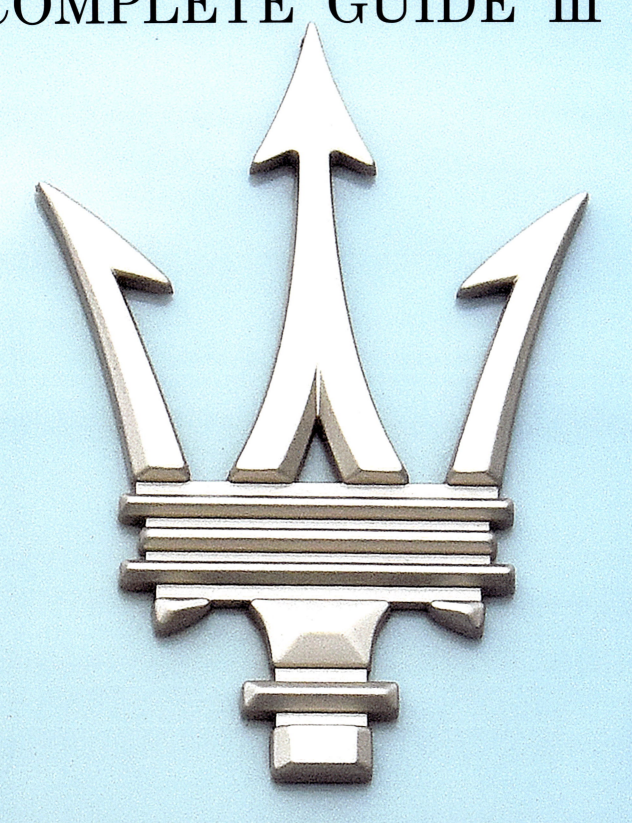

# CONTENTS

## マセラティ新世紀

| | |
|---|---|
| マセラティ 110 年を祝う | 004 |
| フォルゴレ・デー 〜 電動化時代の幕開け | 006 |
| ステランティスの時代 | 008 |
| GT2 ストラダーレ | 012 |
| グラントゥーリズモ | 014 |
| グランカブリオ | 020 |
| グレカーレ | 024 |
| MC20 | 028 |
| マセラティの生産拠点 | 033 |
| マセラティ フォーリセリエ | 034 |
| マセラティ クラシケ | 036 |
| マセラティ コルセ | 038 |

## マセラティ ロードカーの歴史

| | |
|---|---|
| 110 周年の起源 | 040 |
| オルシ家の時代 | 042 |
| 1946-1968 各モデル | 044 |
| シトロエンの時代 | 056 |
| 1968-1975 各モデル | 058 |
| デ・トマソの時代 | 062 |
| 1975-1993 各モデル | 064 |
| フィアットの時代 | 076 |
| 1993-1997 各モデル | 077 |
| フェラーリの時代 | 080 |
| 1997-2005 各モデル | 082 |
| FCA の時代 | 096 |
| 2006-2021 各モデル | 098 |

## マセラティ コンセプトカー 132

## マセラティ コンペティションモデル 144

日本のマセラティ史 075 / パニーニ・マセラティミュージアム 143 / マセラティ・クラブ・オブ・ジャパン 158 / スーパーカー消しゴムの世界 173 / 全モデルスペシフィケーション 160

# マセラティスタの気持ち（まえがきに代えて）

　現在に繋がるマセラティのDNAはマセラティ兄弟によって確立されたことは明確だ。
　マセラティ社が登記されたのが1914年であるが、それ以前より兄弟達は自動車をはじめとするエンジニアリング・ビジネスに情熱を注いでいた。それだけでもかなり個性的な未来志向だが、彼らは兄弟達だけで力を合わせてブランドを立上げるというという決断をした。このような試みは当時として相当にユニークなものであった。未来を見据えた技術開発をファミリーとして取り組むという概念はマセラティの大きな個性である。
　自動車ビジネスの舵取りをになったアルフィエーリ・マセラティはエンジニアとして、そしてドライバーとして比類無き才能を発揮した天才であった。さらに営業面でもその才能を発揮し、レース活動が困難となる第二次世界大戦前夜まで、資金的バックボーンもないファミリービジネスでありながらも、世界の強豪たちとサーキットで戦った。
　それは技術的な優位性だけでなく、アルフィエーリが誰からも愛された人格者であったからこそ成立したと言っても過言ではない。彼は自分達のことだけでなく、自動車レースに関わるリスク軽減のためにも、骨を折った。また、彼は世界の富裕層を顧客に持つブランドであったイソッタ・フラスキーニの経営に関わったことで、ラグジュアリーブランドとしての本質も理解していたから、顧客にもひたすらフェアに接した。だから、金銭的な利益を度外視して彼のことを応援する貴族・富裕層のバックアップを得ることが出来たのだ。
　レースに勝つための技術開発力、ラグジュアリービジネスへの関わり、そして家族の絆を大切にする風土といった、マセラティのDNAはその創業時からしっかりと根付いていた訳である。マセラティというブランドがイタリアの至宝として大切にされ続けているにはワケがあるのだ。経営は変われども、マセラティはその時代の中で大きな存在感を持ち続けていた。まさに自動車産業の変革期に創立110周年を迎えたが、未来を見据えた正しい舵取りがされることを信じたい。
　マセラティというブランドに魅せられて、私も既に長い年月が経った。しかし、マセラティスタとしての情熱は何故が覚めることを知らない。"ファミリー"というマセラティの概念について前述したが、この暖かさを私はいつもマセラティから感じる。ライバルブランドへ移籍してしまったドライバーであっても、モデナ近辺を移動するときには必ずマセラティへ寄ったという逸話は有名だが、そんな風土が今もマセラティには生きている。熱心なマセラティスタであるあなたも、これからマセラティの門を叩いてみようと考えるあなたも、本書のページをめくりながら、そんなことを考えてみては如何であろうか。

越湖 信一
Shn-ichi Ekko

# マセラティ創立 110 周年を祝う
## モントレー カーウィーク

北米西海岸で開催された今年のモントレーカーウィークは創立 110 周年を祝うべく、マセラティ三昧となった。マセラティにとって北米は歴代最重要マーケット。1957 年にデビューを飾った大型 GT、3500GT の北米における大ヒットが重要なマイルストーンであったのだ。だから、マセラティにとってこの世界最大規模のスポーツカーの祭典に力が入るのも当然なのだ。

### ラグナセカ・スピードウェイを疾走する MCXtrema

MCXtrema の第一号車が今回、顧客へと手渡された。この幸運なオーナーは生粋のマセラティスタであり、歴代マセラティをコレクションするエンスージアストだ。このオーナー、ガブリエーレに MCXtrema を手渡すべく、マセラティ・コルセはコークスクリューで有名なラグナセカ・スピードウェイに特設パドックを構えた。MC12 で世界を制覇した MC20 の開発ドライバーであるアンドレア・ベルトリーニにより第一号車のシェイクダウンが行われ、続いてオーナーがステアリングを握る。MCXtrema の熱い走りは、北米のレースマニア達にも、マセラティの存在感を大きくアピールできたのは間違いない。

### ラグジュアリーなマセラティ・ハウス

高級別荘地が並ぶペブルビーチ内陸にあるデルモンテ・フォレストのヴィラには限られた顧客だけが訪問を許される"マセラティ・ハウス"がカーウィークの間にオープンした。エントランスでは MC12 GT が出迎えてくれる。ハウス内ではモデナ料理や、マセラティ各モデルのネーミングのカクテルなどを楽しむことができる。グラントゥーリズモ、グランカブリオ、グレカーレのフォルゴレ・モデル（BEV）、MC20 トリブート・モデナなどが並んだ。

## GT2 ストラダーレ　ワールドプレミア

　今回最大のトピックは GT2 ストラダーレのワールドプレミアだ。GT2 ストラダーレは、フラッグシップの MC20 と FIA GT2 を戦うコンペティション・モデルである GT2（サーキット専用）の中間に位置するマセラティとして最も高いパフォーマンスを誇るロードカーとなる。今回展示された個体は基本的にプロダクションモデルと同等で、デリバリーも 2025 年前半とされているから、世界最大のマーケットであるここ北米には力が入る。

　ローンチ会場となった「ザ・クエイル・ア・モータースポーツ・ギャザリング」には、昨年の同イベントでワールドプレミアを飾ったサーキット専用限定モデル、MCXtrema（エムシー・エクストレーマ）、MC12 を彷彿させるリヴァリーを纏った MC20 イコーナと称す限定モデル（世界限定 20 台）も並んだ。

## 110° Anniversario Monterey

### "マセラティ特集" のペブルビーチコンクールデレガンス

　モントレーカーウィーク最終日は、そのハイライトたるペブルビーチコンクールデレガンスで締めとなる。この世界最高峰のクラシックカー・コンクールデレガンスには、ブランド創立 110 周年を記念して 27 台もの珠玉のクラシック・マセラティが集結した。加えてニューモデルやコンセプトカー発表のカテゴリーである "コンセプト・ローン" では GT2 ストラダーレが引き続き展示された。

　「マセラティ・ロードカー」カテゴリーではフルアやザガート製の A6G 系、そしてレアなピニンファリーナボディの A6G2000 から、スカリオーネによる 3500GT ベルトーネなど希少な少量生産モデルが並んだ。「マセラティ・レースカー」カテゴリーでは 1938 年 8CTF を皮切りに A6GCS から 450S、そして Tipo61 バードケージと、まさにヒストリーブックのような素敵なラインナップであった。そして、最後は「フルアボディのマセラティ」カテゴリーだ。A6GCS フルアスパイダーから、非常にレアなフルア製メキシコ（ワンオフモデル）も見ることができた。ウィナーは、ロードカーが A6G/54 2000 ザガートスパイダー、レースカーが 300S、そしてフルアボディが A6G 2000 フルアスパイダーであった。

　期間中は街中の至るところでびっくりするほど多くのマセラティに出会う。まさに北米の自動車文化の奥深さを実感する。早くも、次なる 2034 年のマセラティ創立 120 周年のメモリアルイヤーが待ち遠しい。

## マセラティ フォルゴレ・デー ～マセラティ 110周年の決意

　4月15日―2024年に創立110周年を迎えるマセラティは、イタリアのモーターバレーとして有名なエミリア・ロマーニャ州のスタート地点とされる海沿いの街リミニで、電動化の未来を祝うフォルゴレ・デーを開催した。＊（「フォルゴレ」とはイタリア語で「稲妻」を意味し、マセラティの新たな電動化戦略）この日はイタリアが生んだ偉大な天才、レオナルド・ダ・ヴィンチが誕生した日でもあり、メイド・イン・イタリーを祝う国民の日にあわせてこのビッグイベントが開催されたワケだ。

　CEO ダヴィデ・グラッソより「フォルゴレはマセラティの未来の語り手であり、新しいエネルギーでブランドの未来を象徴するものです。」というメッセージの元、「電動モビリティ」、「フォーリセリエ・カスタマイズ・プログラム」、オールエレクトリック・ラグジュアリー・モーターボート「TRIDENTE（トリデンテ）」の、フォルゴレを象徴する3つのテーマについてプレゼンテーションが行われた。

　「Made in Thunder（メイド・イン・サンダー）」ショーがスタートするとマチルダ・デ・アンジェリス、イタリアを代表する天体物理学者エドウィジュ・ペッツーリが登場し、ステージを盛り上げた。今回のクライマックスである「グランカブリオ フォルゴレ」のローンチが行われ、併せて MC20 フォルゴレの2025年デビューについても言及されたのだ。

2020年のMMXX: Time to be audacious＝新生マセラティ宣言において新世代ICEネットゥーノエンジン、モータースポーツへの回帰、そしてフォルゴレ＝電動化　という戦略の柱が発表されている。
「マセラティは、これまで以上に未来の電動モビリティへの取り組みを深めており、現あらゆる分野で組織化を進めている。モデナに本拠を置くマセラティは、すでにEU市場ではグラントゥーリズモ フォルゴレとグレカーレ フォルゴレ、そしてグランカブリオフォルゴレという3モデルのBEV車を発表している。また、モータースポーツDNAをそのルーツとするマセラティは、イタリアブランドとして初めてフォーミュラEに参戦しています」とマセラティのCEOであるダヴィデ・グラッソは語る。

### フォルゴレ Folgore

フォルゴレは、マセラティの未来にむけた大きな電動化のための戦略である。故セルジオ・マルキオンネはマセラティのプレジデント時代からCEOのハラルド・ウェスターと共に、電動化の開発を促進した。ウェスターが一時期、CEO職から離れ、FCAグループのチーフ・テクニカル・オフィサーとなったのも、電動化に向けて一刻も早くノウハウを蓄積し、独自のEVシステムを完成させる為であった。実は水面下でマセラティは電動化へ向けての開発をライバルメーカーに先んじて行っていたのだ。モデナのイノベーション・ラボ、そして本社工場のエンジン・ラボにおいても電動化のための開発が日々行われた。新型マセラティ グラントゥーリズモとグランカブリオは、マセラティ初の100％電気自動車となるモデルである。

# Folgore

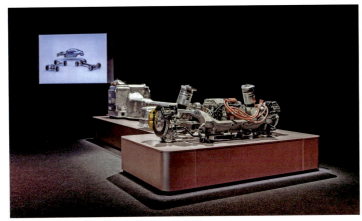

グラントゥーリズモ・グランカブリオ 800V システム

グレカーレ 400V システム
奥の壁面に装着された「フォルゴレ・チャージウォールボックス」に注目

### フォルゴレ・テクノロジーと電動モビリティ

　グレカーレ フォルゴレのバッテリーをフロア下に設置しながらもクラス最高レベルの室内空間を誇るローリングシャシー、グラントゥーリズモ フォルゴレのフロントおよびリアアクスルやバッテリーパックが展示された。このセンタートンネルにバッテリーパックをレイアウトする効率的なシステムは、スポーツカーとして必須の低重心プラットフォームと共に、コンペティションマシンさながらの低いシーティング・ポジションをも実現した。さらにエレガントなデザインの家庭用チャージャー「フォルゴレ・チャージウォールボックス」なども並んだ。

### フォーリセリエ

　フォーリセリエ・カスタマイズ・プログラムに関してはデザインセンターのトップであるクラウス・ブッセよりグレカーレ、MC20 チェロに関するインテリアの新しい提案がプレゼンテーションされた。

### VITA マセラティ「TRIDENTE」

　ヴィータ・パワーとマセラティのコラボレーションによる全電動の高級モーターボート「TRIDENTE（トリデンテ）」がアンヴェイルされた。

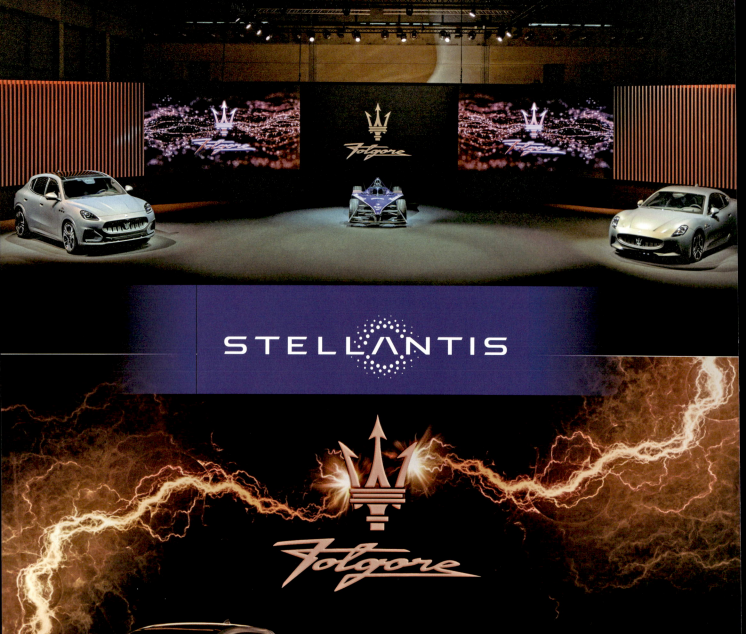

# Stellantis Period
## ステランティスの 時代

**2021-**

大胆な電動化と持続可能な成長に焦点を当てた
100% エンジニアード＆メイド・イン・イタリー戦略

J. Elkann　　　C. Tavares

ステランティスのかじ取りを行う、カルロス・タバレスとアニエッリ・ファミリーを代表するジョン・エルカーン。エルカーンはフェラーリの会長職も兼ねる。マセラティのCEOはダヴィデ・グラッソ。

　マルキオンネ亡き後、FCA(フィアット・クライスラー・オートモビルズ)は2019年あたりからフランスのカーメーカーとの合併を模索していた。その結果、FCAとグループPSA(プジョー、シトロエン、DS、オペル、ボクスホール)との交渉が始まり、2020年末に欧州委員会が合併を承認。2021年1月16日に経営統合が成立し、ステランティスN.V.が誕生した。FCAサイドよりアニエッリ・ファミリーを代表するジョン・エルカーンが会長に、CEOにはルノーのマネージメントで実績をあげたカルロス・タバレスが任命された。統合された各ブランドの中でもマセラティはトップエンドのラグジュアリーブランドとして重要な位置付けが当初よりなされている。

　FCAの傘下であるマセラティに関してはこれまでと同様に、他ブランドとは独立した立ち位置が維持された。例えば日本のセールスネットワークは、ステランティスジャパンに統合されたが、マセラティはこれまで通りマセラティジャパンという独立した組織がオペレーションを行っている。FCAとPSAの合弁企業となったことで、これまで最大の株主であったアニエッリ・ファミリーに加えてフランスサイド意志決定も尊重しなければならないという点がマセラティにとって大きな変化であろう。

　MC20はFCAマネージメント期にローンチしているが、本書が発行される2024年後半における販売ラインナップという点に焦点を当てて、MC20、グレカーレ、グラントゥーリズモ、グランカブリオを当マネージメント期に含ませている。

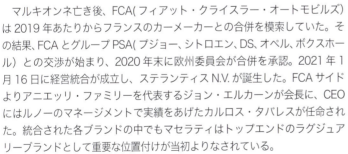

**プロダクツ リリースプラン：**
　2025年にMC20フォルゴレ（BEV）に加えて、それぞれ完全電動モデルである、レヴァンテ後継EセグメントSUV、クアトロポルテ後継モデルのローンチ計画をマセラティは発表していた。MC20フォルゴレは2025年に登場しそうであるが、他2モデルに関しては想定されたプラットフォームの変更もあり、2027-28年へと持ち越されるようだ。

先代グラントゥーリズモ MC ストラダーレを彷彿させる硬派な "MC20 ファミリー"

# GT2 ストラダーレ

2024 -

　GT2 ストラダーレは既にサーキットで大活躍している FIA GT2 ホモロゲーションモデル、GT2 のロードカー・バージョンである。パフォーマンスでは定評がある MC20 をよりレーシーに仕上げたというワケだ。GT2 ストラダーレの誕生で、ベースモデルである MC20、サーキット専用 FIA GT2 ホモロゲーションモデルの GT2、さらにサーキット・エクスペリエンスを楽しむ為のハイパフォーマンスモデル MCXtrema（サーキット専用）の計 4 台からなる "MC20 ファミリー" が完成したことになる。

　ユニークさや、ハイパフォーマンスさを競う当カテゴリーにおいて、GT2 ストラダーレはかなりインパクトのある存在となることは間違いない。

　先代グラントゥーリズモのトップレンジモデルとしてデビューを飾ったグラントゥーリズモ MC ストラダーレのごとく、"サーキットへと快適にドライブを楽しみ、ハイレベルのレースにおけるパフォーマンスをも追求する" というキャラクターを GT2 ストラダーレは備える。しかし最新のテクノロジーと長年培ってきたラグジュアリー・スポーツカー造りのノウハウを活かすことで、快適性にも充分拘っているという。ユニークでエレガントなカラーリングや、プロポーションを壊すことのない洗練された空力デバイスの仕上がりは、MC20 のエレガントさをスポイルすることはない。デイリーユースにも充分マッチするマセラティ GT の DNA が的確に具現化されていると言えよう。

## *Performance:* 640psの大パワー

おなじみネットゥーノエンジンはECUのアップデートとエキゾースト系の改良により、最高出力640psへとパワーアップ。マセラティとして、"サーキット以外でも使用可能な最もパワフルなICE搭載モデル"の称号を得た。ターボチャージャーの改良により、ピークパワー時のブースト圧と効率を高め、エキゾーストシステムのアップデートによりバックプレッシャー低下させることで、パフォーマンスの向上を実現した。

サスペンションのジオメトリーはGT2に準ずるもので、ブレーキシステムは、ブレンボとのコラボレーションでGT2ストラダーレ専用に開発された。ディスク径、厚み共にアップデートされ、ドライビング・パフォーマンスが向上している。システム温度を下げるために必要なより多くのクーリングエアが供給できるよう、ボディ全体のエアフローが最適化されている。

## *Exterior:* GT2譲りの空力デバイス

エクステリアにはGT2由来の空力最適化への拘りを多数見ることができる。開発時には"シャークノーズ"と呼ばれたシャープなイメージのフロントグリルとバンパー、大型リア・デフューザーが、そそられる。また、GT2譲りの新形状フロントボンネットもアイコニックなイメージを醸し出すのみならず、空力、クーリングの最適化に高く寄与する。ボンネット、フロントホイールアーチ、リアウィンドウにマセラティのアイコンたる3連のエアベントのテーマがさらに強調されている。

フロントフェンダー上部のエアアウトレットは、ブレーキクーリング、ホイールアーチ内の減圧に寄与する。リアフェンダーのエアインテークも大型化され、新しいカーボンファイバー製クーポラ（球状ドーム）の採用と共にエンジンクーリングの効率を高める。

リアエンドは大型のCFRP製スポイラーの採用でよりスポーティなイメージを見せてくれる。さらにGT2モデルにインスパイアされた新意匠リアウイングはアルミ製で、空力の最適化に併せて3段階にアングルのアジャストすることで、ダウンフォースをサーキットに合わせて調整が可能となる。このリアウイング形状は"ブーメランデザイン"と称されているが、これら実践的なチューニングによって280km/hにおけるダウンフォースはMC20の3倍を超える500kgを達成している。

20インチセンターロック鍛造ホイールもGT2からのキャリーオーバーで、MC20のベーシック・バージョンと比較して約19kgの軽量化を実現している。こういった軽量化への拘りから、GT2ストラダーレはMC20比60kgの重量削減を達成している。

ローンチカラーにセレクトされた"デジタル・オーロラ・マット"は、フォーリセリエ（カスタマイズ・プログラム）のパレットに新たに加わった新色で、赤とマゼンタのマイカ色調を持つブルーとしてとてもユニークなものだ。後述するシートのセレクトも含め、このGT2ストラダーレのオーダーにおいて、カスタマイズ・プログラムの出番はかなり多いであろう。

## *Interior:* マット仕上げのインテリア

キャビン内はアルカンターラとマット仕上げで統一化されており、CFRPセンターモノコックも意図的に露出させ、レーシーなイメージを高めている。センターコンソールは軽量化の為に小型化され、サベルトとのコラボレーションによるCFRP製ダブルシェルシートはさらに低いシートポジションの選択を可能としている。（ニーズに併せてサイズが選べる他、コンフォート指向のスポーツシートもセレクト可能）

また、ステアリングホイールも開発ドライバー アンドレア・ベルトリーニのノウハウを活かして更に進化したものとなり、9個の白、青、赤のLEDによりドライバーにギア・チェンジの正確なタイミングを知らせるシフトライトも装備されている。

75年に渡るマセラティGTヒストリーを継承する真打の登場

# ニューグラントゥーリズモ 2022-

## マセラティ完全電動モデルのトップバッター

　グラントゥーリズモの佇まいはマセラティ歴代モデルのスタイリングDNAをバランスよく抽出したものといえる。力強い前後フェンダーとそれを結ぶ直線的な造形、装飾的な要素を廃したストレートなディテイルはマセラティならではのエレガントなイメージを醸し出している。

　MC20ファミリーの一員であることを表明するバーチカルタイプのヘッドライトと存在感ある大型グリルの調和に、誰もが洗練された美しさを感じるであろう。

　マセラティ フロントエンジンモデルの伝統としてグラントゥーリズモもフロントミッドマウントエンジンのレイアウトを踏襲している。前後の重量配分を最適化することで理想的なハンドリングを実現するというエンジニアリング的なメリットを持つのはもちろんだが、同時に美しいプロポーションを生み出す大きな要素ともなっている。つまりフロントオーバーハングとAピラーから前輪のホイールアーチまでの長さの理想的な調和を見せてくれるのだ。

　ロングノーズとマッシブなフェンダーを強調する"コファンゴ"スタイルのワイドなフロントフードの採用も大きな特徴だ。コファンゴとはボンネットとフェンダーが一体化したフロントフード形状を意味し、Tipo61などマセラティのコンペティションモデルに用いられた。このイタリアン・クラフトマンシップによって実現したコファンゴの採用により新グラントゥーリズモの質感は素晴らしく向上したと言っても過言ではない。ボンネット開口部のギャップに邪魔されることなく、フロント部の繊細かつ美しいシェイプを私達は愛でることができるのだ。

　このように新グラントゥーリズモのスタイリングはマセラティの伝統的なモチーフを最新のテクノロジーでまとめ上げていると言えよう。前モデル同様に決して陳腐化することのないタイムレスなデザインであることは間違いない。グランカブリオと併せて総生産40000台という大ヒット作となった初代モデルの栄光を引き継ぐ一台となることを期待された重要なプロジェクトなのだから。

# GranTurismo

## Styling: グラントゥーリズモのスタイリング

スタイリングを手掛けたのは Klaus Busse／クラウス・ブッセ。もはや、ロレンツォ・ラマチョッティのあとを継いで、マセラティスタイリングの語り部の地位が定着したクラウス。各イベントではスタイリングのみならずマセラティの魅力を語る伝道師として引っ張りだこだ。
ニューグラントゥーリズモのエクステリア・デザインはエクステリア・チーフのジョヴァンニ・リボッタとビョンユン・ミンが手がけた。250F をはじめとしたコンペティションマシン、そして GT カーからマセラティの DNA を巧みに抽出し、大ヒット作の次モデルという難題に的確な答えを出した。
5 つのアイデアの中から 3 つのスケールモデルを製作し、その中から当時のマセラティ CEO であったハラルド・ウェスターらがこの案をセレクトした。

### 最適化された新世代ネットゥーノエンジンの搭載

I.C.E モデルは「モデナ」、「トロフェオ」の 2 モデルから構成される。どちらも MC20 由来のネットゥーノエンジンの搭載だ。ツイン・イグニッション、プレチャンバー・システムを導入した V6 3L の新世代エンジンはハイパフォーマンスと環境への配慮を両立している。MC20 とは異なりウェット・サンプ仕様となり、片バンクの気筒休止システムも備えている。より燃料消費の低減を実現しているのだ。両モデル共 AWD システムを採用し、基本構成は同じだが、エンジン・チューニング、トロフェオが e- デフを採用している点が異なる。

## *Folgore:* フォルゴレ完全電動モデルのトップバッター

　フォルゴレ戦略を発表した時点で、マセラティ電動化のショーケースは MC20 であった。このフラッグシップであるミッドマウントエンジン 2 シーターモデルは、当初 PHEV で開発が進んだが、まもなく ICE と完全電動という 2 モデル体制へと変更された。それはマセラティとして電動化へ本腰を入れるという意思表明でもあった。その後、リリースプランの変更によってマセラティ BEV のトップバッターはニューグラントゥーリズモとなったが、マーケットの広さを考えるならば、これは理にかなったことだ。

　BEV のフォルゴレに関しては ICE モデルから少し遅れての受注開始となる。バッテリー容量 92.5kWh の電動パワートレインを搭載、永久磁石モーターを 3 基積み、760PS を発揮する。このように同じモデルのバリエーションとして ICE と完全電動の 2 つが発表されるというのはきわめて希なことである。かさばるバッテリーを搭載した BEV でありながらも低く抑えられたルーフと着座位置や、両バージョンでまったく変わらないキャビンスペースといったセンセーショナルなポイントをマセラティスタ達にアピールするために、マセラティはこのような戦略で臨んだということであろう。

## *Development:* グラントゥーリズモ・フォルゴレの開発

　フォルゴレ開発担当の Davide Danesin / ダヴィデ・ダネジン（GT Line Program Executive at Maserati）。彼は毎日のようにグラントゥーリズモ・フォルゴレの評価テストドライブで大忙しであるという。彼がフォルゴレ・モデルで強調しているのは、マセラティオリジナルのテクノロジーを用いて開発を進めたものであり、100% マセラティのフィロソフィーで作りあげられたという点だ。故マルキオンネは早くから EV の可能性とマーケットの移行を予測し、マセラティを FCA グループにおけるその先駆とすべく、大きな投資をしていた。金銭的なものだけでなく人的投資にも揺るがないものがあった。エンジニア達はライバルブランドの一つ先を見ながら開発を進めていたと言っても過言ではない。このフロントフードはしっかりとシステムを理解したメカニック以外は開けることができないのだが、その中を覗いてみるとかなり骨太だ。「高圧を扱う EV はまたガソリンエンジンとは違ったリスク管理も必要です。万が一のクラッシュ時にも安全を担保できるよう強固なサブフレームが構造体として採用されています」とダヴィデ。トルクベクタリングのチューニング、そしてマセラティの DNA を彷彿させるサウンド処理など、その拘りは際限ない。私はまだ少ししかそれを体験していないが、かなりそれらはレベルの高いものであると確信している。

## *Production:* グラントゥーリズモを生み出す新アッセンブリーライン

　SANDRO BERNARDINI / サンドロ・ベナルディーニ（Chief Vehicle Engineer Maserati Granturismo）が広大なトリノ ミラフィオーリ工場のニューグラントゥーリズモ アッセンブリーラインを案内してくれた。これまでスティール製モノコックシャーシをベースとしていたマセラティだが、ニューグラントゥーリズモは特殊スティール、アルミニウム、マグネシウム他、幾つもの金属を組み合わせることでシャーシが完成する。スポット溶接だけでなく、イノヴェーティブな接合方法が採用され、軽量化と高剛性、そして製造コストなどの面で上手く両立を図っている。「巨大な一体型フロントフードのプレスなどはあくまで一例です。ニューグラントゥーリズモのあらゆるところで新技術と素晴らしい匠が活きているのです。」とサンドラ。それら技術の素晴らしさを説明してくれるエンジニア達の自信に満ちた顔が印象的であった。これまでのしばらく刷新がなかったマセラティのアーキテクチュアもここで大いに一新されたワケだ。これ以降にリリースされるラインナップへとこれらは採用されていくであろうから、大いに楽しみだ。電動化の各コンポーネントもこのミラフィオーリ工場内に設けられたラインで既に製造が始まっているようだ。

### *Architecture:* 完全新設計の軽量シャーシ

　シャーシは当モデルの為にゼロから開発されたもので、65%がアルミニウム製であり、ルーフもアルミニウムだ。このような意欲的な取り組みにより低重心化を実現すると共に、きわめてライトウエイトなモデルへと仕上げられている。新グラントゥーリズモは従来モデルより約100kgの軽量化を実現している。

　注目したいのはAWD化や安全に関わる最新の要件を組み込みながらも、肥大化することなく、使い勝手のよい適切なボディサイズに収まっているということだ。従来モデルと比較すると全幅は40mm程度広がるものの全長は25mm程度長くなるだけで全高は変わらない。ハンドリングのキャラクターを左右するホイールベースは逆に短縮化されている。(MC ストラダーレ比)。もちろん、マセラティの歴代グラントゥーリズモが重視した、キャビンの居住性、ラゲッジスペースも充分に確保され、大人4名が快適に過ごすことのできるフル4シーター・スポーツカーとしての拘りは健在だ。

　フロント：ダブルウィッシュボーン、リア：マルチリンクの足まわりも全て新開発のもので、エアスプリングが採用されている。様々な環境における最適のハンドリングと快適性の両立が採用の理由であるが、デイリーユースにおけるグランド・クリアランスの確保も重要なポイントであったとチーフエンジニアのダヴィデ・ダネシンは語る。瞬時に25mmリフトアップを可能とすることで日常の使い勝手は大きく改善されるというワケだ。

THE NEW **GRANTURISMO ARCHITECTURE**

### *75th Anniversary Edition:* 75th アニバーサリー エディション

　グリジオ・ラミエラ・マットのエクステリアカラーにはコルセ・レッドのアクセント、ネロ・コメタにはミントグリーンのアクセントがそれぞれ施された2つの特別限定車。マセラティGT生誕75周年へのオマージュとなる。アイコニックなアクセントカラーの施されたホイールのセンターには75周年記念ロゴが仕立てられている。

　それぞれレッドとミントグリーンのステッチが施されたブラック＆アイスのレザーシートのヘッドレストには75周年記念ロゴが刺繍される。

## Interior: マセラティGTの伝統を受け継ぐインテリア

　インテリアに関してもMC20とのシナジーを随所に見ることが出来、ミニマルかつエレガントなスタイルが最新のテクノロジーを用いて具現化されている。これまでのレザーやウッドに変わってサステナブルな素材が採用され、そのカラーリングの選択肢も広がっているところがうれしい。シフトレバーを廃したセンターコンソール、ドアパネル廻りはきわめて高い質感を持ち、大型スクリーンやスマートクロックというデジタル・インストルメントを自然な形でキャビン内の世界観に溶け込ませることに成功している。主な機能をタッチスクリーンのインターフェイスに集約したコンフォートディスプレイをセンターに置くコックピットデザインは、グレカーレの流れを汲む。

## Sound: マセラティ・サウンドは健在

　グラントゥーリズモはフロントエンジンモデルであるから、理想的な共鳴を得ることのできる長いエグゾーストシステムを備えている。長年、エグゾーストノートに拘ってきたマセラティであるから、そのチューニングにはぬかりない。

　厳しい環境規制に適応するため、音量そのものは抑えつつも、インテークからサイレンサーのバイパスバルブに至る的確なコントロールにより、アドレナリン放出を高めるマセラティ・サウンドをマセラティ・イノヴェーティブ・ラボのエンジニアが作り出してくれた。

　フォルゴレにおいてもそのこだわりは健在だ。リアアンダーボディに設けられたサブウーファーが、解析されたマセラティサウンドをニュートラルに補足する。そのお手本とするのはM136エンジン。そう、先代グラントゥーリズモに搭載されたあのN/A V8サウンドなのだ。

先代より引き継いだマセラティならではのユニークなモデル

# グランカブリオ トロフェオ/フォルゴレ

2024-

## 快適な4シーター・オープンエア・エクスペリエンスを実現

2シーターや2+2とは違うフル4シーターによる正統派グランツアラーとしての実用性とパフォーマンスを備えたクーペモデル新型グラントゥーリズモ。その魅力を1ミリたりとも損なうことなくエレガントなオープンモデルに仕立てられたのが新型グランカブリオである。

マセラティは歴代、オープンモデルへの強い拘りをもったブランドであり、2009年デビューを飾ったピニンファリーナのデザインによる初代グランカブリオは、さらにこの意を強めた。よりラグジュアリーなオープンモデルとしてのテイストが強調され、マーケットから高い評価を受けたのだ。エレガントでクラシカルなソフトトップを備えたフル4シーターモデルはロングセラーを記録し、2019年に惜しまれつつも販売終了となった。

そんなマセラティらしいユニークなモデルの後継が新型グランカブリオである。3.0L ガソリンV6ツインターボのネットゥーノエンジンを搭載し、最高出力542馬力を発揮するグランカブリオ・トロフェオが露払いの一台となる。

### 追って「フォルゴレ」モデルも登場

2024年4月のフォルゴレデーで発表された3モーター駆動の完全電動モデルであるグランカブリオ・フォルゴレのデリバリー開始も待ち遠しい。

グラントゥーリズモと同様、新型グランカブリオのアーキテクチャーは、アルミニウムやマグネシウムなどの軽量素材と高性能スチールを多用した革新的なマルチマテリアル・アプローチの賜物である。その結果としてクラス最高レベルのライトウェイトさと高剛性の両立を実現した。

特にオープンモデルにおいて、ボディ剛性はドライブフィールに直結するから重要なポイントである。先代もこの点で高く評価されたが、新型は更なる向上が見られる。ちなみにクーペ版のグラントゥーリズモと比較してグランカブリオの重量増はごく僅に抑えられている。これも両モデルがゼロから同時開発されたことから生まれた大きなメリットだ。

# GranCabrio

### Softtop: 伝統のソフトトップ

　なによりグランカブリオにはソフトトップが似合う。このマセラティ伝統のソフトトップへの拘りは、オープン時のクリーンなスタイリングとクローズした時のエレガントなたたずまいを両立させる重要な要素でもある。キャンバス製トップは、ブラック、ブルーマリン、チタングレー、グレージュ、ガーネットの5色からセレクトできる。

　このソフトトップはクローズドにしたときにも非の打ちどころのないドライビングプレジャーを体験できる。その耐候性、遮音性は先代でも定評があったが、新型ではさらにブラッシュアップされている。もちろん、オープンモデルとしてドライブするときにも優れたエアロダイナミクスと優れた快適性を享受できる。

　時速50km/h以下であれば走行中も開閉が可能であり、開閉に要する時間はわずか14秒である。先代が30km/h以下、29秒だったことを鑑みればこれも大きな進歩だ。これらは新しいテクノロジーの採用やマセラティ開発チームによるマセラティオープンモデルへの拘りから生まれたものと言えよう。

　4名乗車の為の充分なスペース、そしてラゲッジスペースの確保も拘ったポイントだ。折りたたんだルーフをトランクに収納するスペースを確保するため、カーゴスペースが用意されており、ルーフを閉じたまま走行する場合は、トランク容量を増加させる工夫もありがたい。

　マセラティでしか体験することの出来ない特別なオープンエア・ドライビングを楽しむことのできるまさに真打ちの一台である。

MASERATI COMPLETE GUIDE | 021

### *Safety Cablio:* 徹底した安全性と使い勝手

　フォルゴレ開発担当であり、このグランカブリオ開発にも携わった Davide Danesin / ダヴィデ・ダネジンに話を聞いた。
「グラントゥーリズモと同時開発、それもフォルゴレも併せて進めた多くのメリットがこのグランカブリオで活きています。なにより充分なキャビンスペースとラゲッジスペースが確保されている。リアのレッグスペースは 35mm、ラゲッジスペース容量は 120L、先代より増加しています。ですからスポーティな 4 シーターのオープントップモデルというグランカブリオの特質をより強化することが出来ました。そして多くのバッテリーを搭載するフォルゴレでもこの数値は全く変わらないのです」
　さらに装着されているソフトトップは開閉機構、材質共に大きく進化しているという。

　マセラティはこのカテゴリーの第一人者であるバベスト社との深いコラボレーションによって、スタイリングを犠牲にすることなく遮音性に優れたエレガントなソフトトップを採用することが可能となった。
「最後に強調しておきたいのは徹底した安全性への拘りです。横転時など最悪の状況を考慮し、フロントウィンドシールドの強度は先代でも充分なものを確保しており、実際のアクシデントにおいても、その安全性は証明されています。今回のモデルではそれをさらに突き詰めています。フロントウィンドシールドは車の重さの 2.5 倍までを支えることができるのです。こういった安全に関する妥協なき設計を行いながらも車両重量をグラントゥーリズモ比 100kg 増に抑える為には並ならぬ努力が必要でした」

### *Neck Warmer:* 快適なオープンエアのために

　オープンエアモータリングを快適にする拘りのエクイップメントとして、全モデルに標準装備されたネックウォーマーはシートに備え付けられており、直接温風を吹き出し、ドライバーとパッセンジャーを包み込む。冬期における快適なオープンエアクルージングには頼りになるエクイップメントである。
　またオプションとして、トランクに折り畳んで収納可能なウインドストッパーが用意されている。フロントシート後部に取り付け、オープンエア時においてパッセンジャー・コンパートメントに発生する乱気流を防ぐ。このオプションはエアロダイナミクス向上にも寄与する。2 名乗車時のみ利用できる。

#### マセラティのスパイダーへの拘り

マセラティ初のオープンモデルは 1931 年型 4CS、1932 年型 8CM という 2 台のコンペティションモデルのロードバージョンだ。そして初のグラントゥーリズモ、A6 1500 ピニンファリーナにおいても、もちろんオープンモデルが製作されたし、写真のギブリ スパイダーは最高のコレクターズ・アイテムだ。ビトゥルボ時代のスパイダー・ザガートもクリーンなスタイリングで大ヒットモデルとなり、続くフェラーリ時代に誕生したマセラティ スパイダーはクーペに先行してアンヴェイルされ、北米マーケット再上陸を果たした。マセラティのオープンモデルは長期に渡り、皆の憧れなのだ。

### 追って「フォルゴレ」モデルも登場

セグメント初のフル電動オープンカー。最高速度 290 km/h を誇り、公道最速の電動オープンカーでもある。フォルゴレシステムは 800V テクノロジーをベースに、フォーミュラ E から派生した最先端のソリューションによって開発されたもので、300kW の強力な永久磁石モーターを 3 基搭載する。

### Fuoriserie: グランカブリオ ティニャネロ

イタリアワインの名門アンティノリが手掛ける「ティニャネロ」の 50 周年を記念し、グランカブリオ フォルゴレをティニャネロのイメージに合わせてカスタマイズしたフォーリセリエモデル。

ティニャネロのルーツであるブドウ畑からインスピレーションを受け、ユニークなカラーセレクト、革新的な素材の使用、洗練されたクラフトマンシップ職人技の活用などに拘っている。エクステリアは、ブドウ畑の土壌にインスパイアされた赤茶色で、ティニャネロの特徴的なワイン樽の色を彷彿とさせるレッドに、落ち着いた赤紫のバーガンディ色を加えた。ホイールリムとブレーキキャリパーはそれぞれマットブラックと光沢のあるブラック、エンブレムはコッパーカラーで、ツヤのある背景にブロンズのマセラティのロゴが施されている。ソフトトップの布地はブラック。

マセラティ新世代を彩るハイクオリティ&ハイパフォーマンスSUV

# グレカーレ GT/モデナ/トロフェオ/フォルゴレ

2022-

## 高セールスを記録するマセラティ新世代SUV

　MC20のデビューに続いてアンヴェイルされた新世代マセラティ第二弾がプレミアムSUVグレカーレだ。全長が5メーターを切るまさに日本のマーケットに向けてのジャストサイズ。そのセールスは全世界的に好調なようだ。はじめてのマセラティというカスタマーにも魅力的であるし、従来からの熱烈なマセラティスタからも注目が高い。

　MC20を皮切りに続々とニューモデルが誕生するマセラティの大規模なリブランディング・プランの中で、グレカーレは大きな意味を持つ。パフォーマンス指向のマイルドハイブリッド、最新テクノロジーを導入したICE(内燃機関エンジン)ネットゥーノ、そしてフォルゴレと称す完全電動システムという新世代パワートレイン群への完全対応を前提として開発が行われた。そのプラットフォームも基本的に新規開発のもので、前述全てのパワートレインに向けて最適化されたものだ。そういった意味で、まさにMC20同様、"オールニュー・マセラティ"なのだ。

　そもそもマセラティには2023年で生誕50周年を迎えた4ドアスポーツカー=クアトロポルテのDNAが存在する。かつて名だたるスポーツカー・メーカーにとって、世界に通用するハイパフォーマンス4ドアサルーンを作ることは簡単なことではなかった。つまりパフォーマンスと快適性を両立させ、当時のターゲットであった富裕顧客を満足させることはとても難しかったのだ。その両立を実現し、ラグジュアリーな味付けと信頼性を備えたモデル開発を可能としたのは高い技術力を持ったマセラティだけがなし得たのだった。そんな4ドアスポーツカーDNAがあるからマセラティのSUVは巷のライバル達とは一味違うのだ。

　そんなマセラティのDNAの"いいとこ取り"から生まれたのがグレカーレだ。

　競合モデルがひしめくDセグメントSUVカテゴリーであるが、その中でも幾つもの特筆すべきポイントを備えている。その最大はなんといってもそのエレガントなスタイリングだ。マセラティ・デザインセンターがまとめたそのスタイリングは、新世代マセラティのコンセプトを明確に備えるMC20のDNAをストレートに受け継いでいる。空力的に最適化を追求しながらも美しいボディラインを邪魔する突起したスポイラー等空力デバイスを排除したのもMC20譲り。余計なキャラクターラインを廃した彫刻的な美しさが際立つ。そしてマセラティとしての存在感を問答無用で表わす特徴的なフロントグリルはMC20同様、低く位置しスポーツカーとしての属性をアピールしてくれる。

　マセラティ・デザインセンターのトップであるクラウス・ブッセはこう語っている。「低く位置するフロントグリル、そしてフロントフェンダーを流れる力強いラインは最も美しいマセラティと語られたA6GCS/53ベルリネッタ譲りです。技術開発部門とデザインセンターの密なコミュニケーションから生まれたまさに新世代マセラティというべき自信作です」と。

　さらに注目したいのはスペースユーティリティとスタイリングのトレードオフがないことだ。

　2,901mmというロングホイールベースの採用により、リアシートのレッグスペース、ヘッドクリアランスなどライバルモデルより明らかに余裕があり、ラゲッジスペースの使い勝手共々、レヴァンテにおける経験値が大いに活かされている。

## *Performance:* パフォーマンスと快適性の両立

　グレカーレのもうひとつの魅力は、パフォーマンスとドライビングプレジャーへの拘りだ。グレカーレは単なるラグジュアリーSUVではない。高い次元でパフォーマンスと快適性を両立させてるまさにスポーツクーペといっても過言ではない。特徴的なのは最新のFRプラットフォームの採用だ。多くのDセグメントSUVがFFベースのシャーシをベースにAWD化しているのに対してグレカーレはFRベースを採用している。マセラティのDNAであるドライビングプレジャーの実現の為に、その基本たるシャーシに大いに拘ったから、ロングホイールベースにも関わらずきわめてシャープな挙動を楽しむことができる。新システムのヴィークルダイナミックコントロールモジュールは、コンフォート、GT、スポーツ、コルサ（トロフェオのみ）、オフロードのドライブモードの選択が可能となっているが、そのバリエーションはまさにSUVの域を超えたものだ。

　サスペンションはフロントがダブルウイッシュボーンでリアがマルチリンク。エアサスペンション、電子制御LSD（トロフェオのみ）、アクティブショックアブソーバーはトロフェオにはデフォルトで採用されるが、モデナにはエアサスペンションはオプションとなり、LSDもメカニカルとなる。GTにおいては全てオプションとなるが、コンフォート・ハンドリング・パッケージをセレクトすることでLSDとエアサスペンションが装着される。ちなみにタイヤサイズの関係で（ホイールアーチのガードが出っ張る）数値上の全幅はトロフェオ＆モデナとGTでは31mmほど異なる。

### Nettuno: 最高性能エンジン搭載モデルも登場

　グレカーレにはマセラティ最新のパワートレインが採用されている。ギブリ、レヴァンテ GT で定評ある 48V システムはさらにブラッシュアップされ、300ps と 330ps 2.0L 4 気筒マイルドハイブリッドエンジンを搭載した「GT」、「モデナ」、そして 530ps 3.0L V6 ネットゥーノエンジンを搭載した「トロフェオ」の 3 モデルだ。その中でもネットゥーノはまさに MC20 搭載のフラッグシップ・エンジンだ。グレカーレのキャラクターに適合させるためにウェットサンプ仕様とし、気筒休止システムを採用している。パフォーマンスにおいてもセグメント内のトップクラスであることは間違いない。トロフェオのクラスを超えたパフォーマンスがこのプライスで手に入るというのはサプライズであるし、GT、モデナのマイルドハイブリッドが侮れないこともお伝えしたい。そのあたりのプレミアム SUV に日常のパフォーマンスで遅れをとることはまずないのだ。

### Interior: ミニマルかつ質感の高いインテリア

　インテリアはシンプルであるが、随所に MC20 譲りの拘りが見られる。センターパネルとドアには、リアル素材を使用しているし、Sonus faber（ソナス・ファベール）製の新サウンド システムのツイーターやミッドレンジ・スピーカーのレーザーカットされたメタルグリル、デジタル・スマート・ウォッチのクロームメッキの仕上がり、センター・エアベント、ドライブ・モード・セレクターなど、キャビン全体の高品質な調和が取れている。

　グレカーレのダッシュボードには 4 つのディスプレイパネルが装着されている。従来のクラスターパネルと新型 12.3 インチ センターパネルの他、コントロール機能を追加した小型の 8.8 インチ コンフォート ディスプレイと多機能デジタル時計である。センターパネルからはシフトレバーをはじめとするスイッチ類が排除され、広いアームレスト、大容量の収納コンパートメント、スマートフォンなどのチャージスポットなど、デイリーカーとしての実用性には充分に拘っている。

### *Folgore*：グレカーレ・フォルゴレ

　グレカーレ フォルゴレは 2024 年上海にてデビューを飾った。400V テクノロジーを用いた 105kWh のバッテリーを搭載し、最大出力 410kW、最大トルク 820Nm、最高速は 220km/h を記録する完全電動モデルだ。エクステリアでは完全電動に最適化した凹面形状のフロントグリル、さらなる優れた空気抵抗係数（Cx）達成の為にリスタイリングされたリア・デフューザーが ICE モデルとの相違点。フォルゴレ専用フロントグリルに併せ、スプリッター、ドアハンドル、ウインドウフレーム、サイドスカートはグロスブラック仕上げとなり、エンブレム、ブレーキキャリパーはコッパー（銅）色で、サイドの通風口はライトアップされる。エクステリアカラーは周囲の環境に反応し、装いを変える特別カラー " ラーメ・フォルゴーレ（Rame Folgore）" が採用されている。インテリアはブラック／タンカラーの新素材 ECONYL® がシート、ヘッドライニング、カーペットに用いられている。

### *Prima Serie*： グレカーレ・プリマセリエ

　世界限定 1000 台、日本導入は 64 台の特別モデル。
**プリマセリエ GT**：エクステリアカラーはメタリックのビアンコ・アストラとブルー・インテンソ。インテリアはアクセントが映えるステッチが施されたブラックレザー、フロントヘッドレストには PrimaSerie 専用ロゴが刺繍される。20 インチのアルミホイール、パノラマサンルーフやペイント・キャリパー、ドアパネルにアンビエントライトも。
**プリマセリエ トロフェオ**：エクステリアカラーは 4 コートのジアッロ・コルセ。21 インチホイールが採用。GT に加えて、ベンチレーテッドフロントシートなどの特別装備を備える。

### *Grecale GT Oltre*： グレカーレ GT オルトレ

　従来の GT トリムをベースに、通常では選択することのできない独自の特別装備を搭載した日本限定モデル。トロフェオ専用の 21 インチホイール、通常の GT トリムには無いアクティブサスペンションを設定。設定エクステリアカラーはビアンコ (15 台)、ネロ・テンペスタ (15 台)、そしてグリジオ・ラーヴァ (5 台) の 35 台限定。
＊「オルトレ（Oltre）」はイタリア語で「〜を超えて」

2024 年 9 月より「グレカーレ GT」「グレカーレ モデナ」二つのトリムで展開していたマイルドハイブリッドエンジンモデルが「グレカーレ モデナ」に統一され、あわせて新色「Blu Modena（ブルー・モデナ）」が追加された。

#### MC = マセラティ・コルセを名乗るハイパフォーマンスカー

# MC20

2020 -

## マセラティのレース入魂のエンジニアリング開発

　マセラティ・レーシングを意味する"MC"をモデル名に付けた、本格的ハイパフォーマンスカー。100年を超えるマセラティのヒストリーはモータースポーツから始まり、あっという間に世界のレース界を制覇したことは皆様もご存知のことであろう。ライバル達を圧倒したマセラティ・コルサのDNAは限定生産されたMC12を経てMC20で再び開花した。

　MC20の為に小型・軽量、そして低重心、さらに低エミッションを誇るネットゥーノ・エンジンがゼロから開発されたことからもマセラティの本気が解るであろう。市販車への採用には類を見ないツイン・コンバスチョン・システムやツイン・イグニッション・システムの採用によって、MC20の2倍の排気量を持つMC12（V12 6l）を凌ぐ圧倒的なパフォーマンスを発揮する。このテクノロジーもまさにF1由来のものであることにも注目だ。

　フォルゴレ仕様の近い将来の追加も合わせてアナウンスされている。既にシャーシ設計も、フロント・モーターの追加とバッテリー搭載スペースを考慮されたものとして行われている。800Vシステムを用いたAWDモデルが正式にアナウンスされるのもまもなくであろう。

　「空力特性は、ダラーラの風洞実験室での2000時間以上に及ぶテスト、1000回以上のCFDシミュレーションによって設計されました。CX値は0.38以下となります」とチーフエンジニアのフェデリコ・ランディーニが語るようにMC20は空力特性も突出している。ランディーニによれば、特にフロントとリアのダウンフォースのバランスに拘ったという。

　一般道路における快適なドライブ・フィーリングと安全性確保がMC20の空力開発において最重視された。強固なCFRP製カーボンモノコックの採用は軽量化の為であるのはもちろんであるが、乗客をいかなる環境においても最大限に保護するという大きな意図を持っていることも忘れてはならない。つまりMC20をたしなむマセラティスタの安全を最大限に守るというマセラティ・ロードカーの伝統にも大いに拘った訳だ。

　前後ダブル・ウィッシュボーン式の足回りはシャープなフィーリングとニュートラルな制御しやすさの両立を目指したと、ランディーニ。「このMC20はグラントゥーリズモでありながらも、腕のあるドライバーにとってはかなり"過激さ"を楽しむことができます。サブフレームやサスペンションの剛性と軽量化追及のため、普通のスチール材はほとんど使用していません。ブラケットの材質など細部までこだわりました。トランスミッションはマセラティとして初めての採用となるトレマック製TR9080完全電子制御の最新スペックモデルである。

# MC20

### *Production:* MC20のアッセンブル

　1930年代に起源を持つマセラティのモデナ工場はまさにMC20の為に今、存在しているといっても過言ではない。そこではエンジン・アッセンブリーから車両のアッセンブリー、ペイントまで全ての工程がハンドメイドで仕上げられている。ちなみにゼロから開発された専用CFRPシャーシは、エキスパートであるダラーラ社との共同開発による。（製造はラ・フェラーリやアルファロメオ4Cのシャーシを手掛けたアドラー社が担当）

　マセラティ・ヒストリーにおいて最も多くのチェッカーフラッグを受けたレースカーといえば1954年に誕生したF1マシンの250F。MC20が組み立てられているまさにその場所で250Fが同じように作られていたことは私達マセラティスタの心にぐっと響く。そう、あのファン・マヌエル・ファンジオやスターリング・モスも"ここ"にやって来て、マセラティのエンジニア達と共に世界を制覇するマシンを仕上げたのだ。

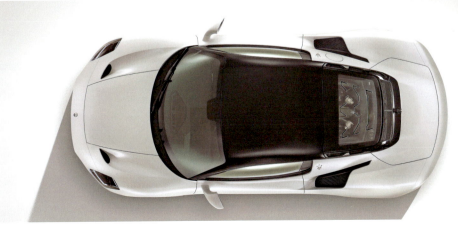

### *Styling:* クリーンなスタイリングの追求

　MC20 のスタイリングの特徴は、そのクリーンなプロポーションに尽きる。それは派手な空力パーツを纏い、アグレッシブさを強調する現代のハイパフォーマンスカーへのアンチテーゼともいえる。美しいプロポーションを実現するためにリアのスポイラーもディフューザーも、皆ボディラインに溶け込ませてある。これ見よがしな空力デバイスを排除したMC20 であるが、前述のように理想的な空力特性を持っているのだ。エレガントな佇まいを持ちながらもレースカーのDNA をしっかりと受け継いだ MC20 はまさにマセラティらしい新世代の "MC" シリーズと言えよう。

　MC20 のスタイリングにおけるもう一つの大きな特徴はバタフライドアの採用だ。ドアを開けてみるなら、美しいカーボン目地を持つ CFRP バスタブシャーシやフロント A ピラー下部のサスペンション・パーツが貴方の目に飛び込んで来るであろう。

　MC20 はアッパーボディのクリーンなデザインと、ロワーボディのメカニカルな機能美のコントラストが印象的なのだ。このバタフライドアの採用も単なるギミックではない。このカテゴリーにおけるライバル達と比べて低くスリムなサイドシルと共に、MC20 の優れた乗降性に大きく寄与する。

### *Interior:* 快適性はマセラティの伝統

　インテリアは一言で言って、エレガントかつミニマル。造形はシンプルであるが、クオリティの高いマテリアルがセレクトされ、決してオーバーデザインではない。新しいマルチメディア・システム用を含めた 2 つの 10 インチスクリーンやソナス・ファベールの12 スピーカーシステムなどがさりげなく埋め込まれており、質感は上々だ。アルカンターラが多用され、サベルト製シートはアイコニックなパターンが採用されている。

　MC20 はマセラティ GT の重要な DNA である快適性において手を抜くことはなかった。50 年ほど前に誕生したマセラティ初のミッドマウントエンジン・レイアウト（市販車として）GT であるボーラも、その当時として類をみない快適性を誇った。ラバーマウントによるボディとサブフレームの結合、エンジンルームとキャビンを仕切る 2 重リアウィンドウなど、パフォーマンスと快適性を両立するというトライデントを愛するカスタマーへ寄り添った商品企画を行った。そんな DNA を MC20 は引き継いでいる訳だ。

### MC20 Cielo：MC20 チェロ

「空」を意味するイタリア後、チェロ「Cielo」がネーミングされた MC20 のオープントップモデル。クローズドボディである MC20 のパフォーマンスや快適性を一切スポイルすることなく、オープントップの魅力を加えた MC20 の新バリエーションだ。格納式ガラスルーフはわずか 12 秒でスピーディに開閉するだけでなく、この手のデタッチャブル・ハードトップモデルとして画期的な機能を備えている。

格納式ルーフはガラス製でありながら高分子分散型液晶（PDLC）技術により、ボタンひとつで一瞬にしてシースルーからブラックの不透明なルーフへと変化するのだ。

これは周囲の状況にあわせて、最適の状態をセレクトする為の選択肢が広がったということを意味する。ハイスピード・クルージング時に風の巻き込みや他車の排気ガスなどを避けながら、グラスルーフによる開放感を楽しむことができるし、まぶしい太陽光にも瞬時に対応が可能だ。この完璧なオープントップ化によっての重量増はクーペモデル比でわずか 65kg のみにとどめられている。高剛性の CFRP バスタブモノコックで構成される MC20 ならではのメリット。まさに MC= マセラティ・コルセの拘りが活きている。ちなみにオープン化によってキャビンスペース、ラゲッジスペースは一切影響を受けない。

### Prima Serie：プリマ セリエ ローンチ エディション

MC20 チェロの発売に合せた限定モデル
MC20 チェロ専用の 3 コートペイントによる新色アクアマリーナ、ホワイトゴールドの「PrimaSerie」レーザー彫刻が施された 20"インチネロ・マット（マットブラック）ホイール、ゴールド特別仕上げのバッジがエクステリアの特徴。トノカバーにも存在感充分なトライデントロゴがペイントされる。インテリアはアクアマリーナのコントラストステッチが施されたアイスカラーのアルカンターラとレザーで覆われており、その特別なステッチはヘッドレストの「PrimaSerie」レタリングにも施されている。

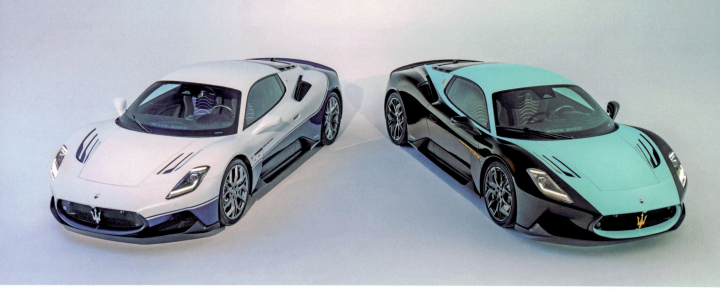

### *Limited Edition：MC20 イコーナ と MC20 レッジェンダ*

　MC12生誕、マセラティのレースシーン復帰という2つの20周年を祝うMC20限定モデル、「MC20 イコーナ（MC20 Icona）」と「MC20 レッジェンダ（MC20 Leggenda）」。

　「MC12 ストラダーレ」と「MC12 GT1 ヴィタフォン」という2台のモデルにインスパイアされたリヴァリーと特別仕様が備えられた、各20台の限定生産モデルだ。

　「MC20 イコーナ」はビアンコ・アウダーチェ・マットとブルー・ストラダーレという2種類のカラーリングが施され、ボディサイドにはフォーリセリエ・ロゴ、イタリア国旗のトリコローレがドアに配されている。特別デザインのクロームメッキホイールセンター、ブルーブレーキキャリパー、自動調光機能付サイドミラー、カーボンファイバー製エンジンカバーなどが特別装備となる。

　「MC20 レッジェンダ」は、ヴィタフォンレーシングチームの「MC12 GT1」のボディカラーを踏襲したもので、ネロ・エッセンツァとデジタル・ミント・マットのカラーリングが施されている。ネロ・オパーコとトライデント・デジタル・ミントのホイールキャップを備えたネオ・ルシド製のアルミホイール、グリル、ドア、Cピラーに配された黄色のトライデントロゴ、そして黒く塗装されたブレーキキャリパーがカスタマイズのポイント。

　インテリアは軽量4ウェイ・モノコック・レーシング・シート（「MC20 イコーナ」はシルバー地に黒／ブルー、「MC20 レッジェンダ」はシルバー地に黒）が装着され、ヘッドレストには、「Icona」または「Leggenda」の文字とともにトライデントの刺繍が施されている。エンジンカバーには、20台限定生産を表す「ICONA. UNA DI 20」または「LEGGENDA. UNA DI 20」エンブレムが装着。ソナス・ファベール・サウンドシステム、カーボンファイバーインテリア・パッケージ、電子制御式リミテッド・スリップ・ディファレンシャル、サスペンション・リフター、安全運転支援システムのブラインド・ストップ・システムとリア・クロスパス・システム、そしてフロントとトランクマットなどの装備が施されている。

# マセラティの生産拠点
## Maserati Facilities — 100% Made in Italy

## Modena Headquarters
### 〜モデナ工場

少量生産モデルの理想的環境がモデナ工場に完成している。MC20をメインとするアッセンブリーラインでは、ルーフ・レールから吊り下げられていた車両を移動させるためのアームはごく少数を残して姿を消した。オートマチックで移動する新世代の台車タイプへと変わり、スピーディかつ柔軟な工程管理が可能となった。

新たに"エンジン・ラボ"と称す製造ラインが設けられ、ネットゥーノエンジンが熟練工の手によって内製化されいている。エンジンの内製化は2002年以来となる。

同時にペイント作業もモデナ工場内で行われることとなり、今までのようにボディや主要コンポーネンツが各ファシリティを行ったり来たりということは不要となった。

モデナ本社工場は1930年に起源を持つ歴史的建造物内であるが、アッセンブリーラインは絶え間なくアップデートされ、少量生産のための理想的な開発・製造ファシリティに仕上がっている。

## Mirafiori plant
### 〜ミラフィオーリ工場

1939年に創業を開始したヨーロッパ最大の自動車製造工場の一つである。このトリノ中心部に位置するミラフィオーリ工場は背の高い大型SUVにも適合する新たなマセラティ工場として、リノベーションが行われ、2016年よりレヴァンテの生産がスタートした。多モデルの同時生産に対応したシステマティックなオペレーションが可能となり、クアトロポルテ、ギブリの生産もグルリアスコ工場に変わって対応した。現在はグラントゥーリズモ、グランカブリオが生産されており、フォルゴレ・モデルにも対応している。バッテリーのアッセンブル他BEV製造に関わる各工程も内製化している。マセラティデザインセンターも広大なミラフィオーリ構内に置かれている。

## Cassino plant
### 〜カッシーノ工場

イタリア中南部ラツィオ州のカッシーノ工場は1972年にアルファロメオの製造拠点として操業を開始した。現在はグレカーレの生産が行われており、フォルゴレ=電動化に対応し、バッテリーのアッセンブルなども行われる。ステランティスの「STLA Large」プラットフォームに対応したアッセンブリーラインの追加もアナウンスされ、次期クアトロポルテなどの生産が行われることも考えられる。ネットゥーノエンジンの生産が行われているテルモリ工場も近郊に位置する。

# FUORISERIE フォーリセリエ

**フォーリセリエ**

　マセラティフォーリセリエは、マセラティがこれまで行ってきた多彩なオーダーメードシステムの集大成だ。用意されている「フォーリセリエカタログ」からのセレクションとゼロからアイデアを作り出す「ビスポーク」という二つのカテゴリーが用意される。

　本社工場に設けられたフォーリセリエショールーム、スペシャルペイント工房、マセラティデザインセンターとの連携によってマセラティスタ達のカスタマイゼーションの夢を実現する。

　顧客の好みに合わせてマセラティを思うままにカスタマイズすることを可能とするフオーリセリエ・プログラムには、そのアイデアをより明確なものにする為の手助けとなる二つのメインテーマが提案されている。これらのテーマから顧客はインスピレーションを広げ、アイデアを決め込むプロセスを楽しむことができるのだ。

**グラントゥーリズモ　プリズマ（左）**
**グラントゥーリズモ　ルーチェ（右）**
GranTurismo Prisma , Luce(2023)
　プリズマは14色のアイコニックなカラーと8500を超えるタイポグラフィ（文字列）によって彩られたエクステリア。過去のGTモデルのアイコニックカラーと歴代のモデルネームが表現。ネットゥーノエンジン搭載。
　ルーチェはレーザーエングレービングとミラークロームを施したエクステリア、リサイクル素材を多用し、ユニークなパターン地のインテリアも特徴。フォルゴレモデル。

**コルセ・コレクション**（モータースポーツ・ヘリテイジからのインスピレーション）、**フトゥーラ・コレクション**（新しいテクノロジーのイメージをテーマとする）の2つのテーマがある。

　これらのテーマから顧客はインスピレーションを広げ、アイデアを決め込むプロセスを楽しむことができるのだ。

**マッシモ ボットゥーラによるレヴァンテ トロフェオ フオリセリエ**
Maserati meets Massimo Bottura 2021
　マセラティは、マセラティのブランドアンバサダーであり、モデナ生まれのイタリア料理界スター、マッシモ ボットゥーラがカスタマイズしたレヴァンテ トロフェオ。ブルー・ストラダーレの外装にはマルチカラーのスプラッシュが施され、インテリアインサート、センターコンソール、ダッシュボードにもその意匠が採用されている。

ギブリ オペラネラ　　　Ghibli Operanera
ギブリ オペラビアンカ　Ghibli Operabianca
**Maserati meets Fragment**
　日本のストリートカルチャーシーンを牽引してきた藤原ヒロシ氏とマセラティのコラボレーションモデルが、東京で世界初公開。ギブリ ハイブリッド グランルッソ・トリムをベースに、黒及び白のモノトーンエクステリアを備えた2モデル、全世界175台限定（日本40台）がリリースされた。
　インテリアはプレミアムレザーとアルカンターラのコンビネーションで構成され、スティッチやヘッドレストのトライデントにはシルバーのインサートが。シートベルトはダークブルー。特別にデザインされた専用フロントグリルとロゴ、20インチ Urano マットブラックホイール、Cピラーに装着された Fragment ロゴバッジが映える。3連のサイドエアダクトの下部には、藤原氏とマセラティの出会いを象徴する「M157110519FRG」というコードが描かれている。

**グレカーレ　カラーズ・オブ・ソウル　Grecale Colors of Seoul 2024**
韓国マーケットの新し門出を祝うフォーリセリエモデル。開発は Ken Okuyama Design。クアトロポルテV以降、久方ぶりに奥山清行の手によるモデルが登場した。

**クアトロポルテ グランフィナーレ
MC20 アイリス
Quattroporte Grand Finale and MC20 Iris 2024**
V8エンジンの最後を飾るクアトロポルテは究極のエレガンスを表現し、MC20はそのネーミングの通り、虹をテーマにした美しカラーリングが施されている。

MASERATI COMPLETE GUIDE　035

# MASERATI CLASSICHE
## マセラティ クラシケ 〜長い歴史を持つクラシック・マセラティの"駆け込み寺"

　マセラティのクラシックカーへのサポートを行うマセラティ・クラシケは、ライバルブランド達よりも古くから突出した取り組みを続けてきた。

　そのキーパーソンたる人物は今もマセラティ・クラシケのアドバイザーを務めるエルマンノ・コッザ(91歳)。コッザは1950年代からマセラティにエンジニアとして働く傍ら、マセラティのクラシックに関する技術的、歴史的なサポートを世界中のマセラティスタに向けて行ってきた。彼がマセラティ創業時からの資料の保管に尽力した結果、ほぼ全ての車両の生産データを今に伝えることが可能となっている。さらに驚くのは、生産時のデータに加えて現在に至るまで、その個体がどんなオーナーの元で、どのようなメインテナンスをされたかという気の遠くなるような膨大なデータもファイリングされていることだ。

　新しいクラシケ・プログラムにおいては、3つの柱が設けられている。1．個体の正統性への認証に関わるサービス。2．クラシックモデルに対応するパーツ供給。3．クラシックカーのレストレーション・サービスである。また、クラシケ・プログラムは基本的に製造後20年経過したモデルに対応し、Tipo26からキャラミまでを「オールドタイマー」、クアトロポルテIIIから3200GTまでが「ヤングタイマー」、そしてMC12を含む生産台数100台以下のごく少量生産モデルを「スペシャリティ」というような3つのカテゴリー分類される。

　一番目の認証サービスであるが、前述した生産証明の発行をはじめとして、オリジナルの状態がどうであったかを解読できる文書サービスが提供される。オーナーは、クラシケ・ディビジョンのアーカイブ部門とコンタクトすることで、比較的廉価にそういった資料を受け取ることができる。

　さらに2021年末より始まったのが、実車の公式認証サービスだ。このサービスはオーナーが車両をマセラティのモデナ本社へ持ち込むことから始まる。持ち込まれた車両はアーカイブと厳密に照らし合わされ、そのオリジナリティがチェックされる。そのコンテンツは300に渡るチェック作業から成り立つ厳密なもので、エンジン内のオイルの分析、エンジンコンプレッション・テスト、排気ガスの分析などまでが含まれる。これはクラシック・マセラティを楽しんでいく上でたいへん重要な情報となるであろう。「現在のコンディションを詳しくチェックし、今後どんなメインテナンスやレストアを行う必要があるかという指針をオーナーに理解してもらうことが重要だと私達は考えています。単にオリジナルと異なった箇所を指摘するだけが、認証サービスの役割ではありません」と、クラシケ・ディビジョン・マネージャーのクリスチアーノ・ボルツォーニは語る。

　認証の終了した後、詳細が記載された書類を含む認証ブックが手渡される。その個体から分析の為に抜き取ったオイルの残りを入れて手渡されるアルミ製の小さなボトルも気が利いている。近い将来は認証希望者を集め、クラシケ担当者を各地に派遣して作業を行うというシステムも検討中という。

　パーツに関しては、マセラティ初の取り組みとして絶版部品の再生産を行う。現在、その候補パーツがリストアップされているが、保安部品等、重要度の高いものから手が付けられている。例えば、絶版となっているギブリII用のカレロ製ヘッドライトガラスなどだ。また、車両全体のレストレーション受託に関してもアシストを行う。モデナ近郊にはマセラティのクラシックを専門とするスペシャリストも数多く、クラシケ主導の元、彼らとの協業によるレストレーション作業が行われている。

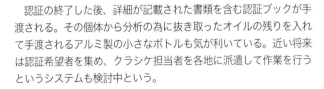

MASERATI COMPLETE GUIDE **037**

# MASERATI CORSE
マセラティ コルセ

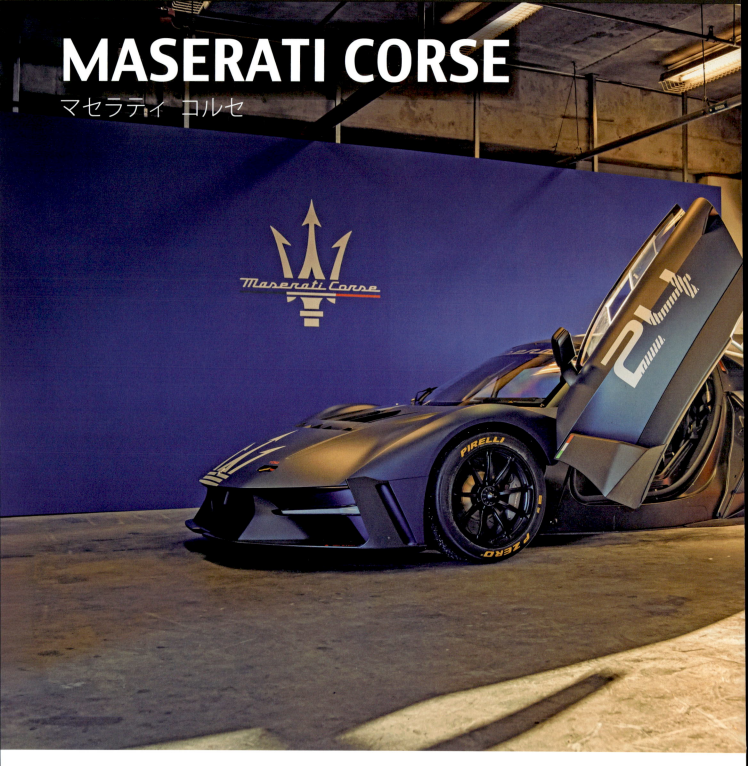

　マセラティのレース部門であるマセラティコルセはワークスチームとしてレースのマネージメントを行うだけでなく、マセラティR&Dチームと一体となってMC12や初代グラントゥーリズモMCなどの本質的な開発に携わっていた。これはまさに110年前のマセラティ創業時から変わらぬレース魂である。

　2020年9月のMMXX: Time to be audacious＝新生マセラティ宣言の中の重要なポイントの1つがマセラティコルセの復活であった。ロードカーであるMC20のネーミングはMC＝Maserati Corsaから取られている。このアイコニックなモデルをベースとしてマセラティのモータースポーツ活動がスタートしたのだ。

## MCXtrema（エムシーエクストレーマ）
　62台のみ限定生産されるMCXtremaはかつてのMC12のようにサーキット専用モデルとして一般顧客に向けて販売される。V6 ネットゥーノ・エンジンは新しいターボチャージャーの採用で740psにパワーアップ。6速シーケンシャルギアボックス、カーボンセラミックブレーキシステムの装着が行われ、レース用にチューニングされたサスペンション、スリックタイヤ、そしてFIA公認の安全装備等が備えられている。オーナーにはサーキット体験など、オーナーのためだけに提供される特別なサービスMCXperienceが提供される。"62台限定"という数字は、MC12が50台、MC12 ベルシオーネ・コルサが12台、計62台販売されたというヒストリーにちなんで設定されたもの。

## GT2

　モデルネーム通り MC20 をベースとする FIA GT2 カテゴリー参戦の為のサーキット専用シングルシーターマシンだ。限定 50 台がヨーロッパ GT 選手権に参加するスポーツチームやジェントルマンドライバーに向けて販売される。パワートレインは MC20 搭載のネットゥーノエンジンをレース用に最適化したもの。空力特性の最適化、ダウンフォースのバランスに拘り、フロントスプリッター、アジャスタブル・リアウィング、レーストラック用フロアパネルが GT2 の為に開発された。

　サスペンション廻りはレーシングコンポーネントへモディファイされ、フロントとリアに調整可能なショックアブソーバーとアンチロールバー、6 速シーケンシャルレーシングギアボックス、電動ロータリーギアシフトアクチュエーター付きステアリングホイールパドルシフトが装着される。オプションとしてマセラティコルセ専用カラーリング（ブルー・インフィニート）を選択することもできる。

### ABB FIA フォーミュラ E ワールドチャンピオンシップへの参戦

　フォーミュラ E を皮切りにマセラティはモータースポーツへの復帰を宣言した。モナコをベースにマセラティ MSG レーシングチームが稼働開始し、マセラティコルセの持つ EV テクノロジーが導入された。

　GEN3 のマセラティ・ティーポ・フォルゴレはエースドライバーのマキシミリアン・ギュンターの健闘により『東京 E-Prix』では優勝を飾った。もちろんパワートレイン（モーター）はマセラティ自前だ。シーズン 11 では新たに GEN3 EVO が導入し、ストフェル・ヴァンドーンとジェイク・ヒューズ新たにドライバーとして加入。

それはいまから110年のむかし…

MASERATI 110th ANNIVERSARY

ORIGIN OF MASERATI ●天才アルフィエーリ・マセラティが生んだ奇跡のブランド

# マセラティの起源

110年の歴史を持つ栄光のスポーツカーメーカー"マセラティ"の誕生

1914年12月、ボローニャ中心部のペポリ通りに小さなワークショップ『ソシエータ・アノニーマ・オフィチーネ・アルフィエーリ・マセラティ』が誕生した。これこそが、マセラアルフィエーリ・マセラティ率いるマセラティ兄弟によるスポーツカーメーカー、マセラティの歴史がスタートした瞬間であった。

アルフィエーリは、鉄道技師であったルドルフォと妻カロリーナの元に四男として生まれた。カルロ（1881年）、ビンド（1883年）に続いて誕生した三男はアルフィエーリと名付けられたが出生後すぐに亡くなったため、1887年に生まれた彼が四男としてアルフィエーリの名を受けついだ。続いてマリオ（1890年）、エットーレ（1894年）、エルネスト（1898年）という7人でマセラティ兄弟は構成される。

長男カルロは自転車、バイクの開発に若くして関わり、レース活動に熱心であった。フィアットにてメカニック、テストドライバーとしてのキャリアを積んで実績をあげ、弟のアルフィエーリをミラノに呼び寄せ、イソッタ・フラスキーニの自動車事業へと加わった。このときアルフィエーリはまだ16歳であったが、自動車の開発とレース活動への深い関心が兄弟の間で共有された。ちなみに兄弟の中でマリオは自動車事業には関与せず一人画家の道を志し、後に彼はマセラティのシンボルとなるトライデントのロゴマークを描くことになる。

しかし、創業と時を同じくして第一次世界大戦が勃発。新会社は、残念ながら休眠を余儀なくされてしまうが、彼らは、その間に絶縁材にマイカ材を使ったスパークプラグの特許を取得した。それは会社経営上の大きな資産となった。

第一次世界大戦終結と共に兄弟達は新たにボローニャのレヴァンテ通りへファクトリーを構え、急激に高まってきた自動車への関心に対応すべく、早々に事業を開始した。レースマシンのチューニングに勤しみ、レースに参戦するも、ポテンシャルの低いマシンの限界を感じたアルフィエーリは古巣のイソッタ・フラスキーニよりシャシーを購入し、自らの設計でマシンを作り始めた。その頃にはビンド、エルネストも社に参加し、レース界においてマセラティの名前は広く知られることになる。

ディアット社のレース部門におけるコンサルタント業務が、当時のマセラティにとって大きな比重を占めていたが、そのディアット社は資金不足の為、レース事業からの撤退してしまう。しかし、ディエゴ・デ・シュテーリッヒ＝アーリプランディ侯爵から経済的援助を受け、開発に取り組んでいたディアット30スポーツをベースにマセラティの名の付いた第1号車となるティーポ26を執念で完成させた。

Tipo26（上）：マセラティエンブレムが付けられた記念すべき最初のマセラティ。デビュー年の1926年にちなんだネーミングの1.5Lフォーミュラマシンである。
TipoV4（下）：1929年に誕生したV16気筒ツインスーパーチャージャーエンジン搭載のグランプリカー。世界最高速度記録を樹立。写真の個体はザガートによってリボディされたもの。

## 世界を震撼させたマセラティ第一号車 "ティーポ26"

　1926年4月25日のタルガ・フローリオでそのティーポ26はデビュー。アルフィエーリの隣には、マセラティ社のメカニックとして長く活躍することになるグエリーノ・ベルトッキが座った。1492ccの直列8気筒から120ps／5300r.p.m.を発揮するゼッケンナンバー5は、2台のブガッティとゴールライン直前まで争って遂にクラス優勝、総合8位。初参加にも関わらず素晴らしい勝利を挙げた。それからは世界中のジェントルマンドライバーから注文が殺到し、彼らは夜を徹してマシンの製造、そして世界各地へのレースへの参戦で大忙しとなった。まさに、この1926年におけるたった1日の出来事によって、マセラティの名声は世界に轟いたのだ。
　その後も世界恐慌や第二次世界大戦など厳しい時代に兄弟達は翻弄されるが、持ち前のバイタリティと天才的なエンジニアリング開発能力で、それらを乗り越えてきた。マセラティは世界が注目するスポーツカーメーカーとして、110年の歴史を生き続けているのだ。マセラティ兄弟の熱きモータースポーツへのDNAは今もブランドに強く根付いている。

# ORIGIN OF MASERATI

アルフィエーリ・マセラティ（1884-1932）
若くして経営者として、エンジニアとして、そしてレーシング・ドライバーとして非凡な才能を発揮したマセラティ兄弟四男。

MASERATI COMPLETE GUIDE | 041

クアトロポルテのプロトタイプをテストするアドルフォ・オルシ

## 各モデルは市場より高い評価を受け
## GTカーの黄金時代を築く

　マセラティは1934年には年間16台のレースカーを販売したが、1936年には深刻な不景気から年間9台へと落ち込んでいった。マセラティ兄弟達も戦時の色が濃くなり、持ち前の技術だけでなく、事業運営の為の資本力が必要なことを感じていた。折しも、無一文より一大財閥を立ち上げたアドルフォ・オルシはマセラティ兄弟達の持つスパークプラグなどに関する技術力、そしてカーレースにおける勝利の持つ宣伝力をよく理解していた。兄弟達の思いをよく知るジャーナリストの仲介により両社は交渉を始め、1937年に契約が締結された。

　マセラティ兄弟達へは1947年まで、10年間の技術供与が求められ、オルシファミリーはマセラティに関する全ての事業を引き継いだ。彼らはレースカーの企画開発、製造に集中しつつも、スパークプラグなど関連事業の開発も続け、1939年にはボローニャからモデナのチーロ・メノッティ通りに面したオルシファミリーの工場内へと移転する。

　1940年代は第二次大戦と戦後の混乱期であり、オルシファミリーにとっても厳しい時期であった。イタリアでは、自動車事業のみならず全ての産業において深刻な資材不足に見舞われていたし、過激な労働運動も広がり、ここモデナも例外ではなかった。マセラティ兄弟達はそんな状況の中、オルシファミリーに頼ることもできず、A6 1500を発表した1947年に10年間のコンサルタント契約が終了した後は、それを更新することなく自らの道を選びOSCAを設立した。

　オルシファミリーにとって厳しい時期は続くが1950年代に入り経済状況の好転などから次第にマセラティの自動車ビジネスも勢いを取り戻していった。レース界においても250Fの活躍で世界を制覇し、社運をかけて開発した大型ラグジュアリー・スポーツカーである3500GTが大ヒットした。

アドルフォ・オルシ（写真左　1888-1972）と息子のオメール・オルシ（1918-1980）。驚異的な行動力を持った企業家であるアドルフォは、モデナをミラノ、トリノに次ぐモーターシティに育てるという夢を抱いていた。オメールはCEOとしてマセラティの経営にまつわる様々な判断を下した。

　しかし、同時期に起こったアルゼンチンの政変に起因する経済的トラブルにより、マセラティのワークスチームは解散せざるを得なかった。その後は、ロードカーのビジネスに集中し、同じモデナのライバルであったフェラーリとは違う道を歩むこととなった。1960年代には初代ギブリのヒットなど、高級GTカーメーカーとしての黄金時代を迎えた。問題は安全基準や排気ガス規制の強化などに対応する為の必要な投資（年を追うごとに巨額なものとなった）をどう確保するか、であった。前述の経済的トラブルによって、オルシファミリーは自動車事業以外、全ての事業を手放していた為、その資金繰りに悩ませられることとなった。

　一方、ワークス活動は休止したもののプライベーターや外部チームからのリクエストによりバードケージ・シリーズやクーパーF1チームへのエンジン供給など、レース部門の開発は続けられた。

# Orsi Period オルシ家の時代

1946-1968

## オルシファミリーの参加により
## スケールアップするマセラティ・ブランド

上は1941年当時にマセラティが製作したポスター。スパークプラグ、バッテリー、工作機器と共にレースカー、ロードカーの開発・製造を企業理念とした。（中央、右）1939年からマセラティの自動車事業の拠点はモデナへと移った。この当時のビルディングは歴史的建造物として今も存在し、その中でマセラティが作られている。

マセラティへは世界の著名人達もしばしば訪問した。ファンジオ（写真右）と談笑するオメール（中央）、左は伝説のテストドライバー、グェリーノ・ベルトッキ。

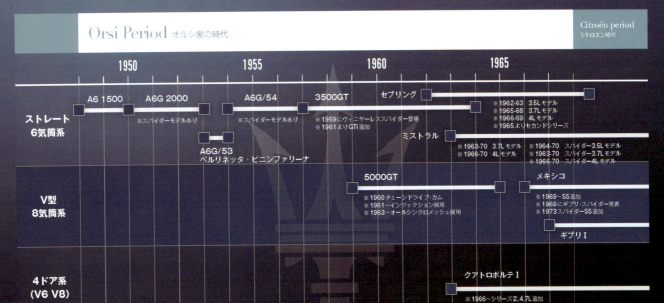

# 1947-1950
# A6 1500
— A6 1500 —

ミラノのカロッツェリア、ザガートによるボディを纏った個体。エアロダイナミクスを考慮されたユニークなスタイリングが特徴。

## 記念すべきマセラティ初の
## 市販ロードカーの登場

　高級グランツーリスモたるマセラティの原点となった重要なモデルがこのA6 1500だ。1940年頃にアドルフォ・オルシは市販ロードカー・マーケットへの参入を決意し、マセラティ兄弟達の手によりプロジェクトは進み1942年にはランニング・プロトタイプが完成していたといわれるが、軍需産業としての活動の為、自動車事業は休止せざるを得なかった。第二次大戦が終わり、マセラティの市販ロードカーとして初めて世に出ることになる。1500ccの6気筒エンジンが採用され、シンプルな鋼管フレームには、ピニンファリーナ製のボディが搭載された。高い価格設定にも関わらず、3年間で60台ほどが製造されたこの新しい取り組みは成功を収めたと言ってよいだろう。個体ごとに仕様はかなり異なっており、カブリオレ・ボディも製作された。3キャブレターでインテリアも豪華な"ロッソバージョン"がバリエーションとして設定されていた。

ピニンファリーナによるもう一つの提案。ノッチバックスタイルで、フロントはヒドゥンタイプのヘッドライトが採用されるなど、当時としては先進的な案であった。最終的にはオーソドックスなタイプがプロダクションモデルとして選ばれた。

こちらはプロダクションモデルと上のプロトタイプの折衷案的な提案。リアのスタイリングはそのプロトタイプに近い。カブリオレモデルは写真などの資料にて存在が確認できるのみである。

Orsi Period

1950-1953
# A6G 2000
— A6G 2000 —

## 少量生産ながらマセラティらしい
## ハイパフォーマンスエンジンを搭載

　A6G 2000はA6 1500の後継として1950年のトリノショーにてピニンファリーナのボディが懸架され発表された。一方、ヴィニヤーレもジョヴァンニ・ミケロッティの筆によるワンオフのクーペを同時にアンヴェイルした。16台が1950〜1951年にかけて製造され、手作りによる高品質は高く評価された。かなり少ない生産数と感じられるが、未だ戦後の混乱から生産資材不足が続いていたこと、モデナを覆っていた労働争議が激化しオルシ・グループ全体がそれらに翻弄されていたことなどがその原因である。A6Gとはマセラティの創始者であるアルフィエーリの名を取ったAと気筒数の6、シリンダーヘッドが鉄製であることを表わすイタリア語のGhisaの頭文字を取ったもの。アンダーパワーが否めなかったA6 1500と比較すると90psもしくは100psと著しく向上し、最高速度もそれぞれ160km/h、180km/hを発揮した。シャーシのサイズは1500と変わらなかったが、リアサスペンションはフィアット1100などに使われた近代的なものにアップデートされた。

一台のみ生産されたレアなヴィニヤーレボディモデル。ピニンファリーナボディのモデルも作られたが、フェラーリとピニンファリーナの契約によって、このモデルを最後に公式にはマセラティへはボディの供給は停止された。

フルア製のスパイダーモデル。A6G2000は生産数がとても少ない。標準のピニンファリーナ製ボディとフルア製スパイダーボディ、そしてヴィニヤーレ製が存在した。

1950年のトリノモーターショーにて発表されたピニンファリーナ製ボディを持つ個体は9台が生産された。

1954-1957
# A6G/54
— A6G/54 —

## ツインカムエンジンへと進化した
## 本格的グラントゥーリズモ

　A6G/54は当時のセールスカタログなどによれば"A6G/2000 Gran Turismo"とも呼ばれた。A6G/54はようやくマセラティらしいハイパフォーマンスエンジンが搭載され1954〜57年にかけて60台というまずまずの数量が生産された。エンジンはレースカーであるA6GCS譲りのツインカムエンジンへと進化し、150psを記録した。また1956年にはツインプラグ仕様となりさらに10psアップとなった。フルア製のクーペとスパイダー、アレマーノ製のクーペが基本カタログモデルであったが、最新鋭の空力ボディを搭載したザガートボディのスポーツ仕様も20台作られ、2L GTクラスのヒルクライムなどで無敵を誇った。

最もスポーティなイメージが強かったザガートボディの個体はレースでも大活躍した。ザガート製の中でもダブルバブル・ルーフを採用したモデルなど幾つかのバリエーションが存在した。

フルア製のスパイダーモデル。標準モデルとしてアレマーノボディ、ラグジュアリータイプとしてのフルアボディ、そしてスポーティなザガートボディというカロッツェリアによるキャラクターの違いがあった。

左）インテリアはダッシュボード含め、各カロッツェリアによって仕様は全く異なった。これはフルア・スパイダーのもの。
右）3連ウェーバーキャブレターとツインプラグ仕様のエンジンに注目。こちらはアレマーノボディ。

MASERATI COMPLETE GUIDE　045

## 1953
# A6GCS/53 Berlinetta Pininfarina
―― A6GCS/53 ベルリネッタ・ピニンファリーナ ――

### 現行マセラティモデルの
### スタイリング・コンセプトの
### ベースとなった伝説的モデル

　A6 1500が現在のマセラティラインナップの歴史的な原点であることに誰もが異論を唱えないであろう。しかしこのA6GCS/53ベルリネッタ・ピニンファリーナも最も美しいマセラティとして高く評価されている。この個体のエレガントかつ、力強いフロントグリルのイメージは現行モデルをはじめ、多くの歴代モデルにそのモチーフが活かされている。また、モデル名にCS(コルサ・スポルト)とつくように当モデルは本来レーシングカー・カテゴリーに入るべきモデルであるが、マセラティ・ロードカーにとっても重要なモデルであるため、あえてロードカー・カテゴリーに分類している。

　1953年にマセラティとして初のショートストロークエンジンを搭載したA6GCS/53は、素晴らしい高回転域のピックアップが絶賛され、ミッレミリアなどのレースに参戦する顧客に大人気であった。そして、このモデルの誕生には興味深いビハインド・ストーリーがあることをお伝えしよう。当時、何人もの顧客からこのシャーシにピニンファリーナのボディを載せたいというリクエストがあったが、当時、ピニンファリーナはフェラーリに独占的にボディ供給していた為、オフィシャルにマセラティへとボディを供給できなかった。そこで、マセラティからではなく、ローマのマセラティ・ディーラーを介してシャーシをピニンファリーナへ送り、ボディを懸架するという複雑なプロセスをとった。このモデルのスタイリング開発はピニンファリーナのデザイナーであるアルド・ブロヴァローネの筆によるものであり、マセラティの持つスポーティ、かつ、大人のイメージを感じさせるコンセプトをベースにしたと語っている。

レースカーのシャーシに載せられたボディであるが、そのルーフは非常に低く、スタイリッシュである反面、居住性においては問題があった。ミッレミリアなどの公道レースにおいて雨天時のメリットからクローズドボディを選んだ顧客もいたが、あまりの閉所感や熱とノイズに耐えかねてバルケッタボディに換装されたケースもあった。

4台の美しいピニンファリーナ製ボディをまとった個体が生産された。しかし、スペアボディを用いて作られたものも含め、のべ6台が存在したと記録されている。スタイリング的にはフロントのヘッドライト周りの処理が特徴的である。同じピニンファリーナの手による当時のフェラーリと比べても、異質のイメージを醸し出している。

さらにルーフが低く、ウィンドシールドがスプリットタイプの個体も存在する。

Orsi Period

## 1957-1964
# 3500GT
— 3500GT —

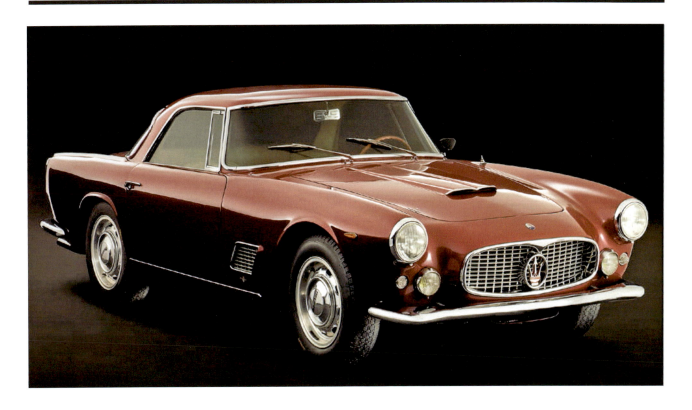

### マセラティ・ロードカーの名を
### 世界に轟かせた大ヒットモデル

　1957年にワークスチームを解散させ、背水の陣で高級ロードカー市場へ新たに投入したのがこの3500GTだ。250F直系の直6DOHC 3500ccのパワフルなエンジンと4人乗りも可能な、今までのマセラティ・ロードカーにはなかった余裕あるサイズのボディは当時、急速に拡大していた北米マーケットを視野に入れたものであった。エンジンはツインプラグで、初期がウェーバーキャブレター（3連）であったが、後にルーカス製メカニカルインジェクション搭載のGTi仕様が追加された。イタリアの主要カロッツェリアの多くが3500GTのシャーシをベースとするコンセプトモデルやワンオフモデルを制作しているが、カタログモデルはトゥーリング製である。このラグジュアリークーペのコンセプトは世界の富裕オーナーから引っ張りだことなり、2000台あまりが生産される。ちなみに日本に始めて輸入されたマセラティはこの3500GTである。1959年にはヴィニャーレ製ボディのスパイダー仕様をカタログモデルとして追加した。このスパイダーはクーペと比較してホイールベースが100mm短かい。フルア、トゥーリングの手による個体も存在したが、ほとんどはヴィニャーレ製造のボディであることから、"ヴィニャーレ・スパイダー"と略して呼ばれることも多い。

エンジンは新開発のパワフルなスペックなもので、1961年よりインジェクションモデルが追加され、5速トランスミッションも導入された。翌年から4輪ディスクブレーキが採用された。写真中央下はキャブ仕様、右下はインジェクション仕様のエンジンルーム。

北米マーケットからの強いニーズから追加されたスパイダーモデルはジョヴァンニ・ミケロッティの筆によるもので、ハードトップも用意された。右下はトゥーリング製のプロトタイプ。ホイールベースが異なる。

MASERATI COMPLETE GUIDE | 047

# 1959-1965
## 5000GT
— 5000GT —

トゥーリング：特にフロントマスクに関して評価は分かれるが、小さく薄いグラスエリアや特徴的なCピラーの処理など、類を見ないスタイリングを創るという5000GTのコンセプトを明確に表現している。

ピニンファリーナ：フィアットのボスであるジャンニ・アニェッリのオーダーにて作られた。ピニンファリーナのデザインだがボディ製作はスカリエッティが担当した。前述A6GCSベルリネッタ・ピニンファリーナでも述べたように、当時、ピニンファリーナはフェラーリとの"密約"（競合メーカーにはボディ供給を行わない）があったこともあり、この個体にマセラティのロゴマークを見ることはできない。

アレマーノ：ジョヴァンニ・ミケロッティの手によるもの。このアレマーノ製ボディの個体が最も多く作られた。

ベルトーネ：弱冠23歳のジウジアーロの手によるものがこれ。5000GTの様々なスタイリングの中で、この個体が一番まとまりのあるとも言われる。各部のモチーフは後年の彼の作品に活かされているのが解る。

フルア：全体としてアグレッシブなイメージが強いが、フロントの意匠は後の初代クアトロポルテに活かされた。

## 真のレーシングエンジン搭載
## 元祖スーパーカー

人気を博した3500GTのシャーシをベースに450S譲りのV8 5Lエンジンを搭載した2ドアのグラントゥーリズモ。当初は大富豪であるアガ・カーンのオーダーによるワンオフモデルであったが、各カロッツェリアの競作により総計34台が作られた。当初はギアドライブによる450S用レーシングエンジンをほぼそのまま搭載したが、後に実用性を考慮し、コンベンショナルなチェーンドライブに変更された。また、キャブレターに代わりルーカス製メカニカルインジェクションが採用された。仕様により330ps〜345psを発揮し、トップスピードは248 km/h〜272 km/hと公表された。派手なボディ、そして当時、一般市販車世界最速のタイトルは、まさに元祖スーパーカーといえる。世界中のそうそうたるセレブ達がこの5000GTのオーナーとなった。

左は初期タイプであるギアドライブ・カムと4連ウェーバーキャブが採用されたモデル。右はチェーン駆動カムとなり、ウェットサンプ式に変更され、メカニカルインジェクションが搭載された後期タイプ。以降、クアトロポルテⅠ、ギブリⅠ、そしてボーラからロイヤルに至るまでこのV8エンジンは排気量やチューンなど多くのバリエーションを持つマセラティのメインエンジンとなる。クアトロポルテⅠの初期モデルなどでは、5000GTのツインプラグ（各気筒2本）用の鋳型によりエンジンのヘッドが製造されたため、ツインプラグ用のダミー穴が残っていた。

## Orsi Period

### 1962-1969
# Sebling
—— セブリング ——

写真は後期型のもの。クアトロポルテⅠのモチーフが各所に採用される。テールライトもその一つ。前期型には3500GTとの共用パーツがインテリア、エクステリア共に多く用いられていたのに対して、後期型になるとクアトロポルテのものが多く採用された。前期、後期モデルの基本的なスタイリングには変化はないが、受ける印象は大きく異なる。

## マセラティ伝統のグラントゥーリズモ観を忠実に表現したスタイリッシュな2+2クーペ

　3500GTの派生モデルとしてホイールベースをヴィニャーレ・スパイダーに近い2500mmへと短縮したシャーシをベースとするヴィニャーレ・ボディの2+2クーペ。当初3500GTI Sとして1962年のトリノショーで発表され、ルーカス製メカニカルインジェクション、ディスクブレーキが標準装備され、オートマチック・トランスミッションも用意された。3.7Lエンジン、4Lエンジンがミストラルと同じタイミングで導入され4Lバージョンでは245psを記録した。また、この大排気量版エンジンの導入と共に、フロントとリアの意匠が大きく変更され、セブリングに続いて発表されたクアトロポルテⅠと共通性をもった仕様となった。インテリアもアップデートされ、ホイールも16インチから15インチに設定が変わるなど、各所に変更が見られる。ミストラルとこのセブリングが3500GTの後継としてラインナップされ、セブリングが販売の主力と想定されたが、蓋を開けてみれば、2シーターのミストラルの需要が圧倒的に高かった。

下2枚の写真は前期型のものであり、かなりクラシックなイメージを受ける。インテリアも3500GTとよく似ており、大きくキャビンに出っ張ったクーラーが時代を感じさせる。エンジンの排気量設定など、公式データと比較しても当てはまらない個体も多く、顧客の好みによって特別設定されることがこの時代のマセラティではよく見受けられた。

# 1963-1970
# Mistral
— ミストラル —

スパイダーでは多くがスチールボディにアルミ系のドア等開口部パネルの組み合わせが採用された。ホイールベースは2400mmでクーペと同じである。最後期にはワイヤーホイールがギブリと同じタイプのアロイホイールへと変更された。3.5Lエンジンはスパイダーのみに設定された。

## 3500GTの人気を十二分に引き継いだスタイリッシュな"ドゥエ・ポスティ"（2シーター）

　成功した3500GTの後を受けて、1963年に2+2モデル セブリングに続き2シーターのミストラルが発表される。ミストラルは3500GTと比べてかなり小柄なグラスリアハッチ付きのクーペだ。エンジンはルーカス製メカニカルインジェクションが採用され、3.7Lに加えて1966年に4Lが追加された。フルア製のスポーティなボディは好評を博し、セブリングよりも圧倒的に製造台数は多く、次世代のギブリと併売されながらも1970年までカタログに載った。インテリア等の変更で前期型、後期型に分かれる。ボディはオールアルミのもの、スチールでドアパネル、フード類のみがアルミのものなど、製造時期によってバリエーションがあり、スパイダーモデルが1964年より追加された。クローズドボディと違って後期まで、3.5L、3.7L、4Lの3種類のエンジンを好みに合わせて選ぶことができた。オプションとして、オリジナルのハードトップも用意された。

モデルは大きく前期、後期型に分かれ、3.7Lエンジンが双方に採用される。ダッシュボード周りの仕様変更、16インチから15インチロープロファイルタイヤへの変更などが行われた。エアコンもオプションにて設定された。ミストラルのボディはトリノのカロッツェリア・マッジョーレにて製造され、ペイントや細かい内装作業などはモデナのオフィチーネ・パダーネが行い、最終アッセンブルはマセラティのモデナ工場にて行われた。

Orsi Period

### 1963-1970
# Quattroporte I
—— クアトロポルテ I ——

このカテゴリーはそれまでアストンマーティンなど幾つかのスポーツカーメーカーが挑戦しているが、メルセデスやジャガーなどによって占められていたラグジュアリー・サルーン・マーケットへの参入は容易ではなかった。このクアトロポルテIも例外ではなく、最初から順調な出足であった訳ではなかった。しかし、まもなく自らステアリングを握るイタリアの新興企業のオーナーやセレブリティ達は、このエレガンスかつパワフルなクアトロポルテIのユニークさを認識し始め、その人気は高まっていった。最高速度240km/hの世界最速サルーンとして、クアトロポルテIは確固たる地位を確立したのだった。

## オルシファミリーの目指した
## マセラティ・ロードーカーの本質

オルシファミリーが長く暖めていたスタイリッシュかつ高性能な新しいスタイルのドライバーズ・サルーンを作りたいという思いは、フルア製のエレガントなスタイリングをまとったクアトロポルテIとして完成し、本格的イタリアン・ラグジュアリーカーのジャンルを作りあげた。1963年に発表されたクアトロポルテIは5000GT譲りのV8レース仕様エンジンを4.2Lへとデチューンして搭載された。ド・ディオン型式のサルーンとしては革新的なリアサスペンションを採用するなど、ドライバーズカーであることに拘った。もちろん、エアコン、パワーステアリング、パワーウインドーの設定など、快適性も追求にも余念はなかった。後期形は4.7Lエンジンの搭載とともに、コンベンショナルなリジットアクスルのリアサスペンションが採用され、ウッドを多用した豪華なインテリアへのアップデートも行われた。1970年まで生産された。

当ページ上部（濃いグレー）の個体は初期モデルであり、下部シルバー系の個体は1966年からの後期モデル。輸出先によっても異なるが後期タイプは4灯ヘッドライト、ウッドを用いた豪華なインテリアが特徴。前期型はド・ディオン・タイプのサスペンションが採用された。ロードホールディングは良好なものの、乗り心地と過大なノイズの為、直ぐに仕様変更が決定された。

1966-1972
# Ghibli I
―― ギブリ I ――

### ジウジアーロ最高傑作のひとつと評される
### 美しいハイパフォーマンス・クーペ

　1966年にセブリング、ミストラルの後継としてそれぞれ2+2のメキシコと2シーターのギブリがデビューした。当時の車名はミストラル、ギブリのようなヨーロッパに吹く風の名前（2シーターモデル）と、セブリング、メキシコのように活躍した歴代マセラティがタイトルを獲得したサーキット名やグランプリの地名（2+2モデル）などの二つの流れがあった。ギブリはカロッツェリア・ギアのチーフデザイナーであったジョルジェット・ジウジアーロの手によるもので、ロングノーズと低い車高のインパクトあるデザインが特徴。スーパーカーブームの日本においても、高いスペックを誇ったギブリは高い人気を誇った。シャーシは同時期に発表されたメキシコとほぼ共通で、あえて御しやすい操縦安定性を得る為にリジットアクスルのリアサスペンションが採用された。450Sにルーツを持つ4キャブレターの4.7L V8エンジン（後、SSバージョンで4.9Lとなる）など、マセラティの伝統を生かしたオーセンティックなメカニズムは、丁寧な作りこみと相まって評価は高く、動力性能、操縦安定性も最高峰のものであった。1969年にスパイダーモデルが追加され、当時はフェラーリのデイトナ・スパイダーのライバルとして高い人気を誇った。

1969年よりスパイダーモデルが追加された。1973年にSS仕様がスパイダーに追加されたが、わずか5台のみの生産であった。何れにしてもスパイダー全体で125台という少量しか生産されなかった為、マセラティ・ロードカーにおいて希少性の最も高い一台でもある。

## フォード二世も認めたギブリの美しさ
## ～イタリアデザインの象徴

　フォード会長であったフォード二世はこのギブリをディアボーンの入り口に置き、デザイナー達に「このような美しいクルマを作れ」と檄を飛ばしたという。実は、この時期にフォードは（GT40のエピソードが有名であるが）フェラーリだけでなくマセラティ買収へも水面下で動いていた。それほど"イタリアン・エキゾチック"の魅力は世界中の自動車愛好家を虜にしていたのだ。いずれにしても、このギブリはジウジアーロの手による最高傑作のひとつであり、素晴らしい美しさを持ったモデルといえよう。彼のスケッチとカロッツェリア・ギアで行われていたモデリング作業の様子。

全体のフォルムはジウジアーロによる同時期の作品であるデ・トマソ マングスタに通ずるところがある。インテリアはオーソドックスな造りであるが質感は高い。後期になるとダッシュボードのトグルスイッチはシーソータイプのものに変更された。

# 1966-1972
# Mexico
— メキシコ —

## クーパー・マセラティのメキシコF1における優勝にちなんで名付けられたスタイリッシュなクーペ

メキシコのプロダクションモデルはセミ・モノコック形状を持つクアトロポルテのシャーシをベースとした、フル4シーター2ドアクーペであり、ホイールベースはクアトロポルテより11cm短縮された。1966年のパリショーにて発表されたエレガントなヴィニヤーレ製のボディはルーフの低い端正なイメージを醸し出しており、後のクアトロポルテⅢやビトゥルボ・ファミリーにそのコンセプトは継承されている。フルアなど幾つかのカロッツェリアがコンセプトモデルを製作しており、最初期のコンセプトモデルはダメージを受けた5000GTのシャーシをベースに作られた。当初はクアトロポルテ同様に4.2Lと4.7Lエンジンが用意され、それぞれトップスピードは240km/hと259km/hと発表された。1970年にはセンターロック・ホイールから通常のボルト式のホイールに変更になった他、キャブレターの大口径化などのアップデートが行われた。ギブリと同世代のモデルであるが、総生産数はギブリが圧倒的に多かった。

豪華なウッドが多用されたインテリアはクアトロポルテⅠ譲りのものであり、大人四名が問題なく座ることができる。後期モデルよりパワーステアリングが標準装備された。このラグジュアリーなテイストは5000GT直系のものである。

4.2Lと4.7Lの両方が選択できたが多くは4.2L仕様であった。キャブレターはウェーバーの38、40、42（4.7L）が採用され、顧客の好みに合わせて選択することが可能であった。オートマチック・トランスミッションも選択できた。

Orsi Period

1969-1975
# Indy
―― インディ ――

## 評価されたシンプルでエレガントな
## スタイルと高い実用性

　インディがデビューした1969年は、オルシファミリーからシトロエンへとマネージメントが移行するまさに過渡期であった。インディはセブリングやメキシコの系譜を持つ2フル4シーター・クーペモデルであるが、メキシコと比較すると、さらに広いリアシートやグリーンハウスを持つ。ルーミーなキャビン、荷室とのアクセスが楽なテールゲートなど、高い実用性を持っている。ヴィニヤーレ製のボディはヴィルジニオ・バイロらによってデザインされ、空力特性も考慮された当時として先進的なものであった。ギブリのシャーシをベースにボディが懸架され、エンジンは当初、4.2Lが搭載されたが翌年には4.7Lが追加され、1972年に4.9Lへと拡大された。4.2Lと4.7Lモデルは"Indy America"というエンブレムが装着されて販売された。また、最後期モデルはブレーキシステムにシトロエンのLHMが使われ200台程が生産される。比較的長い期間生産されたため、総生産数も1100台を超えた。

インディというネーミングはオメール・オルシの子息であり、現在マセラティ史の権威としても知られるアドルフォ・オルシJrの考案であるという。マセラティが当時インディ500で2度の優勝を果たしたことにちなみ、若きアドルフォが父に提言した。

後期タイプのインテリア。レザーが多用されたものでギブリと共通のイメージを持つ。オートマチック・トランスミッション仕様もラインナップされた。M/TもZFの世代交代に合わせてより容量の大きなものへアップデートした。

MASERATI COMPLETE GUIDE　055

マセラティのマネージメントのため、シトロエンからモデナに送り込まれたギィ・マルレ（左）とマセラティのチーフエンジニアのジュリオ・アルフィエーリ。ボーラのプリプロダクション・モデルを前にモデナ工場にて。

## 大きく変化した60年代後半のスポーツカービジネス

　拡大路線を歩んでいたシトロエンからハイパフォーマンスエンジン開発の提案が、マセラティに投げかけられたのは1965年のことであった。そして、その翌年には、チーフエンジニアのジュリオ・アルフィエーリは、コンパクトな3.1L V6エンジンのプロトタイプを完成させていた。その後、秘密裏に両社の間で、交渉が進み、1968年にはシトロエンより段階的にマセラティ株式の75%までを取得することが発表され、オルシ家は25%を保持することで話はまとまった。

　マセラティは、年々巨額になっていく、新規開発資金を如何に手当するか、常に悩まされていた。これはマセラティに限らずモデナの伝統的スポーツカーメーカーであるフェラーリも同様であり、結果的にその翌年である1969年にフィアット傘下入りをしている。自動車産業の構造が大きく変化し、何よりも各種安全基準に適合させる為の投資が少量生産メーカーにとって大きな負担となっていた。マセラティ・サイドとしては、オルシファミリーの創始者であるアドルフォ・オルシが既にかなりの高齢になっていたことと、当時CEOであった息子オメール・オルシの健康状態がすぐれなかったという大きな問題を抱えていたことも、シトロエンへの株式譲渡の大きな理由であった。

　シトロエン資本が入り技術開発に豊富な資金が投入されたことで、新規モデル開発や、製造施設の整備がこの時期大いに進んだ。チーフエンジニアであったジュリオ・アルフィエーリは開発責任者としてさらに立場を強め、シトロエンの技術をマセラティへ導入することを積極的に行った。アルフィエーリは新しい試みに対する意欲が強かったので、シトロエンによる豊富な資金をバックボーンに先進技術の導入に熱中した。LHMシステム（シトロエン独自の高圧油圧制御）やミッドマウントエンジン・レイアウトの導入などは、シトロエン経営陣の方が、マセラティの保守的な顧客に受け入れられるかを逆に心配したぐらいであった。この両社のマリアージュの根底には、シトロエンのCEOピエール・ベルコーによるマセラティへの深い敬愛があり、マセラティをシトロエンのカラーに染めようとは考えていなかったようだ。

　シトロエンSM用エンジンの大量生産のため、設備拡張が行われ、従業員数もそれまでの3倍近くまで増大し、皆は来るシトロエンSMの北米輸出に備えていた。マセラティも小さな個人商店から、組織的な企業へと脱皮しようとしていた。しかし、一寸先は誰も解らない。北米におけるホモロゲーション（認可）の遅れもあり、SMのデビューはまさにオイルショックの到来とぶつかってしまった。SMは他のハイパフォーマンスカー同様、マーケットを失い、シトロエン自体も一転して苦境に立たされた。親会社であるミシュランがシトロエンをプジョーへ売却してしまったことにより、マセラティは資金のバックボーンを失い、1975年2月に資産凍結を宣言され、このシトロエン傘下の時代は終わりを告げたのだった。

シトロエンSM用エンジン生産の為に従業員を倍増し、そこにはモデナの職人技による手作りとは異なったマスプロダクションの発想が入って来た。今までのような、熟練工のスキルに頼るという手法は隅に追いやられ、それを不満としてマセラティを離れるものも少なからずいたのだった。

056　MASERATI COMPLETE GUIDE

# Citroen Period シトロエンの時代

1968-1975

## 短命ではあったが、知られざるマセラティの黄金期

シトロエンの夢であったハイパフォーマンスなグラントゥーリズモ SMはマセラティによるC114エンジンによって完結した。コンパクトな90度V型6気筒エンジンの基本設計はビトゥルボのエンジンにも活かされた。このエンジンをベースとするV8やV4仕様の開発も進行していた。

ジュリオ・アルフィエーリが開発したシトロエンSM用エンジン。この写真のものはインジェクションモデルであるが、既存のV8エンジンをベースに、補機類含めコンパクトに出来ていた。チーフエンジニアであった彼のアイデアが随所に活かされ、V8やV4エンジンの開発も進行していた。

シトロエンの撤退後のマセラティを引き継いだデ・トマソもしばらくの間、シトロエン期プロダクツを製造販売した。この写真は1980年トリノモーターショー。

幻に終わったクアトロポルテⅡのエンジンルーム。メカニズムは限りなくシトロエンSMに等しい。高圧油圧LHMシステムがこの時期にマセラティには用いられていた。

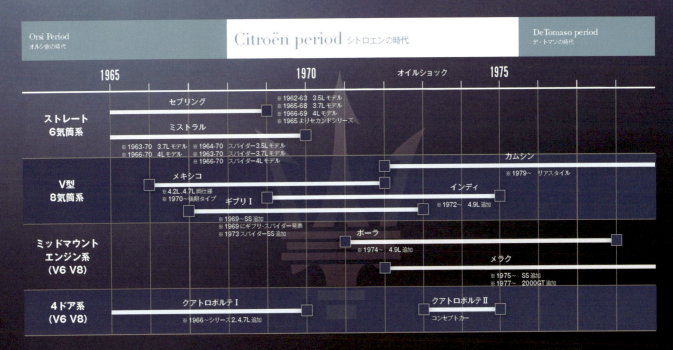

MASERATI COMPLETE GUIDE | 057

## 1971-1978
# Bora
— ボーラ —

### マセラティロードカー初のミッドマウントエンジンカーは
### エレガントなグラントゥーリズモ

　1971年に発表されたボーラはマセラティとして初めてミッドマウントエンジン・レイアウトを採用したモデルである。当時、ハイパフォーマンスカー・メーカーが競って発表したミッドマウントエンジン・スポーツカーであるが、マセラティのアプローチはライバル達とは少し違ったユニークなものであった。チーフエンジニアのジュリオ・アルフィエーリは、ミッドマウント・レイアウトならではのすぐれた操縦安定性を発揮しながらも、マセラティらしいグラントゥーリズモとしての快適性を同時に追求した。ライバルの大排気量ミッドマウントエンジン・スポーツカーは、うるさく狭いコクピットや不快な振動、そしてピーキーなハンドリングなど、決して完成度の高いものではなかったからだ。アルフィエーリは、快適なキャビン、充分なトランクルーム・スペースの確保などを追求し、されに従来のFRスポーツカーに慣れたドライバーでも安全に楽しめるハンドリングを実現した。

　イタルデザインを設立したばかりのジウジアーロによる、ロングホイールベース、ショートオーバーハングの、モダン且つ、完成度の高いスタイリングは前述のような実用性も充分に兼ね備えたものであった。V8 4.7L(のちに4.9Lとなる)エンジンが縦置きに搭載された。シトロエンのLHMシステムがリトラクタブルヘッドライト、シートアジャスト、ペダルボックスの前後アジャスト、そしてブレーキに採用されシトロンSMやDSなどのパーツも流用された。車体後部にサブフレームがラバーマウントを介して連結されたモノコックボディや、4輪独立サスペンションの採用など、マセラティとしての初めての取り組みも多かった。オイルショックによる親会社たるシトロエンの破綻により、ごく短い間の生産で終わってしまった為、生産台数は極めて少ない。デリバリーが始まりもまなくフロントフードにラジエーターへのエアフローを確保するためのグリルが設けられ、最後期モデルは走行中のショックによってフロントフードのラッチが外れるアクシデントへの対応の為、フロントフードはフロントヒンジへ変更された。北米仕様はエンジンチューニング、タイヤサイズが異なる他、年代とデリバリー地域の違いで2種類の衝撃吸収バンパーが装着された。

リアにはスペアタイヤを積み、エンジンルームを覆うカーペット貼りのカバーが用意される。運転席の後ろ（Cピラーあたり）にはかなりの容量の物入れが備わり、ちょっとしたバッグやコートなども収納可能。エンジンコンパートメントと室内仕切るウインドウに2重ガラスが採用されるなど、細やかな快適性への配慮を見ることができる。一体構造の充分なサイズをもったシートはフロアに直接固定され、傾きのみが油圧にてワンタッチで調整可能だ。前後の調整は油圧で移動するペダルボックスとチルト＆テレスコピックステアリングホイールで最適のポジションへと調整する。

基本モチーフとなったのはビッザリーニ マンタだ。ボーラの初代プロトタイプはマンタのシャーシが流用された。この両車は一卵性双生児と言えるかもしれない。ジウジアーロによるボーラのプロポーサル案のいくつかを見るなら、それはより明確になる。

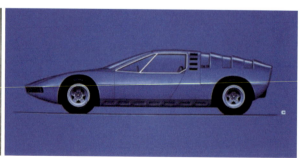

## Citroen period

ホイールベースの長いレイアウトでありながらも、スポーツカーらしくキャビンをコンパクトに見せる為に、ジウジアーロは二つの技を用いている。一つはウインドスクリーンを極端に寝かせたこと。もう一つは、視覚的にキャビンを短く（小さく）見せるという効果を狙って、ルーフの前方をステンレスのヘアライン加工仕上げとすることだ。当時のジウジアーロが手がけた量産モデルではアルフェッタGTに類似するモチーフやコンセプトがボーラにも見られる。リアエンドの空力効果を狙った細かな造形などもその一つだ。この前後バンパーがヨーロッパ仕様の特徴。

最初期型の北米仕様のカタログ。ステンレス製の衝撃吸収バンパーが前後に装着される。バンパーの左右にはプロテクターが装着され、リアはプロテクターこそ付くもののバンパーの形状はヨーロッパ仕様と同じだ。但しショックアブソーバーで支持されるためボディより外に飛び出す。前後の車幅灯、インテリアではセンター部の大きい衝撃吸収型ステアリングが装着される。サイドミラーはボーラに限らず、当時のモデルではディーラーオプションであった為、工場出荷時には付いていないケースが多かった。フロントボンネットにルーバーが無いのが初期型の特徴。

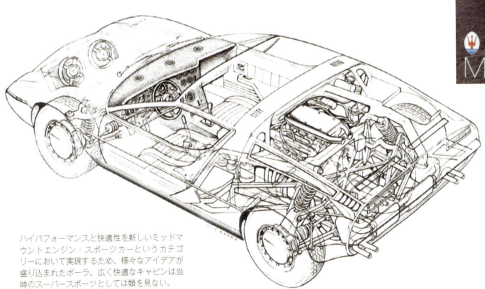

ハイパフォーマンスと快適性を新しいミッドマウントエンジン・スポーツカーというカテゴリーにおいて実現するため、様々なアイデアが盛り込まれたボーラ。広く快適なキャビンは当時のスーパースポーツとしては類を見ない。

MASERATI COMPLETE GUIDE | 059

# 1972-1983
# Merak
― メラク ―

## マセラティロードカーとして
## 初めてV6エンジンを搭載した
## ボーラの姉妹車

　ボーラのボディをベースにシトロエンSM用に開発されたV6を搭載し2+2レイアウトとした。短いエンジンを巧みにレイアウトし、2シーターのボーラと異なり、狭いながらも後部座席が存在する。フロントまわりは、ほぼボーラと等しく、モノコックボディシェルは共用する。リアは特徴的なルーフバーが採用され、サブフレーム等レイアウトはメラク独自なものとなっている。エンジンはシトロエンSM北米仕様3Lバージョンを搭載。LHMシステムはブレーキ及びフロント・リトラクタブルライトのポップアップに採用された。当初、ダッシュボードはシトロエンSMからそっくり流用されるなど、よりシトロエンの影響が強く感じられた。のちにパワーアップしたSSバージョンが発売された他、イタリアの税制にあわせた2Lバージョン、2000GTも追加された。シトロエンとの関係が終了し、デ・トマソ・マネージメントが始まってからも、ボディ製造工場が変更され、ブレーキをLHM仕様からコンベンショナルな油圧式アウトボードタイプに、ヘッドライトのリトラクタブルライトのポップも電動式へ変更して1983年まで生産が続けられた。ダッシュボードは前述のSM仕様を含め3タイプ存在し、前後バンパーやフロントフードのヒンジ位置などボーラと同様な変更がなされた。また、初期の北米仕様ではレギュレーションの関係からフルサイズのスペアタイヤがリアに搭載されたためリアエンジンフードにタイヤのスペースを確保するためのふくらみが存在する。

　ちなみに、それまでの慣習からすれば(2+2モデルとすれば)レースやサーキット名由来、もしくは偏西風に由来する命名がなされるはずであるが、このメラクはそのどちらでもない大熊座の星に由来するものとなっている。

　そして、この命名はマセラティ側からではなく、シトロエン側からのアイデアであると言われている。

**Merak SS**
1975年には大口径キャブレターの採用と高圧縮比化によってパワーアップしたメラクSSを発表する。調整の難しかった特殊なチェーン・テンショナーが油圧式に変更されエンジン廻りの信頼性は大きく高まった。ボーラと同様にフロントのラジエーターのエアフローを改善するためのグリルがフードに設けられた他、フロント・アンダースポイラーも装着可能となった。ダッシュボードはシトロエンSMではないシンプルなものに変更され、最後期にはボーラと全く同じものが採用される。左は中期インテリア。後部座席のレッグスペースはほとんどない。

**Merak 2000GT**
イタリアの排気量別の税制に対応する2000cc未満のモデルである2000GT。サイドのボーラとはまた異なったブラックのストライプや、艶消し塗装にてブラックアウトされたフロントバンパーが特徴。

**北米仕様**
ボーラ同様、幾つものバリエーションがある。こちらは5マイルバンパー装着の最後期型。但し、写真右のサイドマーカーはヨーロッパ仕様。

Citroen period

1972-1982
# Khamsin
— カムシン —

## ガンディーニ・デザインによる
## 最新鋭メカニズム満載のクーペ

　カムシンは1972年にギブリの後継車としてデビューした。ベルトーネ在籍のマルチェロ・ガンディーニによるウエッジシェイプの特徴的なボディは1800mmを超え、当時として相当にワイドな車幅であった。実用に適すサイズではないが、小さな後部座席を持つ2+2仕様で、ラグジュアリーなインテリアがおごられた。後方視界向上のため、テールライトが取り付けられるリアパネルが透明なガラスで作られているのも特徴だ。LHMシステムはブレーキ、クラッチ、ヘッドライトのポップアップ、シートリフターの他、パワーステアリングにも採用された。その中でもシトロエン流のクイックなセルフセンタリングのシステムの導入には賛否があった。当時、北米における排ガス規制が年を追うごとに厳しくなり、イタリアのハイパフォーマンスカーの対米輸出は難しくなったが、このカムシンをはじめとしてマセラティは、様々な改善を施すことにより輸出継続の努力は続いた。

　同時に北米では衝突時の衝撃を吸収する"5マイルバンパー"の装着が求められ、マセラティも例外でなかった。後付けの大型バンパーはスタイリングを台無しにする場合が多く、このカムシンのリアに関しては最たるものであった。（生産途中にラジエーターの放熱効果を高めるの為、フロントエンド上部にルーバーが追加された。）またオプションで選択することができた3速オートマチックトランスミッションが装着された個体も多い。

フロントボンネットを低く抑える為にチーフエンジニアのジュリオ・アルフィエーリは大いに悩んだ。しかし、コストの問題もあり、結果的にシトロエンSM用のセルフセンタリング式ステアリングラックをそのまま流用することとなった。問題はクリアされたが、この独特なステアリング・フィールがカムシンの評価を2分することになる。

1975年の北米仕様をベースとして、当時の北米西海岸エリアのディストリビューターであったMaserati Automobiles Incorporatedがソフトトップ仕様のワンオフスパイダーモデルを顧客の発注によって製作した。特に西海岸エリアにてスパイダーモデルの需要は多く、ごく少数が生産されたギブリスパイダー以来途絶えていた為、継続的製作も検討された。

マセラティ・エンスージアストであるMarc Sonneryが2012年6月にカムシン生誕40周年記念イベントをフランスにて開催した。スペシャルゲストとしてガンディーニ氏が参加し、プロトタイプ個体のレストア完成記念アンヴェイルも行われた

MASERATI COMPLETE GUIDE | 061

## スーパーカー冬の時代に打って出た
## デ・トマソの切り札とは

　シトロエンの撤退により資金繰りに行き詰ったマセラティだが、特に共産党勢力の強いモデナにおいて多数の雇用を失うことは深刻な社会問題を引き起こす恐れがあり、それを回避せねばならないことは明らかであった。まもなくGEPI（事業支援機関）の資金の投入が決まり、様々な政治的駆け引きの中で、マセラティをコントロールすることになったのはアレッサンドロ・デ・トマソであった。当時、彼はデ・トマソ・パンテーラなどのプロジェクトを進めたデ・トマソ・モデナ社を中心としたデ・トマソ・グループのオーナーとしてベネッリやモトグッツィなど2輪ブランドの再生を請け負っていた。アレッサンドロはGEPIの資金をバックボーンとして、わずか100ドル程の資金投入で、マセラティの株式の30％余りを手中に収め、順次持ち株を増やしていった。まもなく同様な手法で破綻したイノチェンティ社も手中に収める。当時イノチェンティはリスタイリングしたミニを生産しており、デ・トマソは、大量生産に対応できるモノコックボディ製造ラインもほぼ時を同じくして手に入れたのだ。
　彼はパンテーラなどのビジネス経験から北米市場の重要性を理解していたし、その北米でもBMW3シリーズのようなコンパクトでありながら高級感あるモデルが人気を博していたことも掴んでいた。マセラティのブランドを活かし、ハイパフォーマンス且つ手頃な価格という今までのマセラティ・ラインナップには存在しなかった新しいジャンルのモデルを1981年に投入した。これが大ヒットしたビトゥルボである。このビトゥルボをベースに次々と派生モデルをデビューさせていったのが"デ・トマソ時代"だ。

**Alessandro De TOMASO**
アレッサンドロ・デ・トマソ

1928年アルゼンチン生まれ。北米の名門、ハスケル家のイザベラと結婚し、1959年にデ・トマソ・アウトモビリ社をモデナに設立。レースカー、ロードカーマーケットに参入し、フォードと共同でパンテーラを開発・製造。また公的企業再生機構と組んでベネッリ、マセラティ、イノチェンティなどを傘下に加えビジネスを広げた。1993年病に倒れ、10年余りの闘病生活の末、2003年死去。

1981年12月14日（当時、制定されていたマセラティの創立記念日）に開催される恒例の新モデル発表会において、ビトゥルボがアンヴェイルされた。そして、資金確保のため早々に予約金をあてにした受注を始めた。ビトゥルボは高性能で実用的なマセラティが手頃な価格で手に入ると、顧客からの注文が殺到した。しかし開発期間を充分に取らなかったことが後々大きなトラブルを引き起こすことにもなった。

# DeTomaso Period デ・トマソの時代

1975-1993

## マセラティ復活に賭けた鬼才の大きな決断

ミラノにあったイノチェンティ工場。クアトロポルテのフロントドアを掴んでいるのは、当時マセラティの大株主であったクライスラー会長リー・アイアコッカ。この工場にてクライスラーTC By Maserati も生産された。アイアコッカはこのファクトリーをクライスラーのヨーロッパ製造拠点の一つにしようと当時考えていたようだ。

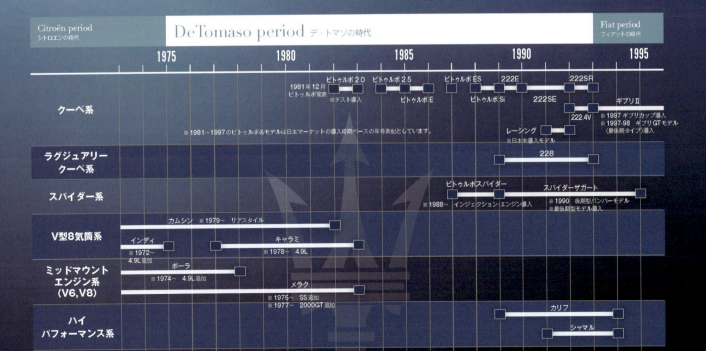

## 1977-1983
# Kyalami
―― キャラミ ――

### デ・トマソ傘下となって
### 初めて登場した2+2クーペ

　新たにマネージメントを行うことになったアレッサンドロ・デ・トマソにとって新生マセラティのアクティブさを間髪入れずマーケットにアピールする必要があった。カロッツェリア・ギアの経営を行った経験のある彼にとってスピーディにコンセプトモデルを仕上げることは朝飯前であった。そこで、手始めにデ・トマソ ロンシャン（ギア在籍のトム・チャーダのデザイン）をベースとして、フルアがリスタイリングを行った2+2クーペのキャラミをアンヴェイルした。ロンシャンのフォード製V8エンジンに変わって、ボーラ、カムシンなどに搭載されていた伝統のマセラティV8エンジンが搭載された。シャーシも基本的にドービルやロンシャンと共通であるが、サブフレームを介してマウントされたリアサスペンションはカムシンのものが流用されている。

キャラミはフルアにてデ・トマソ ロンシャンをベースにリスタイリングされた。このモデルはマセラティにとって25年間に渡る深い関係にあったフルアとの最後のコラボレーションとなった。インテリアはクアトロポルテIIIに繋がるコノリーレザーやスエードを多用した豪華なものであった。

北米マーケットを目指して、新しいクアトロポルテの開発には熱が入っていた。イタルデザイン案の他、フルアからもキャラミの4ドアバージョンの提案を受けていたようだ。

## 1979-1986
# Quattroporte III
―― クアトロポルテIII ――

### 復活したフラッグシップサルーン

　2代目がプロトタイプの段階で開発中断となってしまったため、長きにわたって不在となっていたフラッグシップサルーンが1979年にイタルデザインによるモダンなスタイリングと共に復活した。キャラミとほぼ同一のシャーシをベースに開発されたもので、単なるショーファードリブンカーでなく、ドライビング・プレジャーをも追求した味付けは歴代クアトロポルテならではのものだ。
　伝統の4キャブレターV8 DOHCエンジンが搭載された初期型の4.2Lは後期型で4.9Lに拡大される。このイタルデザインによる直線的なボディスタイルと、開放感あるラグジュアリーな内装のコンセプトは後に発売されるビトゥルボ・シリーズへと引き継がれる。映画ゴッドファーザー・パートIIIにおける印象的な登場や、サンドロ・ペルティーニイタリア首相のオフィシャルカーであったことも有名である。1993年に明仁天皇訪伊にあたっては、現地でロイヤルがオフィシャルカーとなった。

本書P122に見られる、80年代のラグジュアリーサルーン像へ向けてスタディされた"メディチ"のコンセプトが特にインテリアへと活かされている。明るい色調のレザーを用いて開放的な低いトレータイプのダッシュボードを採用した。低いルーフはマセラティらしい、スポーティなエレガンスさを醸し出しているが、居住性も犠牲にされていない。

# 1987-1990
# Royale
― ロイヤル ―

DeTomaso period

## クアトロポルテⅢの後継モデル

　1987年よりクアトロポルテⅢの後継として極少量生産された。基本レイアウトは変わらないが、エンジンチューンの変更によるパワーアップと、後部座席用のブライアーウッド造りのテーブル、そしてビトゥルボで好評であったラサール社製のオーバル・ウォッチの装着、エアコンのアップデートなどが目立ったところ。1990年代まで受注生産という表記でカタログに残っていた。当時としても古典的なキャブレター仕様のエンジンは非常にレアであった。

イタリア政府から2台の防弾仕様の特別注文モデルが発注され、サンドロ・ペルティーニ大統領のオフィシャルカーとしても活躍した。写真は装備された特殊な4層サイドウィンドウや警備用無線機。

外観的にはバンパーやホイールの意匠変更で大きな差異はないが、内装はより艶やかで豪華な造りとなった。ビトゥルボ・シリーズのコンポーネントも新たに取り入れられ、ラサール社製のオーバル・ウォッチもダッシュボードの中央へ装着された。また、純正カクテルグラスや、リアドアに内蔵されたフォールディング・テーブル、車載電話など、独特の装備が用意された。

MASERATI COMPLETE GUIDE | **065**

# 1981
# Biturbo
— ビトゥルボ —

## 過去との大いなる決別
## マセラティ史上初となる
## 小型サルーンの市場への投入

　1981年にデ・トマソがマセラティ再建の切り札として開発を行ったモデルがビトゥルボだ。マセラティの大排気量グランツーリスモ&スポーツカー・メーカーとしてのイメージを活かしつつ、量産指向の"ジャストサイズの高級車"たる新セグメントへ参入した。先行したクアトロポルテⅢのモチーフが活かされたスタイリングは、ライバルのドイツ車と比べて低く、ワイドなイメージを醸し出していた。コンパクトでありながらもフル4シーターの実用性を持ち、内装もラグジュアリーなテイストを上手く表現していた。2001cc以上の車両に対して極端に高額なチャージが行われるイタリアの税制を鑑みて排気量は1996ccに抑えられた。90度V6OHC3バルブのエンジンは新設計のものであるが、そのベースとなったのはメラクに採用された非常にコンパクトなC114エンジンであり、マセラティがパテントを持つ独自3バルブ（気筒あたり）システムが採用された。各バンクに一つずつ搭載されたターボチャージャーはIHI製の小型なものであった。ツインターボの採用はアレッサンドロ・デ・トマソのアイデアであったようで、小型のタービンを使用することでターボラグを減少させる目的はもちろんあるが、市販モデル初のツインターボの採用を謳うというマーケティング戦略でもあった。このIHI製ターボの採用は商社ニチメンを介したデ・トマソ社とダイハツとのコラボレーション（イノチェンティへのエンジン供給や、シャレード・デ・トマソ・ターボの開発）の副産物でもあった。

　イタリア国内向けの2Lに続いて、まもなく追加された輸出仕様は2.5Lへと排気量が拡大された。このビトゥルボはマセラティを年間数百台に満たない少量生産メーカーから年間5000台規模の中規模メーカーにまで引き上げることに成功した。その後、4ドア版など次々と派生車種をリリースし、ツインターボと、ライトカラーの豪華なコノリー製レザーシート、ゴールドのオーバル型アナログウォッチなどがマセラティのアイデンティティとなった。

新設計V6エンジンにはN/A仕様、シングルターボ（写真）など様々なプロトタイプが作られテストされた。当時IHI製小型ターボが製造を開始したことから、各バンクに一つずつ装着する市販車として初のツインターボ・システムが導入された。キャブレターを加圧式チャンバーに封入するというアイデアはユニークであったものの、完璧な状態を保つためには、エキスパートによる頻繁な調整が必要であった。

ビトゥルボのスタイリングを担当したのはデ・トマソ・モデナ社のデザイナーであったピエランジェロ・アンドレアーニだ。クアトロポルテⅢを担当したイタルデザインからもプロポーサルを受け取ったが、この社内デザインが採用された。クラシックなテイストながら、モダンで低くワイドなイメージを上手く両立したスタイリングはビトゥルボの大きな魅力だ。

# DeTomaso period

*ビトゥルボ・ファミリーの導入年は原則的に日本市場への導入年ベースで記載している。

## ビトゥルボ2.5
**Biturbo 2.5** 1984

### 独自の展開が行われた輸出仕様

　ビトゥルボ・シリーズは各国で異なる安全基準や排ガス規制への対応や、各マーケットからの要請により仕様や導入時期が大きく異なっている。そんな訳で、イタリア本国における発売開始と日本における販売開始は必ずしもリンクしていない。ここで本国仕様の詳細を追ってもあまり意味がないため、本書では日本導入時期をベースに話を進める。

　1984年よりビトゥルボ2.5の販売が始まる。基本的に2.5Lは輸出専用であったが、初期のキャブレター仕様はパワーステアリング、オートマチックトランスミッションは導入されず、内装も豪華なイメージをアピールしながら、実はシートや内張もビニールレザー製であった。ダッシュボード中央にはデジタル・クロックが装着された。（前ページのビトゥルボ2Lと基本的に同様）。

## ビトゥルボ425
**Biturbo 425** 1985

### 日本におけるビトゥルボ人気を確固たるものにした4ドア仕様

　1985年にはホイールベースを拡張した、4ドアモデル、425の発売が開始となる。コンパクトなボディでありながら充分な広さのキャビンを持ち、実用性も兼ね備えた。ミッソーニ製布地を用いたエレガントなモケットシートと明るいカラーのレザーシートがセレクト可能であった。ESの導入と合わせてニーズの高かったパワーステアリングとオートマチックトランスミッションも採用され、日本におけるビトゥルボ人気も決定的なものとなった。

ESモデルは本国ではビトゥルボⅡのスポーツモデルとしてリリースされたもので、インテリアの質感も大きく向上した。ビトゥルボは手頃な価格設定をセールスポイントとするため、初期モデルにおいてはオプションを付けない標準装備のままではかなり質素なものであった。

## ビトゥルボE
**Biturbo E** 1985
## ビトゥルボES
**Biturbo ES** 1987

### スポーティなビトゥルボのイメージを広めたEとES仕様

　本国で先行発売していたS仕様に準じたツートンカラーペイントと水平ライン入りグリルを持つ外装が適用されながらも、インテリアや動力性能に関しては2.5Lベーシック仕様と同等のE仕様が日本のみで発売された。そして、その2年後には空冷式インタークーラーが搭載され、フロントボンネットにNACAエアインテークが設けられたES仕様が発売された。オートマチックトランスミッション、パワーステアリングの採用、改良されたラウンドタイプのメーターナセルや豪華なモケットシートなど、本国における"ビトゥルボⅡ"フォーマットへとアップデートされた。ビトゥルボの顔となるオーバル型のアナログウォッチもこの世代より導入された。このスイス ラサール社製オーバル・ウォッチは内蔵バッテリー駆動、ACC電源供給など幾つかの仕様が存在した。

内装はレザーとミッソーニ製モケットの二種類から選べた。まだオートエアコンは導入されず、キャブレター仕様の為に始動時にはチョークの操作も必要であった。

MASERATI COMPLETE GUIDE | 067

# 1987
# Biturbo Spyder
―― ビトゥルボ スパイダー ――

## スタイリッシュなスパイダーモデルの投入

　次々とリリースされたバリエーションの中でも1987年に日本市場へ導入されたスパイダーモデルは1995年まで販売され、ビトゥルポ・シリーズのイメージリーダーともなったヒット作であった。クーペ系ボディのホイールベースを短縮してオープン化したもので、ボディ加工とソフトトップ廻りの懸架の作業はザガートへと委託されていた。モデル名も1989年よりスパイダーザガートと称されるようになるが、そのスタイリング開発においてザガートは関与していない。90年代になり、スパイダーのボディ製造工程のザガートへの委託が終了し、モデル名も当初の"スパイダー"に戻り、ボディからもザガート・エンブレムが外された。

トップを開けたリアからの姿は美しい。低いウエストラインとスマートに収まったトップはスタイリッシュであり、ショートホイールベースのコンパクトなボディとあいまって、独特の表情を魅せてくれる。トップを閉めた状態でもそのプロポーションの良さは崩れず、独特なソフトトップの色合いとボディカラーとのコンビネーションによって、こちらも魅力的である。

# DeTomaso period

ソフトトップは手動にて開閉する。トップを開けた後もトノカバーを被せるというもう一手間が必要とされるが、このスマートなオープン・スタイルを味わう為に、マセラティスタ達はそれを厭わないはずだ。

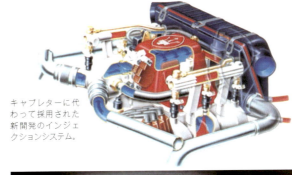

キャブレターに代わって採用された新開発のインジェクションシステム。

| ビトゥルボ2.5Lインジェクションモデル
**Biturbo 2.5 Iniezione** 1988

## 実用性の高いインジェクションを採用

　完璧に調整された状態においては素晴らしいパフォーマンスを発揮するキャブレターモデルであるが、その調整にはコツが必要であった。キャブレターを完全な状態にセッティングしても、チャンバーを被せることでまたパラメーターが変化してしまうので、それを予測してアジャストするというテクニックも要求された。また冷間時における始動性や、夏季における燃料のバーコレーションなど根本的な問題点も存在した。
　既に世の中では少数派となっていたキャブレターに変わって、ようやく1988年よりウェーバー・マレリによるインジェクションが適用された。この変更により実用性は大幅に向上した。2ドアクーペ、4ドアセダン、スパイダーの各モデルに導入され、オートエアコンも設定された。

**Biturbo Si**

**Biturbo 425i**

MASERATI COMPLETE GUIDE | 069

# 1989
## 228
— 228 —

### 5シーターのラグジュアリー・クーペ

　1984年に新開発の2.8Lエンジン搭載を謳いプロトタイプが発表された228は425のロングホイールベース・シャーシをベースとして誕生した、フル4シーターの大柄な2ドアクーペであった。2.8Lへと拡大されたエンジンはツインカム4バルブ、ツインイグニッション、電子制御キャブレターの採用と謳われた。また、4ドアバージョンの開発も検討されたようだ。従来からのマセラティ顧客からは、ビトゥルボのアッパークラスとなるモデルのリクエストは多く、ビトゥルボが爆発的人気を誇った北米市場からは、より広いキャビンスペースを持つモデルに対するリクエストが多かった。そんな訳でマセラティはBMW635CSiクラスをコンペティターとなるようなラグジュアリー・クーペの導入を考えた。ビトゥルボ・シリーズとの差別化を考え、モデルネームからもビトゥルボの名前が消えた。

　このように、北米におけるビトゥルボの高セールスをベースとして、ポテンシャル・ユーザーを逃すまいと企画されたのが228であったのだが、残念なことにプロダクションモデルが完成した頃には数々のトラブルからマセラティにとっての北米マーケットは既に消滅してしまっていたのだ。

　特徴的な新エンジンのスペックを予告した228であるが、完成したプロダクションモデルは2.8Lへと排気量は拡大されたものの、それまでと同様のSOHC3バルブエンジンをインジェクション化したものとなった。(ごく少数がSOHC3バルブキャブレター仕様でデリバリーされた)となり、数多くの改良が施された222Eや430などの2.8Lモデル導入時のパイロット・モデルの意味合いを持つモデルであったが、日本導入はそれらと同時期の1989年となってしまった。

当時のエンジン組み立てライン。多くの作業は内製化され、組み立て完了後も、一基ずつ長時間のベンチテストが行われた。

アウターパネルを一新した完全なニューモデルにも関わらず228の生産台数は極端に少ない。本来は北米のメインモデルとなるべく計画されたモデルであり、車格に言えばキャラミの後継と言えるほどのレベルであった。プロダクションモデルはエクステリア、インテリア共にそれまでのビトゥルボ・シリーズとは一線を画す、ハイクオリティな仕上がりを見ることができる。実際、ボディ廻り、インテリアのアッセンブル作業は主にザガートの熟練工の手で行われた。

### ビトゥルボと北米マーケット

　ビトゥルボのメインマーケットとして考えられた北米には1984年に2.5Lモデルが導入され、年間2023台という高セールスを記録する。しかし、1985年には各種トラブルに関するネガティブな情報がマーケットに広まり、セールスは1190台へと半減した。バーコレーションやキャブの調整不良などに加えて（必ずしも車両の問題ではなく、使用者側の問題でもあったが）触媒の過熱による車両火災のリコールなど多岐にわたった。1987年までには多くの点が改善されたが、既に北米マーケットはビトゥルボに醒めてしまっていた。1988年モデルの導入は中止され、1990年まで在庫車を中心にごくわずかが販売された。1984～90年にかけて累計で5000台以上のビトゥルボが北米で登録された。その後、北米市場からの撤退がアナウンスされ、再び北米マーケットにマセラティが現れたのは、フェラーリ傘下となった2002年のことであった。

# 1989
# 2.8 update
—— 2.8Lモデル ——

## 2.8の信頼性の高いインジェクションエンジンへアップデート

### 1. 初期モデル 222E 430 Spyder Zagato

　1989年より順次2.5Lインジェクションモデルが、2.8Lモデルへと切り替わり、228同様にモデル名より"ビトゥルボ"が消えた。ボディパネルも変更され、フロント及びリアエンドの処理がより丸みを帯びた形状となった。4速オートマチックトランスミッション、路面状況変化に関わらず安定したロードホールディングを保つとされる新フロントサスペンション"メカニカ・アッティバ"、パワーステアリング、大容量のリミテッドスリップデフ"レンジャーデフ"、前輪ベンチレーテッドブレーキ、5ボルト化された新意匠ホイールなど、多数のポイントでアップデートがなされ、完成度は高まった。

### 2. 後期モデル 222SE 430 Spyder Zagato

　1991年よりフォグライト内蔵型のフロントバンパー、エグゾースト・アウトレットを包み込む形状のリアバンパーが採用となった。空力効果を高めるサイドスカートも装着された。2ドアクーペモデルは222SEへとモデル名が変更される。

### 3. 最後期モデル 222SR 222.4v 430.4v Spyder Zagato

　1992年には進化してきたビトゥルボもデビューから10年余りを迎え、最後の改良が行われた。この最後期モデルの特徴はプロジェクターヘッドライトとシャマルでお目見えしたフロント・ウィンドスクリーン下部のスポイラーの採用である。これらの変更によってフロント周りのイメージは大きく変わった。新たに設定された4バルブエンジンを搭載した222.4vはこれらの変更に加えて、16インチホイールが採用された。インテリアも後継として発売されるギブリⅡの仕様と近いものへとアップデートされた。430とスパイダーの日本仕様には4バルブエンジンの導入はなかった。

## 1989
# Karif
―― カリフ ――

### ショートホイールベースのホットバージョン

　スパイダーのボディをベースにハードトップを装着した2シーターモデルがカリフとして登場した。ハイパフォーマンス・バージョンとしてM/Tのみが設定され、2.8L系他モデルよりも高出力が謳われたが、実際に特別なチューニングが施された記録は残っていないようだ。ツートンの外装カラーもスタイリッシュである。ちなみにハードトップとボディは一体化しており、取り外すことはできない。

カリフもスパイダー同様に、ザガートにてクーペボディをベースにボディ加工が行なわれた。

## 1991
# Shamal
―― シャマル ――

### ガンディーニ・デザインによる
### 久々のV8スーパースポーツモデルの登場

　北米マーケットから撤退し、よりニッチなハイパフォーマンスカー路線への軌道修正を決断したアレッサンドロ・デ・トマソは、カリフに続いて新開発V8エンジンを搭載したシャマルを発表する。ホイールベースはスパイダー及びカリフと等しいが、後部のボディシェルがストレッチされ、リアサスペンションも新規に開発された。ガンディーニによるアグレッシブなスタイリングはビトゥルボ系後継のギブリⅡにそのモチーフが応用された。3.2L 32バルブツインターボのツインカムエンジンは非常にパワフルであり、そのハイパワーに対応するデフの供給が難しかった為、プロダクションモデルでは50ps余りデチューンせざるを得なかったという。

プロダクション仕様と異なるボンネットのエアインテークが見られる個体。

パワフルなV8エンジンは大変に燃焼効率も良く、かつ高い信頼性を誇った。後にマイルドな設定へとデチューンしてクアトロポルテⅣに搭載され、さらに次世代の3200GTへと受け継がれた。まもなくマセラティ各モデルにはフェラーリ製エンジンの搭載が始まったから、MC20ネットゥーノ・エンジンの登場までは、最後のマセラティによる独自設計・製造エンジンと称された。

# DeTomaso period

フロントウィンドシールド下部に装着されたスポイラーは、プロジェクタータイプのヘッドライトと共に、ビトゥルボ系最後期モデルのアイコンとなった。

## イタリア国内モデル

### より少ロット生産となり、謎解きのような不思議なモデルネームが誕生・・・

前述のようにイタリア国内の税制にあわせる為、ビトゥルボ系各モデルは、2L仕様が国内マーケット向けに導入された。エンジンの基本構造は2Lモデルも、輸出モデルも変わらないが、シリンダーのライナーなどが輸出仕様とは異なる他、鍛造ピストンや軽量コネクティング・ロッドなど、モデルによってはかなり特別なコンポーネンツが採用されている。そういったこだわったハイチューンのおかげもあり、最もハイパワーな仕様では330ps前後という素晴らしい数値を記録した。基本的にM/T仕様のみがラインナップされた。イタリア国内モデルに限らないがビトゥルボ系各モデルのモデルネームは規則性がなく難解である。2.24V 222 4V、4.18V、420、422など区別に悩むものも多く、導入される国によって仕様も大きく異なる。本誌に記載した発売時期等に関してもかなりの例外があることをお断りしたい。

上の写真425の2L仕様が420。これはまだわかりやすい。

**レーシング** **RACING** 1991

1991年に導入された2.24Vの2Lバージョンであるレーシングは283ps、38.1kgmというハイパフォーマンスを2Lエンジンから絞り出した。リッターあたり140psを超える2Lエンジンは当時、市販車では存在しなかった。キャタライザーは装着されていない。

MASERATI COMPLETE GUIDE | 073

# 1993
# Ghibli II

―― ギブリII ――

## デ・トマソ期最後を飾るギブリIIは
## ビトゥルボの最終進化版

　1992年にデ・トマソ・マネージメント時代の最後のモデルとして発表されたのがギブリIIである。1966年に発表されたジウジアーロのデザインによる名車ギブリの名前をここに復活させたのだ。222.4Vをベースとしながらも、シャマルに用いられたモチーフが多く採用され、ボディパネルは全面的にリスタイリングされた。オフィシャルには謳われていないが、ギブリIIのスタイリング開発はガンディーニも深く関わっている。最初期モデルは222.4V用のコンポーネンツを用いたもので、ディストリビューターによるコンベンショナルな点火系システムが搭載されているが、、まもなくダイレクト・イグニッションシステムへと変更になる。この両仕様では、同じギブリIIを名乗るものの、車両自体の型式もエンジンの型式も異なる。生産が進むと共に頻繁に仕様変更が行われたが、日本市場では6年間に渡り販売された。

デ・トマソ期に製造された最初期モデルはホイールやミラーなど随所に222.4V系のコンポーネンツが使われている。このデ・トマソ期からフィアット期、そしてフェラーリ期の三期にまたがってギブリIIの生産は続いた。本書フィアットの時代におけるギブリIIの記載も参照頂きたい。

ギブリのボディ開発風景。ビトゥルボ系のボディ製造はミラノのマセラティ・イノチェンティ工場にて行われていたが、1992年に工場は閉鎖され、ボディ製造はトリノのITCAへと移った。ギブリのモノコックボディはビトゥルボの改良系であるが、シンプルながら各部の剛性も十分確保されたなかなかのクオリティであった。細部の処理はシャマルに酷似しているが、ギブリにおいてはプロダクション・モデルとしてより完成されている。シャマルはカリフのシャーシをベースとして手作業による改良を加えたワンオフカーのようなものであった。

074 | MASERATI COMPLETE GUIDE

# 日本におけるマセラティの歴史
## Maserati History in Japan

### マセラティを支える日本のマーケット

　1997年にはマセラティがフェラーリ・グループの一員となったことが発表された。この流れを受け、当時、日本におけるフェラーリの輸入代理店であったコーンズアンドカンパニーリミテッドとガレーヂ伊太利屋の間で、輸入権に関する会話が始まり、ガレーヂ伊太利屋は輸入権や世田谷ショールーム、人材も含めて全てをコーンズアンドカンパニーリミテッドに譲渡することとなり、1997年から2000年まではコーンズ・イタリアという独立した法人が設置されることとなった。

　そして2000年以降は全ての業務がコーンズアンドカンパニーリミテッド本体に移管される。2010年4月にマセラティS.p.A 100％出資子会社として、日本法人マセラティ ジャパンがマセラティ アジアパシフィック内に設立され、2011年1月よりインポーター業務を開始している。当時、日本はマセラティの世界市場の4位に位置づけられていた。

### マセラティジャパン

木村隆之氏がマセラティジャパン代表取締役、及びジャパン＆コリア統括責任者を務め、マセラティジャパンのジェネラルマネージャーには玉木一史氏が就任している。

| マセラティ ジャパン株式会社 | 2010年～ |
| --- | --- |
| コーンズ・アンド・カンパニー・リミテッド | 1999年～2010年 |
| 株式会社コーンズ・イタリア | 1997年～1999年 |
| 株式会社ガレーヂ伊太利屋 | 1982年～1997年 |
| シーサイドモーター株式会社 | 1974年～1980年 |
| 新東洋企業株式会社 | 1965年以前～1977年 |

### マセラティ、日本への導入ヒストリー

　新東洋企業株式会社（後に新東洋モータース株式会社）は1960年代前半に輸入代理店契約を締結し、マセラティの日本への導入が始まった。最初に輸入されたのは3500GTと言われており、1977年まで契約は続いた。

　続いて、横浜のシーサイドモーター株式会社が1974年より輸入をはじめ、1980年に経営状況悪化のため倒産し、正規輸入が途絶えた。1982年には当時、既にランチアやイノチェンティのインポーターであったガレーヂ伊太利屋がマセラティの輸入権を獲得し、ビトゥルボシリーズの販売を開始した。1982年12月7日に型式認定取得の為に3台の2ℓビトゥルボが初めて日本に上陸して以来、積極的に市場開拓を行い、年間販売台数では世界1位を記録することもあった。

### マセラティショールーム

　2022年9月に新しいショールームのCIが発表され、順次導入されている。

　新グローバルストアコンセプトの店舗は、"イタリアンラグジュアリーとクラフトマンシップを革新的に表現しています。洗練されたサルトリア（'Sartoria'：仕立て屋）とオフィチーナ（'Officina'：工房）が融合され、お客様ご自身の創造力と情熱を開放し、究極のスポーツカーがオーダーメイドできるようなスペースを目指しました。"とあるように、従来の「明るく無機質」かつ、デモカーが並ぶカーショールームとは一線を画す。

1台の"ヒーローカー"がフィーチャーされ、カッシーナのカスタマイズプログラム「カスタム・インテリア」で製作された家具が並び、マセラティの世界観を表現する。ブランドストーリーの発信と顧客へ新しい体験を提供することをテーマとし、ショールームで「フォーリセリエ」＝カスタマイズのアイデアを見いだしてもらうことを目指したものだ。

MASERATI COMPLETE GUIDE　075

限られた経営資源を活用して、様々なプランが計画された。ワンメイクのギブリ オープンカップ・レース、限定生産モデルオージェなどだ。

イウージニオ・アルツァーティの熱意がマセラティを救ったといっても過言ではない。彼のオフィスには"Kaizen"と書かれた額が飾られていたのを思い出す。2014年没。

# Fiat Period フィアットの時代

1993-1997

## 新世代マセラティへ向けて改革の第一歩が始まった

1989年にクライスラーから引きあげた49％の株式をフィアットオートに渡すことにより、フィアットグループの一員となっていたマセラティだが、1993年1月22日にアレッサンドロ・デ・トマソが心筋梗塞で倒れたことで、残り51％の株式もフィアットオートが取得することとなった。つまり、マセラティはフィアットオートに全てのマネージメントを託すことになった訳だ。

大量の流通在庫を抱え、経営的に大きな問題を抱えていたマセラティを改革する為にCEOとして投入されたのがイウージニオ・アルツァーティであった。彼はフィアットグループ内においてアルファロメオやフェラーリなどを担当し、多くの実績をあげた経歴から、特殊な少量生産スポーツカー・メーカーであるマセラティを担当することになる。

着任早々に彼はデ・トマソ時代のモデルの問題点を公然と指摘し、品質の改善を宣言した。アッセンブリーラインの中にあったギブリの出荷を止めてまで問題点の改善を行い、デビューを控えていたクアトロポルテIVにも多くの改善を行った。また、新世代マセラティとして3200GTの開発を始めるなど彼の主導でマセラティは大きく変わっていった。しかし、フィアットオート自体も厳しい経営環境におかれていたことから投資が進まず、なかなか財務状況の根本的改善にはまで進まなかった。

# Fiat period

## 1994
# Ghibli II (revised)
―― ギブリⅡ（新仕様）――

### フィアットの手が初めて本格的に入る

　222.4Vの発展形としてデビューしたギブリⅡは生産開始と共に頻繁な仕様変更が行われた。フィアット傘下となって電装系の大幅なアップデート、マセラティ史上初となったABSの導入などの改善がスピーディーに行われた。これらは続いて発表されるクアトロポルテⅣと共通するところが多い。アルツァーティは「リッター100psを超えるハイパワーエンジンでありながら、まともなオイルクーラーのついていないクルマが存在することは考えられない」というコメントを残した。1994年からモデルイヤー制を導入し、ゲトラーク製6速トランスミッションの導入がMY95で行われ、Kit Sportivo と命名されたスポーツサスペンション・キットをオプション設定した。車高の20mmダウン、強化ロールバー、17インチホイールなどの導入がメニュー。このMY95からのモデルを一般的にギブリGTと称する。フェラーリマネージメントによるファクトリーのリニューアルオープン以降もストックされたコンポーネントを利用して250台あまりのギブリが製造された。

## 1997
# Ghibli Cup
―― ギブリカップ ――

### GhibliⅡの完成形

　ワンメイクレース ギブリオープンカップレースにちなんだ限定モデル。2L仕様の他、日本マーケットをメインとした2.8L仕様も用意された。車高を落とし固められた足回りと305ps仕様のチューニングが施されたギブリカップ仕様のエンジンが特徴。専用スピードライン製17インチ3ピースホイール、ゲトラーク製トランスミッションに加えて、新仕様のリアアクスル、大容量デフも採用された。日本へは26台が割り当てられた。

### Ghibli Primatist
ギブリ・プリマテイスト　1996（日本未導入）

1996年には60台限定でブルーノ・アッバーテのボートチームがギブリカップのエンジンを搭載し速度記録を達成したことからギブリ・プリマテイストが発表された。ホイールアーチのデカール、ヴィヴッドな内外装色が特徴。

MASERATI COMPLETE GUIDE | 077

# 1994
# Quattroporte IV
— クアトロポルテIV —

## 430を引き継ぐ
## スタイリッシュなサルーン

　1994年に4代目のクアトロポルテが登場した。ビトゥルボ系シャーシを発展系させた430の後継モデルであるが、フィアットの最終的な関与もあり、従来のビトゥルボシリーズとはほとんど別物と言ってよい充実した内容を持つ。快適性、操縦安定性を考慮して、リアのサスペンションおよび駆動系などがアップデートされた。また安全性も考慮され、マセラティとして初のエアバッグが採用された。スタイリングはマルチェッロ・ガンディーニの手によるもので、リアホイールアーチ・ラインに彼独特のモチーフを見ることができる。1988年頃には既に最終形に近いものが完成していたが、開発資金不足や、新マネージメントによる設計変更などで、市場投入までに長い時間がかかった。エンジンはギブリIIとほぼ同様のチューンによるV6 2.8L 24バルブDOHCツインターボが搭載された。

ガンディーニによる当初の提案は一クラス上のセグメントを想定した、よりインパクトあるスタイリングであった。しかし、ビトゥルボ系シャーシをベースとしたこのクアトロポルテはそういった制約の中でも、当時として大きなインパクトがあった。低いフロントノーズとハイデッキスタイルのリアエンドは、現在の目で見ても古さを感じさせない。製品クオリティも劇的に向上した。

Fiat period

### 1996
# Quattroporte Ⅳ Ottoclindri
―― クアトロポルテⅣオットチリンドリ（V8） ――

## マセラティのフラッグシップにV8の復活

　シャマルに搭載されていたV8の3.2Lエンジンを搭載したOttocilindri（8気筒モデル）が追加された。インテリアもゴージャスにアップグレードされ、多用された光沢のあるプライヤーウッドによりクアトロポルテⅣのバリエーションの中で、最もインパクトがあった。オートマチックトランスミッションもZF製からBTR製へと変更になる。併売された6気筒モデルも内外装に8気筒モデルと同様の変更が加えられ、フロントフェンダーにSeicilindri（6気筒）エンブレムが追加された。

V6モデルが戦略価格として比較的廉価な価格設定がされたことに対応して、アッパーモデルとしてV8モデルが追加された。
ホイールの意匠も異なる。インテリアはここまでウッドパーツが必要なのかと議論が起きるほどの派手やかさであった。

　1997年、マセラティスタの間に激震が走った。突如、マセラティがかつてのライバルメーカーであったフェラーリの傘下に入ったと言うニュースだ。しかし、実際は水面下で様々な動きがあった。その"ニュース"の6年程前、フィアット（現FCA）のボスであるジャンニ・アニエッリから社の再建の為、フェラーリへ送りこまれたモンテゼモロに対して、今度はマセラティ再建の指令が出されていたのだ。デ・トマソの後を継いだフィアット・オートのマネージメントにはマセラティの未来に関する戦略、つまり少量生産ハイパフォーマンスモデルの開発・販売の具体的方法論を持ち得ていなかった。そこで親会社たるフィアットは、同じくモデナエリアにあり、再建もほぼ完成したフェラーリのリソースを有効活用することを決定。ここに"Maserati Ferrari Group"のオペレーションは始まったのだ。ファクトリーでは6ヵ月間のアッセンブリーライン停止を宣言し、最新のマシンを導入したリノベーションを実行。そして、フェラーリ本社マラネッロでは、マセラティ、フェラーリ両社を合計した生産規模に対応する、エンジン製造棟とボディペイント棟が新設された。

　マセラティというスポーツカー・エンジンにアイデンティティを持ったメーカーにとって、自らの手によるエンジンの製造を外

2001年9月11日という歴史に残る大事件が起きたその日にフランクフルトモーターショーにてアンヴェイルされたスパイダー。モンテゼモロ社長とシューマッハの登壇。

部へと委託するというのは、大きな決断であった。しかし、フェラーリという世界を代表するブランドのエンジンを採用するということは、マセラティの再ブランディングにとって大きなポイントともなった。このように開発、製造、そしてマーケティングといったあらゆる面において、両社はあたかも一つの企業であるかのように協業が進み、人材交流も積極的に行われた。

　フェラーリ・マネージメント期における、もう一つのポイントは北米市場への再参入だ。安全基準への適合など採算面かアルファロメオなど他のイタリア自動車メーカー同様に、80年代終わりから北米輸出が途絶えていた。モンテゼモロは北米市場なしにマセラティの復活はあり得ないとの強い思いからこのプロジェクトへと積極的に取組んだ。2002年ついにマセラティ・スパイダーを皮切りに、北米市場再参入を遂げ、まもなくマセラティにとって最大のマーケットが復活した。

　ピニンファリーナとのコラボレーションによるクアトロポルテVは大ヒットし、さらにSUVマーケットへの参入のリサーチも行われ、マセラティは再びラグジュアリー・スポーツカー・ブランドとして認知されることとなった。

フィオラノサーキットをスパイダーでテストランするシューマッハ。

# Ferrari period フェラーリの時代

1997-2005

## 永遠のライバル、フェラーリの傘下で復活を遂げたマセラティ

上）大ヒット作となったクアトロポルテⅤのフランクフルトショーにおけるローンチ。左はセルジオ・ピニンファリーナ、右はモンテゼーモロ。中央はCEOをごく短期間務めたペリコーネ　下）東京モーターショーにおける記者会見に臨むモンテゼーモロ。

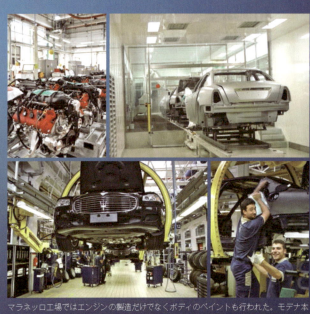

マラネッロ工場ではエンジンの製造だけでなくボディのペイントも行われた。モデナ本社工場でもフェラーリのスタッフの姿を多く見るようになった。

| Fiat period<br>フィアットの時代 | Ferrari period フェラーリの時代 | | | | | | | | FCA period<br>FCAの時代 |
|---|---|---|---|---|---|---|---|---|---|
| | 1997 | 1998 | 1999 | 2000 | 2001 | 2002 | 2003 | 2004 | 2005 |
| クーペ系 | | 3200GT | ※2000-2002　オートマチック導入<br>※2001-2002　アセットコルサ導入 | | | クーペ | ※2005　フェイスリフト | グランスポーツ | |
| スパイダー系 | | | | | スパイダー | | | | |
| 4ドア系 | クアトロポルテⅣ | クアトロポルテⅣエボルツィオーネ | | | | | クアトロポルテⅤ | | |
| ハイパフォーマンス系 | | | | | | | | MC12 | |
| SUV系 | | | | ビュラン・コンセプト | | | クーバン・コンセプト（初代） | | |

MASERATI COMPLETE GUIDE | 081

1998-2001
# Quattroporte IV Evoluzione
—— クアトロポルテIV エボルツィオーネ ——

## フェラーリ・クオリティの導入

　フェラーリのリソースを活用し、既存モデルも各部の設計変更が行われ、クオリティ向上を目指し、コンポーネンツサプライヤーの見直しを図った。外見は大きく変わらないものの、製造プロセスは大きく変化した。V6エンジン搭載モデルにもBTR製の4速ATが導入された。イタリア市場向けの2L V6エンジンも引き続き販売されたが、日本市場に向けては2.8L V6と3.2L V8のオートマチック仕様のみがカタログモデルとして導入された。エクステリアではフロントグリルのエンブレム変更とフロントフェンダーへのEvoluzioneロゴの追加、新デザインのホイール導入などであった。インテリアは、それまでのきらびやかな光沢をもったブライアーウッドの材質が非光沢の落ちついたものになり、ビトゥルボ系のトレードマークでもあったダッシュボード中央のラサール製オーバル・ウォッチが外され、そこにはトライデントロゴが置かれた。これらの仕様変更はデ・トマソによるビトゥルボ時代との決別を表すものと捉えられた。シートをはじめとして各部の作り込みもアップデートされ、派手さを抑えたものとなり、かつての大型グラントゥーリズモ時代への回帰がテーマとなった。

オーディオの下部に設けられた小さなデジタル時計に物足らず、ラサール製のオーバル時計を加工して装着するオーナーも少なからず存在した。

COMAU社の最新トロリーシステムが導入されたモデナ工場のアッセンブリーライン。マラネッロよりも近代的なものであり、少量生産メーカーのアッセンブリーラインとしては最高峰と評価された。1930年代建築当時の原型を維持する工場棟の外観はそのままに、内部のみが改装された。ちなみにこれら建物は歴史的建造物に認定されている。

# Ferrari period

### Quattroporte Cornes Serie Speciale (V6,V8) 1999
### Quattroporte Cornes Serie Speciale Ⅱ (V8) 2001

まだ北米市場への参入を果たしていない当時のマセラティにとって、日本は相変わらず大きなマーケットであった。1999年と2001年に特別装備を施した限定車が日本市場のみに導入された。特に2001年モデルはクアトロポルテⅣの最終製造ロットであった。

写真は1999年の特別仕様車。両サイドのリアドア後部にトライデント・エンブレムが、センターコンソールに特別エディションのプレートがそれぞれ装着された。

MASERATI COMPLETE GUIDE | 083

# 1998-2001
# 3200GT

— 3200GT —

シャマル搭載時には325psと公表されていたV8ツインターボエンジンはエンジンマネージメントが大幅に変更され、370psまで向上した。レスポンスのよいボッシュ製の電子制御スロットルペダルシステム、アクセル・バイ・ワイヤーの導入とローギヤードなM/Tの組み合わせはかなり荒々しいテイストを残しており、エレガントな外観との対比がいかにもマセラティらしいと評価された。

## 新生フェラーリ＝マセラティ第一号車

　1998年のパリモーターショーにてイタルデザイン＝ジョルジェット・ジウジアーロの手による美しいクーペ3200GTが登場した。このモデルの開発はフィアット・マネージメントの時代に始まったもので、アルツァーティCEOの指揮の元、フィアットグループ同士として、フェラーリのリソース活用が始まっていた。リアアクスル系やブレーキシステムなどのコンポーネントがフェラーリより供給を受けた。開発当初は遅くとも1996年にはこの新型クーペをデビューさせるタイムテーブルが組まれたが、マネージメントがフェラーリへと変わったことなどから、幾度もリスケジュールが行われた。フェラーリの製品評価基準へ対応するために、多くの設計変更がなされ、サプライヤーの変更も行われた。

　当時のイタルデザインがテーマとした、エレガントなラウンドシェイプを基本としながらも、力強い張りのあるボディサーフェスを強調したスタイルは、時代のトレンドともなっていた。基本的にクアトロポルテIVのシャシーがベースであるが、3200GTのホイールベースはそれよりも10mm長い。つまりこのカテゴリーの2ドアクーペとしてはかなりキャビンを大きく取っている。コンパクトに見えながらも、実はこの長いホイールベースのおかげで、外観からは想像できない広いキャビンを備えている。ユニークなブーメラン型テールライトは市販車世界初のLEDライトであり、3200GTを強く印象づけた。

特徴的なブーメラン型LEDライトはジウジアーロのアイデアではなく、フィアットオートのトップであったカンタレッラのアイデアであったと言われている。事実、イタルデザインの仕上げたレンダリングではオーソドックスなスタイルとなっていた。この世界初のLEDライトは各国の型式認定で苦戦し、北米市場では認定を得ることは不可能であった。

イタルデザインによるレンダリング。スペース効率も充分考えられた素晴らしいパッケージングは、グランスポーツまで小改良を加えながら生き続けた。

# Ferrari period

デ・トマソ期におけるマセラティの大きなアイデンティティであった自社製のビトゥルボ（＝ツインターボ）エンジンはこの3200GTが最後となる。マセラティが自前で開発し、製造をモデナ本社内で行うエンジンはしばらくの間、姿を消すことになった。

インテリアはフィアットグループのデザイン開発担当であったエンリコ・フミアの手によるもので、左右対称のスタイルとセンターのV字型の切れ込みのモチーフをテーマとして完成させた。リアシートは2+2というよりフル4シーターに近いもので、大人の長距離ドライブにも耐えうるサイズと快適性を持つ。"Officine Alfieri Maseratiパーソナリゼーションプログラム"と名付けられた、レザーやステッチの色などを自由にセレクトできるオーダーメイド・システムが1999年よりこの3200GTで初めて導入された。

### 3200GTオートマチック
## 3200 GT Automatic  1999-2002

1999年のジュネーブモーターショーにて、クアトロポルテにも導入されていたBTR製の電子制御2モード4速A/Tが導入された。当時はハイパフォーマンスエンジンに対応するオートマチックトランスミッションは限られており、フェラーリにも用いられたBTR製コンポーネントは数少ない選択肢であった。2つのドライブモードと連動してサスペンションのダンパー制御も行われた。あわせて、M/T仕様においてもレスポンスのよいアクセル・バイ・ワイヤーの特性にマッチするようにエンジンマネージメントが変更され、少しマイルドな乗り味となった。

### 3200GTアセットコルサ
## 3200GT Assetto Corsa  2001-2002

全世界250台限定の特別モデルアセットコルサの登場が2001年に登場。トランスミッションはM/TとA/Tの両仕様が設定された。大口径のアンチロールバー、ハードなレートのスプリングが採用され、スタンダードモデルと比較して車高も150mm下げられた。標準設定のピレリPゼロ コルサのソフトコンパウンドタイヤと相まってかなり硬派なチューニングであった。また、加速や路面状況に応じて14種のセッティングが自動的にセレクトされるインテリジェント・エレクトリックダンピングシステムが採用され、タウンドライビングからサーキットユースまで快適性と高い運動能力を両立させた。

MASERATI COMPLETE GUIDE | 085

## 2001-2007
# Spyder
―― スパイダー ――

### スマートなジウジアーロデザインと
### フェラーリ・エンジンのマリアージュ

　2002年のフランクフルト・ショーでデビューしたスパイダーは、モンテゼーモロが描いていたマセラティの北米マーケット再参入へのいわば前奏曲のようなものであった。イタルデザイン自らの手によって3200GTをベースにリスタイリングされた2シーター・オープンボディは、ホイールベースが22cm短縮された。その共通するモチーフから3200GTを単純にショートホイールベース化し、オープンボディ化したモデルと思いがちであるが、実際は一つとして3200GTと共用するボディーパネルは存在せず、一から新規デザインしたと言っても過言ではない。3200GTのブーメラン型テールライトは北米のホモロゲーションの為に、よりコンベンショナルなタイプへと変更された。ソフトトップは電動制御で開閉されるもので、2003年よりガラス製のリアウィンドウに変更された。

　エンジニアリング面ではフェラーリ製のV8 N/Aエンジンが搭載されたことが大きなニュースであった。このF136Rエンジンは、続いて登場したフェラーリF430に採用されたものと基本的に同形式だ。しかし、排気量やエンジンマネージメントシステム、クランクシャフトから点火順序など、エンジンの性格を決定する重要なパラメーターは双方、全く異なっている。この大排気量V8エンジンは従来のツインターボエンジンと比較しても、重量は逆に20kg軽い。ギアボックスがデフと共にリアアクスルに位置するトランスアクスル・レイアウトが採用されたことと相まって、前後47:53という理想的な重量配分を達成し、バランスのよいハンドリングを楽しむことができる。6速M/Tとカンビオコルサと命名されたロボタイズド・マニュアルミッションが選択できた。基本的にはフェラーリのF1マチックと同等のシステムである。サスペンションにはスカイフックと称す自動的にダンピング・レートをコントロールするシステムがオプションとして導入された。

　このスパイダーは北米マーケットに投入された久方ぶりのマセラティということもあり、好セールスを記録した。2005年モデルからフロントとリアの意匠が変更された。

フェラーリ製エンジンとカンビオコルサの投入は、従来のビトゥルボ系エンジニアリングの終焉を如実に表していた。トランスアクスル・レイアウトによる最適化された前後の重量配分は、強固に補強されたシャーシと相まって、安全かつ楽しいオープンエア・ドライビングを楽しむことができた。

シート後部のロールバーやコンベンショナルな形状のテールライトはクラシカルなイメージを加味する。

# Ferrari period

3200GTをベースとしながらも各部がアップデートされた。5.8インチのLCDディスプレイがセンターコンソールに装着された。ナビゲーションシステムを含み"Maserati Info Center"と名付けられた。

## スパイダー90周年記念モデル
### Spyder 90th Anniversary 2004

2004年にイタリアにて開催されたたマセラティ創立90周年イベントで発表された限定モデルは、世界限定180台とされ、日本市場には8台が割り当てられた。新意匠のフロント・リアのスポイラーとサイドスカートは後にカタログモデルとして発表されたグランスポーツ・スパイダーに若干のモディファイと共に採用された。カンピオコルサもバージョンアップし、エグゾーストシステムもアップデートされている。ボディカラーは90周年を記念してBlu AnniversaryとGrigio Touringの2色が用意され、ソフトトップのカラーはブルーとなる。サイドには楕円形のトライデント・エンブレムが配され、インテリアはブルーを基調としたスポーティな仕上げとなった。

各ボディカラー90台の限定ナンバリング入りプレートがセンターコンソールに装着される。カーボン製のロールバーと一体型のソフトトップカバーがアニバーサリーモデルの特徴である。

### CAMBIO CORSA DUO SELECT

カンピオコルサはマニエッティマレリとの共同開発によるロボタイズド・オートマチックトランスミッションで、フェラーリのF1ギアボックスと機能的には同じものだ。クアトロポルテVに搭載されたデュオセレクトはエンジン始動時にオートマチックモードがデフォルト設定される仕様となるもので、他はカンピオコルサと同様のシステム。トルクコンバーター仕様が導入された後は、よりスポーティなモデルに向けてグMCシフトへとアップデートしていく（グラントゥーリズモに採用）。2004年、2005年、2006年とデュオセレクトは毎年のようにハードウェア、ソフトウェア共にアップデートされており、同一モデルにおいても製造時期によりシステムが多少異なる場合もある。加速度センサーからの情報が活かされるバージョンIIIの前と後ではかなり洗練度が異なる。

## スパイダービンテージ（トリム・パッケージ）
### Spyder Vintage 2006

### クラシカルなクローム・パーツの採用

3500GTへのオマージュとして、クラシカルなスタイルのクローム製フロントフェンダー・サイドエアインテークを採用した他、ポリッシュタイプのクロームホイール、クロームカラーのフロントブレーキキャリパー及びドアハンドルが設定された。

## 2002-2007
# Coupe
— クーペ —

### フェラーリ製エンジン導入と共に
### 各所をアップデート

　スパイダーに続いて2002年のデトロイト・ショーにてクーペが発表された。主な仕様はスパイダーに準ずるが、インテリアのレイアウトを見直したことにより、3200GTと比較してリアパッセンジャー向けにより広いスペースを確保している。これは北米マーケットを見据えた改良でもある。スパイダーも同様だが、一見すると、3200GTと類似して見えるスタイリングであるが、実際は全面的に大幅な手直しが入っている。ちなみにクーペ、スパイダー共に、セミオートマチック仕様をカンビオコルサ、6MT仕様をGTというモデルネームがつけられている。（例、クーペ カンビオコルサ、スパイダーGT）。また、クーペ及びスパイダーという一般的モデルネームであることから、クーペ、スパイダーを"4200GT"と総称するケースもある。

Ferrari period

## クーペヴィンテージ（トリム・パッケージ）
## Coupe Vintage 2006

クラシカルなスタイルのクロム製フロントフェンダー・サイドエアインテーク、ポリッシュタイプのクロームホイールなどを装着したスペシャル・パッケージ。

## クーペ 2005年モデル
## Coupe MY2005 2004

2005年モデルよりクーペはフェイスリフトが施された。フロントのグリルの形状変更と水平基調のグリルパターンの採用だ。リアスカートの形状もグランスポーツに近いものとなった。ホイールの意匠変更も行われた。

### マセラティ90周年イベントを走った90台のクーペ

2004年9月に開催されたイベントの目玉はミラノのドゥオーモ広場をスタートし、ローマまでを90台のクーペ／スパイダーが連なって走るマセラティ90周年ツアーであった。創立の1914年から2004年に至る、マセラティと世界の歴史的出来事が一台ずつ年号と共に、それぞれのクーペ／スパイダーのボディにラッピングされた。1957年ファンジオのマセラティF1ワールドチャンピオン獲得記念という栄誉ある1957年号が日本の参加チームに割り当てられた。ちなみに日本のトピックは1964年東京オリンピックイヤー号であった。

1957年マセラティとファンジオの大活躍というアイコニックイヤーのラッピングによるクーペは現地を快走した後、日本へ。

ミラノのドゥオーモ広場の"占拠"もサプライズであったが、ローマ市街の交通を止めたパレードランも素晴らしい出来事であった。コロッセオに集結したたくさんのマセラティスタ達はマセラティの明るい未来を確信した。

MASERATI COMPLETE GUIDE 089

## 2004-2007
# GranSport
― グランスポーツ ―

### クラシックな趣とモダンな
### エアロダイナミクスの融合

　クーペの追加バリエーションとしてリリースされたグランスポーツは、マセラティのイメージリーダーとしてセンセーショナルなデビューを飾ったMC12とのシナジーをさりげなく見せてくれる少し硬派なモデルだ。例えるなら3200GTアセットコルサのような位置づけであろうか。エンジンの改良によるパワーアップに加えて、カンビオコルサのシフト・スピードも35％アップした。ジウジアーロの美しいプロポーションを壊すことなくフロントとリアのバンパー形状の変更、サイドスカートの装着、10mmのローダウンにより空力特性も改善されている。トライデントをかたどった新意匠の19インチホイールはさらに足元を引き締め、エアベントを組み込んだリアバンパーの採用で、イメージを大きく刷新した。ダッシュボード周りには新形状のセンターコンソールが採用された。

クラシックなアルミと新素材テクニカル・ファブリック、カーボンとのマッチングによるユニークなテイストのインテリア。

エンジンマネージメントの最適化によりクーペの390psから401psへとパワーアップした。アップデートされたエグゾーストシステムは、バイパスバルブの切換えにより、より豪快なサウンドを楽しむことができる。

# Ferrari period

### グランスポーツMCヴィクトリー
## GranSport MC Victory 2006

　MC12の2005年FIA GT選手権マニュファクチャラーズカップ優勝を記念した限定モデル。世界限定180台、日本では10台が販売された。ブルーカーボンファイバー製フロント、リアのスポイラー、フロントフェンダーに取り付けられたイタリア国旗のエンブレムなどがエクステリアの特徴である。ボディカラーにはMC12と同じ"Blu Victory"を設定。インテリアもブルーカーボンファイバーが効果的に用いられ、フロントシートにはMC12と同じバケット・タイプのカーボン製レーシング・シートが採用された。標準のシートと比較して20kgの軽量化となる。

### グランスポーツ・スパイダー
## GranSport Spyder 2005-2007

### Spyder 90th Anniversaryをベースとしたカタログモデル

　2004年の創立90周年イベントで発表された限定モデルをベースとしてカタログモデルとしたもので、2005年のフランクフルト・ショーにて発表された。先行して発売されたクーペと同様の仕様である。

### グランスポーツコンテンポラリークラシック
## GranSport Contemporary Classic 2006 (日本未導入)

　フルレザーのインテリアには外装色とマッチしたヴィヴィッドなカラーのパイピングが施され独特の雰囲気を醸し出す。19インチのポリッシュタイプのクロームホイールも装着される。

### グランスポーツ 10th アニバーサリー
## GranSport 10th Anniversary 2007

　マセラティの日本総代理店コーンズ・アンド・カンパニー・リミテッドのマセラティ取扱い10周年を記念して発表した限定モデル。ボディカラーはBianco EldoradoとNero Carbonioの2色が採用され、専用レザー&アルカンターラのコンビネーションによるシートなどスペシャル・アイテムが用意された。クーペ・グランスポーツ系のファイナルモデルとなる。35台のみの限定。

## 2003-2012
# Quattroporte V
—— クアトロポルテV ——

## ピニンファリーナとの50年ぶりのコラボレーション

　2003年のフランクフルト・ショーでデビューした5代目クアトロポルテの存在なくして、マセラティの現在の興隆はなかったかもしれない。このクアトロポルテはフェラーリ・マネージメントの新体制の元、ゼロから全てを作り上げられた初めてのモデルとなる。モンテゼーモロは既存のフェラーリ・オーナーに向けてマセラティをアピールすべくマーケティングを行った。そこで考えられたのは、フェラーリのラインナップにない4ドアモデルをフェラーリ・オーナーのビジネス&ファミリーユースに向けて企画することであった。フェラーリは2ドアモデルであるべし、というエンツォ・フェラーリの強い思いは引き継がれ、幾つかの動きはあったものの、4ドアモデルをラインナップすることはなかったのだ。マセラティにおいてもクアトロポルテは特別な意味があるモデルであり、初代やクアトロポルテIIIにおいては世界のセレブリティが愛したという強いDNAをもっている。

　そんなコンセプトの元、ベースとなるシャーシから全てを一新し、長きにわたってフェラーリとの独占的な関係のため、スタイリング開発に関わることのなかったピニンファリーナとのコラボレーションを久方ぶりに再開した。そう、マセラティのロードカー第一号もピニンファリーナ製のA61500であったから、これも今回のクアトロポルテへ特別な意味を付加することになった。フェラーリの手がける4ドアサルーンということで、当時のサルーンとしては相当にユニークで、ハイパフォーマンスなモデルが完成した。

　"メルセデスSクラスに匹敵するボディサイズを持ちながらも、高回転型エンジンによるトップエンドのパフォーマンスを持つ。キャビンはいたずらに広さを追求せず、包み込まれたコックピットイメージ持つ、必要充分なサイズを持つドライバーズカー"。そんなコンセプトで開発が進んで行ったと当時の関係者は語る。大きなボディを持ちながらも、リアパッセンジャーのスペースもトランクも決して広くはないし、セミ・オートマチック・トランスミッションと高回転型エンジンの組み合わせは乗り手を選ぶものでもあった。

　しかし、このニッチであり、ユニークである高価なサルーンは大ヒットした。ドイツ勢を始め多くのラグジュアリーカー・メーカーが、がこの新しいカテゴリーにフォロワーとして参入してくることになった。長いライフサイクルの中、モデルの流れを見ていくと、トルクコンバーター・オートマチックの採用など次第にマイルドな味付けへと変化していくが、一方では4.7Lモデルなど尖った味付けも忘れられた訳ではなかった。このユニークな5代目クアトロポルテは間違いなく名車として歴史に残ることであろう。

5代目クアトロポルテはデビューの前年、東京都現代美術館にて開催された特別展示イベント"アルテディナミカ～フェラーリ&マセラティ"にて開発途中の1/8モデル2案が世界で初めて公開されていた。この5代目はピニンファリーナに在籍していた奥山清行の手によるものであり、そのルーツにはプジョー・ノーチラス（写真下、コンセプトモデル　こちらも奥山による）が存在する。

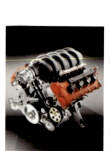
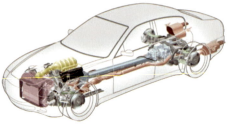

クーペより引き継いだ4.2L V8エンジンは同時期に発売されたグランスポーツと同様に401psと、10ps向上している。デュオセレクトモデルはトランスアクスル・レイアウトを採用。トランスミッションとデフはリアに。

Ferrari period

オリジナルモデルと、フェイスリフトが施された後期型の比較。基本骨格は変わらないが、LEDライトの採用など時代にあわせたアップデートが行われた。

キャビンは充分な広さを持つが、リアのレッグスペースはそれほど広くはない。あくまで、ドライバーズカーである。(上)"オートマチック"モデルはセンターコンソールにセレクターが置かれる通常のタイプだが、デュオセレクトモデル(下)はリバースの小型レバーのみ。ステアリングコラムにあるパドルにてリバース以外の操作を行う。

# 2003-2012
# Quattroporte V

—— クアトロポルテV 全ラインナップ ——

クアトロポルテ
**Quattroporte** 2003

　2004年春より迅速にデリバリーが始まり、セールスも絶好調であった。マセラティ・デュオ・セレクト（MDS）とトランスアクスル・レイアウトの採用。やスカイフック制御の前後ダブルウィッシュボーン・サスペンションなど、このセグメントでは考えられなかったスポーティさと、優雅でユニークなスタイリングが高く評価された。単一グレードのシンプルなラインアップではあるが、内外装は数多くのパターンからセレクトすることができた。

Ferrari period

### クアトロポルテ ニーマン・マーカス
# Quattroporte Neiman Marcus 日本未導入

特別仕様車を限定販売することでも有名な、北米の高級デパートのニーマン・マーカスが60台限定で販売したクアトロポルテ。ボルドーメタリックの外装色と19インチのポリッシュタイプのホイールやメッシュタイプのフロントグリルなどの特別装備が施されたもので、受注開始と共に即完売となった。追って発売されたエグゼクティブGTのパイロット版とも言える。

### クアトロポルテ エグゼクティブGT
# Quattroporte Executive GT 2005

クアトロポルテのラグジュアリー・バージョンとして登場。クローム仕上げによるメッシュタイプのフロントグリルやポリッシュ仕上げの19インチホイールが特徴。リアシートはコンフォート・バックが採用され、折り畳み式のウッド・テーブルも装着された。

### クアトロポルテ スポーツGT
# Quattroporte Sport GT 2005

ブラックアウトされたメッシュタイプのフロントグリルと専用の20インチホイールがエクステリアの特徴。インテリアはカーボンファイバー素材の採用やアルミ製ペダルなどがスポーティテイストを高める。デュオセレクトのアップデートが行われ、スポーツモードにおけるシフトチェンジスピードが向上している。足回りもよりハードな専用専用設定が採用された。

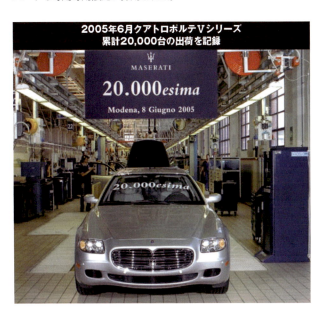

2005年6月クアトロポルテVシリーズ
累計20,000台の出荷を記録

## ラグジュアリースポーツカー・メーカーとして独自の道を歩む

　フェラーリの傘下を離れてたマセラティは再び、親会社であるフィアットのマネージメントへと戻ることになったが、フィアット第一期の時とは異なって、より具体的な未来に関する青写真が描かれていた。それはフェラーリ=モンテゼーモロによってラグジュアリー・ブランドとしての栄光を取り戻したマセラティをフィアットグループの中核たる存在に仕立てるという、ミッションであった。フェラーリのマネージメントにより、数百台という年間生産数に落ち込んでいた小さなメーカーを、世界的な認知を得るまでに再構築したのは、大きな功績であった。

　しかし多額の開発費が必要とされ、スケールメリットが益々大きくなる自動車産業において、その投資はフェラーリだけでは支えられなくなってきた。そもそもフェラーリは当時、年間生産台数が5000台あまりの少量生産メーカーであり、大規模な生産のノウハウも、サプライヤー網も持ち得ていなかった。そこで2005年4月1日にフェラーリ傘下よりマセラティは離れ、互いにフィアットグループの元で独立したスタンスを取ることになった。実はこの流れを眺めながら、マセラティの将来に大きな可能性を見いだしていたひとりの男がいた。セルジオ・マルキオンネである。フィアットに大きな影響力を持つ創始家であるアニエッリ家より信任を得た彼は、フィアットグループの改革を進めていったが、その中でマセラティはその成否の鍵となる重要なブランドであると彼は考えた。フィアットグループは、かつてのようなスモールカーを量産し利益を上げるメーカーではなく、Made in Italyをアイコンとしたハイブランドに注力せねばならぬと彼は考え、かつてない規模の投資を行う決断をした。

　マセラティをフェラーリ傘下時代の尖ったキャラクターのモデルから、クアトロポルテⅤオートマチックやグラントゥーリズモなど、ドイツ製ラグジュアリーカーを好むような広く一般的な顧客をターゲットとしたモデル作りへと方向転換した。この路線は成果をあげ、2007年には初めて利益を計上し、2008年には8500台の年間生産台数を記録した。そしてマルキオンネはCEOに任命したハラルド・ウェスターと共に将来に向けてのさらに大

MC20のローンチに揃ったフルメンバー。左からマイク・マンリー FCA CEO、ジョン・エルカーン FCA会長。そして、ハラルド・ウェスター マセラティチェアマン、ダヴィデ・グラッソ マセラティCEO。

故セルジオ・マルキオンネ（左）とハラルド・ウェスター。

きな投資を可能とする体制作りに取りかかった。年間5万台の生産を目標とし、トリノのグルリアスコ工場の設立、マラネロのフェラーリ内にV6エンジン生産の為のラインを構築、そして世界的な販売網の整備を実践する。そしてその目標は2018年までに7万5000台の年間生産台数と上方修正された。グラントゥーリズモ、グランカブリオをモデナ工場で生産し、クアトロポルテⅥ、販売数の拡大を狙いマセラティとしてはじめてEセグメントへと参入するギブリⅢを導入した。2014年にはマセラティ創立100周年を記念して、マセラティの新しい方向性を示したアルフィエーリのコンセプトモデルは大きな反響をもって受け入れられ、2016年には初のSUV、レヴァンテが登場した。

　そして、その目標へ向けてマルキオンネは精力的に動いていた。フィアットによるクライスラーの子会社化とFCAの設立、フェラーリの分社化による株式上場。これらで得た資金の多くはマセラティの改革の為に投資されたのだ。しかし、一寸先は闇である。2018年7月、マルキオンネ死去にニュースに皆は声を失った。マセラティの拡大路線を推し進めた彼の死は関係者を大いに落胆させたものの、FCAグループは創業家ジョン・エルカーンが、マルキオンネの遺志を引き継ぎ、新たな道を歩みはじめた。ハラルド・ウェスターをエグゼクティブ・チェアマン、ブランディングのプロフェッショナルであるダヴィデ・グラッソがCEOとなり、Made in Modenaをキーワードとして、よりスポーツカー・ブランドとしての個性をアピールするという新たな方向性を示した。2020年には久方ぶりの2シーターミッドマウントスポーツカーMC20を発表し、積極的な電動化や、レース活動への再参入など、アグレッシブな未来を私達マセラティスタに見せてくれたのだ。

# FCA Period FCAの時代

2005-

## FCAグループの中核として
## ますますプライオリティの高まるマセラティ

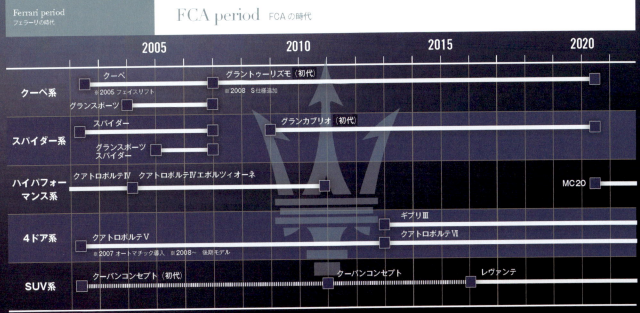

# 2003-2012
## Quattroporte
##### クアトロポルテV全ラインナップ

### クアトロポルテV
## Quattroporte V  2003-2012

クアトロポルテVはそのユニークでスタイリッシュなハイパフォーマンスサルーンという新しい存在がマーケットから高く評価され、オーダーが殺到した。しかし、少量生産メーカーであるフェラーリは量産に対するノウハウをもっていなかったし、生産台数の増大によっても良好な利益体質を作ることは難しかった。それどころか、マーケティングなどに関する多額の投資から、多額の損失を計上したというのが現実であった。2005年にフェラーリを離れ再びフィアットのマネージメント下へ戻った。そこで早速、開発予算が計上され、クアトロポルテVにとって懸案であったトルクコンバーター仕様オートマチックの導入を行うことができたのだ。

### クアトロポルテ スポーツ GT S（オートマチック）
## Quattroporte Sport GT S (Automatic)  2007

オートマチックバージョンのスポーツGTをベースにシングルレートダンパーとパッシブ・ダンピング・サスペンションシステムを採用し車高をフロント10mm、リア25mm落としたことによりさらにスポーティなハンドリングを実現した。

### クアトロポルテ オートマチック
## Quattroporte Automatic  2007

### クアトロポルテ オートマチックスポーツGT
## Quattroporte Automatic Sports GT

### クアトロポルテ オートマチック エグゼクティブGT
## Quattroporte Automatic Executive GT

市場からの声に応えてトルクコンバータータイプのオートマチックトランスミッションが採用された。ZF製の6速ミッションの導入に合わせて、今までのトランスアクスル・レイアウトから通常のスタイルのレイアウトとなった。エンジン本体にも低回転域で最大トルクを発揮できるようなチューニングが施され、使い勝手は飛躍的に上がった。この変更によっても従来からの理想的な前後の重量配分は変わらずに維持している。オートマチックの導入からしばらくの間デュオ・セレクトモデルも併売された。あわせてリアブレーキディスクの大口径化（330mm）、新型ショックアブソーバーとブッシュの採用、エアコンシステムの改良などが行われた。またオートマチック用シフトノブの導入により新型のセンターコンソールとなりふたつのカップホルダーが装着された。

### クアトロポルテ コレツィオーネ・チェント
## Quattroporte Collezione Cento  2008（日本未導入）

デトロイトショーにて発表された限定100台の特別仕様モデルはピンストライプとアイボリーのエクステリアが特徴だ。USBやブルートゥースなど豊富なインターフェースを備えたエンターテイメント機能も満載されていた。

# FCA Period

### クアトロポルテ〔後期型〕
**New Quattroporte**

### クアトロポルテ S
**New Quattroporte S** 2008

　新デザインのフロントグリルやLEDを使用した前後ライトユニット、サイドスカートやバンパーなど発売開始以降初めての大幅な仕様変更が行われた。インテリアは、センターコンソールのデザインが変更され、BOSE社と共同開発をした新マセラティ・マルチメディア・システムが搭載された。新しく設定されたクアトロポルテ Sには4.7L V8エンジンを採用し430psを発揮。

### クアトロポルテ スポーツ GT S〔後期型〕
**Quattroporte Sport GT S** 2009

　クアトロポルテSをベースに440psの専用チューニングを採用。また、新デザインのシフトパドルと新開発のギアシフト・マネージメント・ソフトウェアにより、さらにスピーディなシフトが可能となった。さらに、シングルレートダンパー、フロント30％／リア10％に固められたスプリングレート、フロント10mm／リア25mmのローダウン、流体制御バルブによる低音で魅惑的なエグゾーストサウンドなど多くの改良が行われた。エクステリアは、縦スリットのブラック・グリル、赤をアクセントに施したフロントグリルのトライデントロゴ、2本出しの楕円形エグゾーストパイプなどスポーティなイメージが施された。

### クアトロポルテ エグゼクティブGT
**Quattroporte S Executive GT** 2009〔日本未導入〕

　2010年モデルとして19インチのエグゼクティブ・デザインホイール、シルバー・ブレーキキャリパー、インテリアにおいては"バール・ベージュ"の質感あふれるレザーと、リアシートにはベンチレーションとヒーターそしてマッサージ機能が備えられたエグゼクティブGT・パッケージが導入された。

### クアトロポルテ スポーツGT S アワードエディション
**Quattroporte Sport GT S Award Edition** 2010

　登場以来57にも及ぶ権威ある各種受賞を重ねたことを記念した限定モデルが企画され、日本市場には50台が限定販売された。ハンドフィニッシュによるポリッシュキャリパーを始めとする多彩な特別装備を備える。パールメタリックグレーとブラックの特別限定色の2色が選択可能だった。

## 2007-2020
# GranTurismo
— グラントゥーリズモ —

**フル4シーターのスタイリッシュでエレガントなクーペだが、
実は硬派なまさにマセラティらしさ満載のモデル**

　90年後半の基本設計を持つ3200GTを熟成させ、延命させてきたグランスポーツも少し古さが感じられ、次期モデルをマセラティスタは待ち焦がれていた。グラントゥーリズモが発表された2007年より前にいくつものコンセプトモデルが作られたのだが、なかなか生産化にGOが出なかった。コンセプトモデルの中にはフェラーリカリフォルニアにごく近いモデルもあったようだ。この時期はまさにフェラーリ=マセラティ体制から、フィアットによるマネージメントに移行しつつあった時期で、開発方針がなかなか定まらなかったようだ。しかし、フィアットのマネージメントとなり、マセラティの目指す方向性は定まった。フェラーリとは違ったラグジュアリーかつエレガントなテイストの追求であり、そのような動きの中で誕生したのがグラントゥーリズモであった。

　しかしグラントゥーリズモのスポーツカーとしてのポテンシャルはとても高い。基本設計はクアトロポルテVの定評ある高剛性シャーシをブラッシュアップした上でショートホイールベース化したものであり、フェラーリ製エンジンも継続して使われているから、かなり硬派とも言える。ピニンファリーナの優雅なスタイリングはエレガントさを何よりも表現していたし、発表から時が過ぎてもその魅力は色褪せなかった。むしろ貴重なモデナ産モデルとしてその人気は衰えることはなかったのだ。大人4人が窮屈な思いをすることなく過ごす事の出来る実用性を持ちながらも、高いパフォーマンスと世界最高と称された迫力あるエグゾーストノートを楽しむことができる二面性はまさにマセラティDNAの復活でもあった。

　グラントゥーリズモはフロントミッドシップにマウントされたエンジンによりFR車として理想的な前49対後51という前後の重量配分を誇る。4.2Lのフェラーリ製V8エンジンがZF製トルクコンバータータイプの6速オートマチックミッションが組み合わされたのが、最初のモデルだ。インテリアはラグジュアリーなテイストながらもシンプルにまとまっている。アルテックスなどの新複合素材も用意される一方、パーソナリゼーションシステムにより、トリムやステッチを含む豊富なカラーバリエーションが選択できた。インテリアに用いられたポルトローナ・フラウ製レザーならではの質感と色使いも魅力的であった。トランクスペースは決して広くはないがゴルフバッグを収納できるスペースは確保されている。発表は2007年のジュネーブショー。

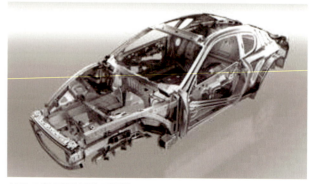

クアトロポルテVで定評ある高剛性スティール・シャーシをさらにブラッシュアップ。

## FCA Period

4.2Lと4.7Lのフェラーリ製V8エンジンを搭載。クアトロポルテV等に搭載されたものと同形式F136であるが、細部のチューニングは異なる。グラントゥーリズモへはウェットサンプ仕様が搭載される。

トリムやステッチを含む豊富なカラーバリエーションが選択できる。ポルトローナ・フラウ製のレザーならではの質感と色使いが魅力だ。リアシートのスペースも体格のよい大人でも充分満足できる。トランクスペースもゴルフバックの収納が可能。

### GranTurismo S　2008
グラントゥーリズモS

　4.7L V8エンジン仕様がSモデルとして2008年ジュネーブショーにて発表された。6速シーケンシャルギアボックス（電子制御セミオートマチック）のMCシフトが採用され、ベーシックモデルと異なり、トランスミッションとデフを後部に置くトランスアクスル・レイアウトとなる。6種類のドライビングモードをセレクトすることによってギアシフトのタイミングからエグゾーストノートの切り替えなど、スムーズなタウンドライビングからアグレッシブなスポーツドライビングまでの2面性を楽しむことができる。前後の重量配分はドライブトレインのレイアウト変更によって前47対後53となり、よりスポーティ志向へとチューニングされている。2009年にオートマチックバージョンGranTurismo S Automaticが追加される。このモデルはノーマルのグラントゥーリズモにSと同仕様の4.7Lエンジンを搭載したものでトランスアクスル・レイアウトは採用されていない。

MCシフトの採用により、センターコンソールからはシフトノブが消えた。

2007-2020
## GranTurismo
グラントゥーリズモ

### グラントゥーリズモS MCスポーツラインパッケージ
## GranTurismo S MC Sport line　2010

マセラティのモータースポーツ部門マセラティコルセがレースで培ったノウハウを集結して開発を行ったオプションパッケージ。パッケージは、10項目からなるオプションを選択することもできるし、全てが含まれたフルパッケージも用意されていた。

エアロダイナミクスを中心とするエクステリア系、インテリア系、サスペンションを中心とするメカニカル系のカテゴリーから好みのセレクションが可能であった。カーボン製の空力パーツやインテリアパーツの他、10cm低い車高セッティングや強化アンチロールバー、ドリルド・ディスクブレーキ、よりスポーティな設定のMSP（マセラティ・スタビリティ・プログラム）などの選択が可能であった。

### グラントゥーリズモMCストラダーレ
## GranTurismo MC Stradale　2012

マセラティのワンメイクレース「トロフェオ・グラントゥーリズモMC」、そしてマセラティが好戦績を挙げている「FIA GT4ヨーロピアンカップ」といったレース活動の実戦から得たノウハウをもとに開発した公道のみならず、サーキット走行をも想定したモデルがMCストラダーレだ。ハンドリング、パフォーマンスとも大幅にアップデートされ、最高時速は300km/hを超える。公道走行の快適性を損なわず、サーキット走行も楽しむことができるというグラントゥーリズモSのコンセプトをさらに追及した。S同様にトランスアクスル・レイアウトが採用され、マセラティ ロードカーとして初めてカーボン・セラミックブレーキが採用された。より強力なダウンフォースを生み出すために改良されたアグレッシブなアピアランスも大きな特徴だ。

Sモデル同様トランスアクスル・レイアウトが採用される。ロールケージが組まれたインテリアは、まさにレースマシンそのものだが、ベースとなるインテリアのシックな装いとの対比がマセラティらしい。専用のカーボンファイバー製シートに注目。

# FCA Period

## GranTurismo Sport 2012

2012年ジュネーブショーで発表されたグラントゥーリズモSとグラントゥーリズモSオートマチックの後継モデル。オートマチックとセミオートマチックの2バージョンがラインナップされ、4.7L V8 エンジンの最高出力は、セッティングの見直しにより従来のSモデルに対して10ps アップの460ps を発揮。セミオートマチックのカンビオコルサはこのモデルよりMCシフトと名付けられ、MCシフト搭載モデルはマセラティのロードカーとしてMCストラダーレ同様、最速の300km/h を達成した。エクステリアはMCストラダーレで採用された空力特性に優れた新しいスタイルのフロントデザインを採用。LEDポジションライト採用の新意匠のヘッドライトもフロントエンドのイメージを大きく変えている。

インテリアも各種改良が行われた。下部がフラットな新デザインのステアリングホイールが採用された他、スポーティな新形状のフロントシートはリアシートのスペース拡大にも貢献しており、快適性の向上にも気配りが行われている。

## GranTurismo MC Stradale 4seater 2013

MCストラダーレ2シーターモデルの後継として2013年のジュネーブショーにて発表された4シーターモデル。当然ロールケージは存在しない。空力的にも強力なダウンフォースを生み出す新しい形状のカーボンファイバー製のボンネット、中央のエアインテークと2つのリアエキストラクター、そして新しく開発された20インチアロイホイールが新たに導入された。室内は快適な4シーター対応のシートが配置され、内装デザインにも新しい素材とスタイルが採用された。MCシフトにはレースからのフィードバックである、シーケンシャル・ダウンシフティング(注)の適用も行われた。このバージョンのMCシフトはフェラーリ430スクーデリアのユニットを改良したものである。ちなみに、北米では2010年にトルコンオートマチックのMCストラダーレ4シーター仕様が発売されている。(トランスミッションをはじめとして仕様は異なるが、日本を含む他地域では2シーターとして発売されたものがベースとなった)。

(注) ブレーキング中にドライバーがダウンシフトパドルを引いたままの状態にすると、パドルから手を離すまでギアボックスが自動的に1段ずつダウンシフトを行うもの。それ以降のクアトロポルテⅥ、ギブリⅢにも採用されている。

## GranTurismo Centennial Special Edition 2014

創業100周年を記念する特別仕様車として グラントゥーリズモMCストラダーレセンテニアル・スペシャル・エディションが2014年ニューヨークと北京のモーターショーで発表された。ボディカラーは、現在導入されている4色に加え、特別な3層構造ペイントによる新色3種類が採用され、ホイールも専用の4種類がラインアップされる。ボディカラー7色から選べるボディカラーそれぞれに合わせて専用の内装仕上げを設定している。インテリアではカーボンファイバー製インテリアトリムや、100周年のアニバーサリーロゴが配されたサイドシルボードに注目したい。

(注) ナビゲーションシステムのアップデート 従来のアルパイン製のユニットは2015年1月納車分よりパナソニック製地デジ対応、タッチパネル式にアップデートされた。

2007-2020

# GranTurismo
グラントゥーリズモ

## GranTurismo 60th anniversary edition 2017
グラントゥーリズモオ60thアニバーサリー・エディション

1957年、3500GTの発表から60周年を記念した10台限定のグラントゥーリズモ60thアニバーサリー・エディションが登場した。エクステリアにはスペシャルカラーのブルー・インキオストロが採用され、フロントのマセラティトライデントにはボディカラーに合わせた限定のブルー・アクセントが施されている。ブレーキキャリパーもブルーで統一され、MCストラダーレと同様のアルミニウム製エンジンフードおよびエアボディーカラーカーボンファイバー製リヤスポイラーを装備する。

インテリアはグリジオ・クロノのステッチを合わせたビアンコレザーが装備される。カーボン・レザーステアリングやカーボンのインテリアトリム、ロゴ入りカーボン・サイドシル、60th anniversary edition限定プレートなどが装備される。

## GranTurismo MY 2018 Final Edition 2017
グラントゥーリズモ2018年（最終）モデル

### グラントゥーリズモ スポーツと
### グラントゥーリズモMC

グラントゥーリズモ スポーツの最終モデルとグラントゥーリズモMCストラダーレの後継となるグラントゥーリズモMCが発表された。両モデル共、同一のスペックを持つが、スタイリングにおいては、オリジナルを踏襲しつつも、それぞれ空力効率のさらなる向上と、最新の歩行者安全関連規制への適合などの変更がなされた。フロントおよびリアバンパーの形状変更が大きなポイントであり、8.4インチタッチスクリーンを持つインフォテインメントシステムと新デザインのセンターコンソール、ロータリーコントロールが採用され、Harman Kardon製プレミアムサウンドシステムも導入された。既に希少な存在であったフェラーリ製自然吸気エンジンであるが、排気ガス規制などホモロゲーション上の理由から限られたマーケットのみへの導入となった。

## GranTurismo Zeda 2019
グラントゥーリズモ ゼダ

### グラントゥーリズモの最終生産を祝して
### 誕生したワンオフモデル

ゼダとはモデナ地方で使われる言葉で"Z"を意味する。ゼダはマセラティのルーツへの誇りを表現し、終わりの後に訪れる新たな始まりを予感させるもの、とこのゼダのコンセプトをマセラティは表現している。ゼダはマセラティ・デザインセンターによって仕上げられたもので、リヤセからフロントへマットのサテン仕上げから未来的な艶やかなメタリックへとその表面の質感の変化を見ることができる。このワンオフモデルは日本を含む、世界各国を巡回した。グラントゥーリズモは2007年のデビュー以来、マセラティロードカーのDNAをもっともピュアに継承する1台として長きにわたり人気を博し、28,805台のグラントゥーリズモ、11,715台のグランカブリオ、計40,000台が全世界において販売された。

FCA Period

2009-2020
## *GranCabrio*
―― グランカブリオ ――

### マセラティ初のエレガントな
### フル4シーター・スパイダー

　2009年フランクフルトショーにて発表された、大人4がゆったりとくつろぐキャビンスペースをもったスパイダーモデルがグランカブリオだ。クーペバージョンのグラントゥーリズモがベースになっており、北米、他幾つかのマーケットではマーケティング上の理由からグラントゥーリズモ・コンバーティブルとネーミングされた。シャーシ、ボディは剛性確保の為に全面的に見直され、ハイパワーかつロングホイールベースという厳しい条件にも関わらず、クーペボディに匹敵する数値を記録している。また、クラシカルな キャンバス製のソフトトップを用いているが、3層構造で遮音・遮熱は万全であり30km/h以下であれば走行中でも28秒で開閉が可能だ。さらにオープンボディのスポーツカー開発を得意とし多くの経験を持ったピニンファリーナによるエレガントなデザインはトップが開いていても、閉じていても美しいシルエットを魅せてくれる。トップを開いた状態での、空調やBOSEとの共同開発によるオープンエア時におけるサウンドの最適化など　オープンボディとしての最高峰を追及している。但しキャビンの広さを確保した分、トランクルームのスペースは必要最小限でもある。
　エアロダイナミクスにおいても、アルミニウム製のフラットなアンダーフロアの採用により、ボディ全体の剛性を高めるだけでなくCx値（抵抗係数）を6ポイント削減。これによって、コンバーチモデルで初めてCx値が0.35とクーペと同等のエアロダイナミクス効果を発揮する。エンジンとトランスミッションの組み合わせは、基本的にグラントゥーリズモSオートマチックに準ずる。

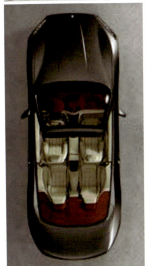

キャビンの充分な広さを確保。オープントップ時における快適な空調やBOSEとの共同開発によるサウンドの最適化など、オープンボディを持つスポーツカーとしての最高峰を追及している。

## 2009-2020
### GranCabrio
グランカブリオ

#### グランカブリオ スポーツ
## GranCabrio Sport 2011

2011年のジュネーブショーにてグランカブリオ スポーツが発表された。4.7L V8エンジンは最高出力を、ベースモデルのグランカブリオから10ps上乗せして450psを発生するとともに、燃費も改善された。MCオートシフト採用により、シフトはさらにスピーディとなった。最高速度 285km/h、0-100km/h 加速 5.2 秒という動力性能を誇る。スペック的にはクーペのグラントゥーリズモMCストラダーレと等しい。MCオートシフトの6速オートマチックトランスミッションは、超高速のシフトを可能にするMC オートシフトモードが採用されている。これはクアトロポルテ スポーツ GT S搭載のギアボックスをベースに、さらに改良されたもの。フロント周りのスタイリングやサイドスカート部などは、グラントゥーリズモ スポーツのディテイルが取り入れられ、よりスポーティな印象を加えた。

#### グランカブリオ フェンディ
## GranCabrio Fendi 2012

フェンディとのコラボレーションによる特別限定車グランカブリオ フェンディはグランカブリオをベースに50台が生産され、日本では2台が販売された。フェンディ家3代目のデザイナー、シルヴィア・フェンディ氏がデザインを担当。このプロジェクトのために特別にオーダーされた最高級の素材を使い、モデナのマセラティ本社工場内でそのインテリアは仕上げられた。

#### グランカブリオMC
## GranCabrio MC 2013

グラントゥーリズモMC ストラダーレに準じたエアロダイナミクス重視のスタイリングが採用された。ボディはベースモデルより48mm長い。エンジンは、4.7L、最高出力は460ps、最大トルクは520Nm。クローズド・ソフトトップの状態で最高速度289km/h、0-100km/h加速はわずか4.9 秒の俊足を誇る。MCオートシフトトランスミッションには超高速モードが設定され、通常より50％速いギアチェンジを可能とする。インテリアには、フロントとリアにヘッドレストと一体型の新しいスポーツシートを採用。

# FCA Period

### グランカブリオ センテニアルスペシャルエディション
## GranCabrio Centennial Special Edition  2014

　創業100周年を記念する特別仕様車としてグランカブリオMCのセンテニアル・スペシャル・エディションが2014年ニューヨークと北京のモーターショーで発表された。ボディカラーは、現行の4色に加え、特別な3層構造ペイントによる新色3種類が採用され、ホイールも専用の4種類がラインナップされた。ボディカラー7色から選べ、ボディカラーに合わせて専用の内装仕上げを設定している。インテリアではカーボンファイバー製インテリアトリムや、100周年のアニバーサリーロゴが配されたサイドシルボードに注目したい。

（注）ナビゲーションシステムのアップデート　従来のアルパイン製のユニットは2015年1月納車分よりパナソニック製地デジ対応、タッチパネル式にアップデートされた。

### グランカブリオ60th アニバーサリー・エディション
## GranCablio 60th anniversary edition  2017

　1957年、3500GTの発表から60周年を記念した5台限定のグランカブリオ60thアニバーサリー・エディションが登場した。
　エクステリアにはスペシャルカラーのブルー・インキオストロが採用され、フロントのマセラティトライデントにはボディカラーに合わせた限定のブルー・アクセントが施されている。ブレーキキャリパーもブルーで統一され、MCストラダーレと同様のアルミニウム製エンジンフードおよびカーボンファイバー製リヤスポイラーを装備。カーボン・レザーステアリングやカーボンのインテリアトリム、ロゴ入りカーボン・サイドシル、60th anniversary edition限定プレートなどが装備される。

インテリアはグリジオ・クロノのステッチを合わせたビアンコレザーが装備される。

### グランカブリオ2018年（最終）モデル
## GranCablio MY 2018 Final Edition  2011

　グランカブリオ スポーツとグランカブリオMCは最終モデルチェンジが行われ、両モデル共、460hp仕様となる。スタイリングにおいては、オリジナルを踏襲しつつも、それぞれ空力効率のさらなる向上と、最新の歩行者安全関連規制への適合などの変更がなされた。フロントおよびリアバンパーの形状変更が大きなポイント。

8.4インチタッチスクリーンを持つインフォテインメントシステムと新デザインのセンターコンソール、ロータリーコントロールが採用。Harman Kardon製プレミアムサウンドシステムも導入。

# 2013-
# Quattroporte
―― クアトロポルテVI ――

### グルリアスコ工場から生まれた新生マセラティ第一号
### クオリティアップと生産性向上の取り組み

　マセラティを少量生産メーカーから中規模メーカーへとステップアップする為の中期計画実現に向けて登場したのがクアトロポルテVIだ。エンスージアストに向けて絶大な人気を獲得した先代だが、ショファードリブンカーとして満足できる充分なリアシートの居住性や、より豪華な装備を求める声も多かった。一方、5mを超える全長に対して、逆にディリーユースに適したコンパクトさを求めるという声もあった。また、1000万円代前半でスタートした初期モデルの価格も徐々に上がって行き、モデル末期では2000万円近くとなった。販売数量を増やすにしては、本体価格が高額過ぎると言う販売現場からの声も聞こえていた。そこでこの両極の声に対して、マセラティは次期クアトロポルテをロングホイールベース版のクアトロポルテと、ショートホイールベース版のEセグメントモデル＝ギブリIIIの2モデル体制で臨むという結論を出した。

　ライバル達より卓越したクオリティを実現した上で生産性向上を追求すると言う難易度の高い目標達成の為に開発は急ピッチで進んだ。スタイリング開発はピニンファリーナへの委託ではなく、今回は新たにフィアットデザインセンター・マセラティデザインチームを組織し、内製化を試みた。エンジンは新たにマセラティ開発部門がフェラーリと共に新開発し、特に量産が必要なV6エンジンは新たにアッセンブリーラインを設けるという力の入れようであった。エンジンはV8とV6は共にモデュラー構造の新世代直噴ツインターボエンジンである。新エンジンのパフォーマンスの向上は劇的で、V8をとってみても、3.8Lにダウンサイジングされているが、出力が18％アップし、トルクも39％アップ。最高速度は307km/hを記録する。AWDシステムも新規開発され、エンジニアリング的には先代から全てが一新されたと言ってよい。クアトロポルテVIはヒット作であった先代のイメージを継承しつつも、新しいデザインモチーフを加えてアップデートされた。エクステリア、インテリア含め製造クオリティは素晴らしく改善されたと言ってよいだろう。クアトロポルテVIのボディサイズは現代の大型サルーンに相応しいサイズへと拡大され、長いボディを持つが、サッシュレスドアと6ライトからなるグリーンハウスは解放感あふれ、軽快なイメージを醸し出している。もちろんリアシートのスペースは充分。ヒップポイントも適切でサルーンとしてのツボはしっかりと押さえてある。そんな大型サルーンでも、ステアリングを握るとその軽快なハンドリングはボディの大きさを感じさせない。この味付けは先代譲りだ。

### マセラティ直系エンジンの復活

　クアトロポルテに搭載されて登場したV8（3.8L）とV6（3L）は共に直噴ツインターボエンジンで両者とも新設計のものだ。V6とV8エンジンのボアサイズは等しく、ピストンと燃焼室形状など基本構成もすべて共通である。但しターボチャージャーのサイズ

FCA Period

と、シリンダー配列の違いからV8はツインスクロール・タイプを採用している点が異なる。最大許容回転数はV8が7200rpmなのに対して、V6は6500rpmに留まるが、いっぽうで最大トルクの発生回転数はV8（650Nm）が2000〜4000rpmなのに対し、V6（550Nm）は1500〜5000rpmと、さらに500rpm低い。V6とV8エンジンともに燃費向上には力が入れられている。V8はこの"マセラティ版"とフェラーリ カリフォルニアT、フェラーリ488GTBと基本構造を共にする。

ターボエンジンといえどもマセラティらしい野太い低音のエグゾーストノートは健在だ。リムジンとしてのキャラクターを考慮してか、ノーマルモードならばクリーンでおとなしいサウンドを保っているところが先代との大きな違いだが、4000rpm前後からの獰猛とすら感じられる力強いサウンドは素晴らしい。

### コンパクトかつ自然なドライバビリティなAWDシステム「MASERATI Q4 System」

新たに採用されたAWDシステムはマグナ・シュタイヤとマセラティの共同開発によるもので、車両の挙動をコントロールするマセラティスタビリティ プログラム（MSP）と統合して機能する。オンボードでセンターのエレクトロニックロックデフがコントロールされることによりフロントホイールへのパワーは0〜50％までパラメーターに応じて伝えられる。低μの路面における安定性は勿論、自然なドライバビリティを追求されている。リアにはメカニカルロックデフを持っている。このQ4システムはクアトロポルテSの場合で、RWD比で60kgの重量増加に抑えられており、極めてコンパクトなものだ。エンジンから送りこまれたパワーはエンジンの進行方向右側のドライブシャフトを経由してフロントデフへと送り込まれる構造となっているため、ローンチ当初は需要が多いと考えられるLHDモデルのみにシステムは対応していた。

質感が大幅に向上したマセラティらしいエレガントなインテリア。ハンドメイドを多用しつつも、組み上げ精度は高い。マセラティの伝統に従い、レザー、トリム、ステッチなど、好みに応じて色や材質をセレクトできる。リアサスペンションの新設計とフューエルタンクの位置の最適化などにより、充分な居住性が確保されている。今まで不満が多かったトランクルームのスペースも大いに改善された。エンジンのマウントもフロントミッドシップではないが、前後の重量配分は理想的な比率が確保されている。

コンパクトなQ4 AWDシステム。エグゾースト・アウトレットはV8がスクエアタイプで、V6は丸型。

MASERATI COMPLETE GUIDE | 109

2013-
# Quattroporte
クアトロポルテVI

クアトロポルテGT S
## Quattroporte GT S

クアトロポルテS
## Quattroporte S

クアトロポルテS Q4
## Quattroporte S Q4   2013

　日本においてはGT Sが2013年4月に発表され、同年6月よりデリバリーが開始される。続いて、2013年7月にクアトロポルテSとS Q4が発表された。エンジン以外の違いはそう大きくなく、外観から見分けられる違いはエグゾースト・アウトレットのみであり、"Q4"以外のグレードをあらわすエンブレムは存在しなかった。

クアトロポルテ ディーゼル
## Quattroporte Diesel   2014

　VM Motori製の3LV6ターボディーゼルエンジンを採用。最高出力275psを4000rpmで発揮し、レッドゾーンは4500rpmと設定している。ギブリに搭載されるものと同様のエンジンだが、このクアトロポルテのディーゼル仕様の日本への導入はなかった。

クアトロポルテ エルメネジルド ゼニア リミテッドエディション
## Quattroporte Ermenegildo Zegna Limited Edition   2014

　マセラティブランドの創業100周年を記念して、2014年3月のジュネーブショーにて発表された。GT Sをベースに100台限定の市販モデルが用意され、日本へは12台が割り当てられた。特別外装色と特別塗装仕上げのホイール、ハンドポリッシュのシルバー・ブレーキキャリパーが採用され、内装ではシルク生地の採用、特別仕様のレザーやトリム類が採用された。Bピラーとセンターコンソールにゼニアバッジが装着された。日本におけるデリバリーは同年11月より開始された。

「クアトロポルテ」追加と仕様変更
## Quattroporte   2014

　2014年8月以降生産分で、日本におけるデリバリーはごく少量が年内に行われたが、多くは2015年になってからであった。V8モデルのロアボディパーツがボディ同色になり、センターホイールキャップのトライデントがレッドとなるなどの意匠変更が行われ、エクステリア、インテリアに"GT S"エンブレムが追加された。

### メインテナンスプログラム&ナビゲーション
　日本国内においては2015年1月販売分よりクアトロポルテとギブリにおいてメインテナンスプログラムが標準化された。また当初のガーミン製ナビゲーションシステムは2014年4月納車分よりにパナソニック製へと変更された。

### Quattroporte (2015)仕様変更1
　2015年5月よりSモデルにおいて標準仕様のブレーキは小型・軽量化が図られ、フロントが4ポット、リアがフローティングキャリパーとなった。ディスクサイズは（前: 345x 28mm／後: 320x 22mm）。ちなみにブレーキシステムはベーシック、スポーツ、ハイパフォーマンス（GT Sのみ）が選択可能となっていた。

### ベーシックモデル追加、2015仕様変更2
　最高出力330psを発揮するEURO06に対応V6エンジンを採用したベーシックモデル「クアトロポルテ」を2015年9月に追加した。最大トルク500Nmを1,600rpm-4,500 rpmの広いトルクレンジで発生。排出ガス低減や燃費向上のための"スタート＆ストップ機能"標準装備によって、およそ50年にわたるクアトロポルテ

歴代モデルの中で最高の10.2km/lの燃料消費率と、212 g/kmのCO2低排出量を達成している。ちなみにベーシックモデルとS仕様における外観の相違は全くない。
　このベーシックモデル発表にあわせて幾つかの変更が行われた。"スタート＆ストップ機能""Siriコントロールボタン（ステアリング部）"を全レンジに標準装備し、"ブラインド・スポット・アラート＆リヤ・クロス・パス"、"電動トランク・リッド"や"ハーマン・カードン・サウンド・システム（スピーカー）"、"リアシートヒーター"、"リアサンシェード"をベーシックモデル以外の各モデルにオプション設定された。

110  MASERATI COMPLETE GUIDE

# FCA Period

### クアトロポルテ　グランルッソ
## Quattroporte  GranLusso

### クアトロポルテ　グランスポーツ
## Quattroporte GranSport　2017

**2種類のトリム・オプションを導入**

エクステリアはアルフィエーリ・コンセプトにインスパイアされた新意匠のフロントグリルが採用され、前後のバンパーも新形状となった。フロントグリル内にはエアベント、エアシャッターが装着されエンジンルーム内の温度制御とエアロダイナミクスの向上を図った。サイドスカート、ドアミラーはマットブラックにカラーリング変更。

インテリアでは8.4インチタッチコントロール式ディスプレイを装備した新しいインフォテインメントシステムが採用。Apple Car Play、Android Autoに対応。新形状のセンターコンソール導入とあわせてダイヤル式ロータリーコントロールを備えた。

またストップ＆ゴー機能を備えたアダプティブ・クルーズ・コントロール（ACC）、レーン・デパーチャー・ワーニング（LDW）など、先進安全機能パッケージを標準装備した。

新たに、更なるラグジュアリーを追求したグランルッソとスポーティでアグレッシブなグランスポーツトリムのオプションが導入され、クアトロポルテのラインナップが広がった。通常仕様とこの2つのトリム・オプションが選択可能となり、ベーシックモデルはグランロッソ仕様のみの設定で、S、S Q4、GTSにはグランロッソ、グランスポーツ両仕様が設定された。メカニカル的にはV6、V8両パワーユニットがEuro6対応となり、より環境への配慮が高まった。ベーシックモデルは従来の330psから350psへとパワーアップした。

GranLusso

GranSport

### クアトロポルテ2018年モデル
## Quattroporte MY2018　2017

他モデルに先行してトリム・オプションを導入したクアトロポルテだが、2018年モデルとして、マセラティとして初めての電動パワーステアリング（EPS）の導入、レーン・キーピングなどアクティブ機能を備え、先進運転支援システムはレベル2に引き上げられた。また、ヘッドライトにはアダプティブフルLED技術が採用された。パワーユニットもV6仕様は、前年度のモデルと比べて20ps、30Nm向上し、430psの最大出力と580 Nmの最大トルクを実現した。

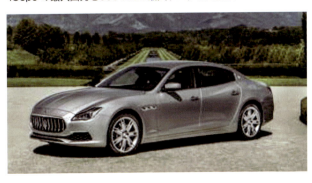

### クアトロポルテ2019年モデル
## Quattroporte MY2019　2018

レヴァンテ トロフェオにて採用された新デザインのシフトレバーがクアトロポルテの全グレードに導入された。また、既に導入されているオプションパッケージネリッシモ・パッケージも、最上級の漆黒を演出するため更なるアップデートが加えられ、より幅広いモデルにオプションカラーとして追加された。

## クアトロポルテGTSネリッシモ・カーボン・エディション
### Quattroporte GTS Nerissimo Carbon Edition 2017

アジア・中東50台限定、日本8台限定として導入を行ったのがクアトロポルテ GTS ネリッシモ・カーボン・エディション。Nerissimo（ネリッシモ、イタリア語で「黒」を表す「Nero」の最上級としての造語）のネーム通り、全てを黒基調で仕上げたクアトロポルテは更なるラグジュアリー、かつスポーティなイメージを醸し出している。クアトロポルテGTSをベースにグリジオ マラテアのボディカラーをまとい、ブラックウィンドー・フレーム、随所に施されたカーボン・フィニッシュを特徴とする。さらに、ブラックピアノ フィニッシュのフロントグリル、21 インチ チターノグロッシーブラックのホイールを装備。インテリアにおいてもカーボン仕上げのスポーツ・ステアリング・ホイール、ギアシフト パドル、ドアシル、インテリアのトリムを装備。

### ネリッシモ・パッケージの設定 2018

オプションパッケージとして「ネリッシモ・パッケージ」が導入された。、Nerissimo（ネリッシモ、イタリア語で「黒」を表す「Nero」の最上級としての造語）のネーム通り、ブラックボディを纏い、グリルフレーム上部とトライデントロゴ、サイドエアベントフレーム、ブーツ、Cピラーとリアのバッジがブラック・クローム。フロントグリルのバー、ドアハンドル、エグゾースト・パイプ、ウィンドー・フレームもブラックアウトされている。さらにLEDヘッドライトがダークカラールックとなるのに加え、ホイールにはブラック仕上げの20インチウラーノまたは21インチチターノが設定される。ベースモデルおよびグランスポーツトリムのオプションとして設定が可能。

## クアトロポルテ エルメネジルド・ゼニア ペッレテッスータ仕様限定モデル
### Quattroporte Ermenegildo Zegna PELLETESSUTA Limited Edition 2020

エルメネジルド・ゼニアとのコラボレーションの第2弾として、ナッパレザーのペッレテッスータを採用した限定モデル（5台）。クアトロポルテ S GranLussoをベースに、エルメネジルド・ゼニアがマセラティのために開発したナッパレザーペッレテッスータのインテリアを採用したもの。ペッレテッスータとは極細の紐状にカットしたナッパレザーを、伝統的な機織り手法に倣って織り上げたエルメネジルド・ゼニア独自のテキスタイルである。エクステリア・カラーにはブロンゾ・トリコートと称すスペシャルカラーを採用。エルメネジルド・ゼニアのバッジも装備される。

## クアトロポルテ ロイヤル・エディション
### Quattroporte Royale Edition 2020

1984年に発売されたクアトロポルテ ロイヤルにインスパイアされた限定モデル。クアトロポルテ S グランルッソ（右ハンドルのみ）をベースに、エクステリアにはヴェルデ・メタリック または ブルー・オッタニオの特別色が用意され、インテリアもエルメネジルド・ゼニアのナッパレザー、ペッレテッスータが採用されるなど、特別仕様となっている。インテリアにはデディケーション・バッジも用意される。日本国内5台限定。

# FCA Period

## クアトロポルテ トロフェオ（トロフェオコレクション）
### Quattroporte Trofeo -Trofeo Collection  2020

最もパワフルなマセラティ3モデルで構成されるトロフェオコレクション。マセラティのメイド・イン・イタリアというアイデンティティを改めて強調するべく、クアトロポルテ トロフェオにはローンチ・エクステリア・カラーとしてグリーンがセレクトされた。ブラックピアノ仕上げのデュアルバー・フロントグリル、カーボンファイバー仕上げのフロントエアダクトトリム、そしてリアエキストラクターがエクステリアに採用された。また、トロフェオコレクションをアピールするサイドエアベントフレームとCピラーのサエッタロゴに施されたレッドのディテイルにも注目。リアライト形状が変更され、3200GTやアルフィエーリのコンセプトカーにインスパイアされたブーメランスタイルを見ることができる。

クアトロポルテGTSでは530psを持つV8エンジンが既に採用されているが、今回のトロフェオ仕様では580psへとさらにパワーアップ。クアトロポルテ トロフェオはギブリトロフェオと共に最高速度326km/hを誇るマセラティ史上最速のセダンとなった。

## クアトロポルテ 2022 年モデル
### Quattroporte MY2022  2021

MY2022 からエンブレムのロゴが刷新され、Cピラーのロゴも旧ロゴから新しいトライデントロゴが使用され、これに伴いリアのレタリングも変更となった。V6 350 馬力の Modena、V6 430 馬力の ModenaS(RWD、AWD)、V8 エンジン搭載の Trofeo の 4 トリムが用意されることとなった。

GT には 19 インチホイール、クロームインサートのエクステリア、インテリアにはダークミラートリムが採用。Modena はダークミラートリムのインテリア、ラップアラウンドレザーシートを。ModenaS にはブラックピアノのインサートが施されたスポーツバンパーや 20 インチホイール、レッドブレーキキャリパーが採用され、インテリアにはネリッシモ・パッケージが導入。トロフェオにはカーボンファイバー製トリム、21 インチホイール、レッドブレーキキャリパーが、インテリアはフルグレインの "Pieno Fiore" 天然皮革を使用したスポーツシートが用意された。

## クアトロポルテ MC エディション
### Quattroporte MC Edition  2022

トロフェオをベースとし、マセラティ コルセ（Maserati Corse）を意味する MC のネーミングを与えられた限定モデル。マセラティの本拠、モデナを象徴する黄色と青がテーマカラーとなり、Giallo Corse(ジャッロ・コルセ) と Blu Vittoria(ブルー・ヴィットーリア) という専用色が用意された。エクステリアではピアノブラックのディテール、そしてリアフェンダーと B ピラーに専用バッジが与えられています。また、グロスブラック仕上げの 21 インチホイールブルーのブレーキキャリパーが装着される。

インテリアにはブルーカーボンファイバーのコンポーネント、「ネロ・ピエノフィオーレ・ブラック・レザー（Nero Pienofiore black leather）」黄色と青色のステッチが施され、またデニムがアクセントとして加えられている。ヘッドレストには MC エディションのロゴがエンボス加工され、専用エンブレムがコンソール中央に配置される。

## クアトロポルテ 2023 年モデル
### Quattroporte MY2023  2022

MY2023 では、アシスタンスシステム LEVEL 2、サラウンドビューカメラが新たに標準搭載となり、GT へは 20 インチホイールが採用された。

## クアトロポルテ グランフィナーレ
### Quattroporte Grand Finale  2024

6 代目クアトロポルテの最後を飾るフォーリセリエ・モデル。クアトロポルテ ブルー・ノビレを基調としたエクステリアカラーや、同色カーボンファイバー製ボディキット、ブラッシュドアルミニウム製のブレーキキャリパーを特徴とする。エンジンカバーにはエンジニア達のサインも刻印された。バール・ウッドによるアクセントが加わったエレガントなインテリアには、グランフィナーレバッジが装着される。

# 2013-
# Ghibli
―― ギブリⅢ ――

## マセラティ初のEセグメント
## スポーツセダン登場
## Eセグメントで唯一、
## 個性的なスポーツセダンの誕生

　ギブリはクアトロポルテとプラットフォームを共用しながらも、よりカジュアルなスポーツセダンというキャラクターが与えられた。V6 3Lとディーゼルエンジンが搭載され、V8エンジンの搭載も想定された設計となっていた。ホイールベースと全長は先代クアトロポルテよりも短く、街中におけるディリーユース向けのマセラティとして、久々の登場だ。
　「ギブリはライバルメーカーの顧客を順調に取り込んでいます。Eセグメントはドイツ車や日本車など強敵が多い厳しいマーケットですが、多くのモデルが同じベクトルを向いています。マセラティブランドの持つSomething differentがここでは大きな武器になるでしょう。先代のクアトロポルテが新しいカテゴリーを作り上げたように、ギブリはEセグメントの中に新しいポジションを作ることができると思っています。」とウェスター・エグゼクティブ・チェアーマン（当時はCEO）はこのギブリが期待通りにマーケットから受け止められていることを強調した。先代クアトロポルテVは、それまでのモデルと比較してひとクラス上の価格帯となり、かなり購買層は限定されてしまっていた。それに対してギブリのプライスはかなり

説得力がある。一味違ったイタリアのラグジュアリーセダンを比較的手頃な価格で手に入れることができることで、デビューと共に大きな注目を集めた。Eセグメントのライバルのハイパフォーマンスヴァージョンと比較するならば、割安感もあるくらいだ。また、多くのカラーバリエーションから好みの組み合わせを選ぶことのできるパーソナルなインテリアに価値を置くならば、コストパフォーマンスはさらに向上する。"Eセグメントで唯一、個性的なスポーツセダン"というセールスポイントと価格設定はマセラティのセールスに大きく寄与している。
　事実、巧みなデザイン処理で引き締まって見えるギブリのボディサイズだが、Eセグメントとしてライバル達と比較すると突出している。ホイールベース、全幅などでみればクラス最大の数値だ。外観からはイメージできないが全高はプラットフォームを同一とするクアトロポルテよりも実は高い。そんな訳でキャビンの広さも及第点だ。ただフロントドアと比較してかなり短いリアドアと、かなり後方までスライドするフロントシートのため、視覚的に後部座席のスペースがタイトなように感じることもある。

## FCA period

スタイリングは、時代のトレンドを巧みに取り入れた上でマセラティのDNAを表現しようという努力の跡が随所に見られる。歴代クアトロポルテのようなあくの強さはないが、Eセグメントという競合カテゴリーにおいては、トレンドに追従した適度なユニークさがマストでもある。"日常"へ降りてきたトライデントの末裔たるギブリはドイツと日本のクルマ文化に洗脳された顧客達の懐にさりげなく入り込み、巧みにイタリアンテイストの艶やかさで口説くのがミッションなのだ。

クアトロポルテのために描かれたレンダリング。この特徴的なリアの処理はギブリに、そしてアルフィエーリ・コンセプトに活かされた。

インテリアはクアトロポルテと比較すると、よりスポーティなテイストだ。ダッシュボードはドライバー側とパッセンジャー側が独立したスポーティなイメージを醸し出す。写真のメーターナセルはQ4仕様。リアルタイムでフロントへ伝達されるトルクの割合が表示される。

クアトロポルテと基本ボディ構成は同じである。フロントドアは両モデル共用だ。ドアやフード類に関してはクアトロポルテがアルミ製であるのに対してギブリはスチール製であり、車両重量は両モデル共、大きく変わらない。

2013

Ghibli S

### ギブリ
### Ghibli 2014
### ギブリS
### Ghibli S 2013
### ギブリS Q4
### Ghibli S Q4 2013

日本においてはギブリSとAWDのS Q4が2013年11月よりデリバリーが開始され、2014年5月にベーシックモデルが追加された。クアトロポルテVI同様、Q4仕様には右ハンドルの選択は出来ず左ハンドルのみとなる。ベーシックモデルのS仕様と外観上異なる点は、標準仕様の場合に小型化されたブレーキローターとキャリパー（フロントが4ポット、リアがフローティングキャリパー。ディスクサイズ（前:345x28mm／後:320x22mm）、及びタイヤサイズ（前後共、235mm）のみである。

### ギブリ エルメネジルド ゼニア エディション－コンセプトモデル
### Ghibli Ermedildo Zegna Limited Edition-concept model 2014

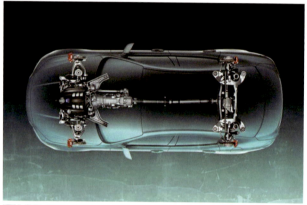

コンパクトなQ4システムはクアトロポルテよりもかなりコンパクトなギブリへも難なく収まっている。

クアトロポルテに続いてギブリからも創立100周年を記念したエルメネジルド ゼニアとのコラボレーション・モデルが登場。将来の市販化を踏まえてパリ・モーターショーにて発表。ギブリにおいてはクアトロポルテ同様に、「ゼニア・エディション・インテリア」がオプションパッケージとして用意され、2015年より発注が可能となっており、3色のシルクの素材を好みに合わせてセレクトすることが出来る。

### ギブリ（仕様変更）
### Ghibli　Ghibli S　Ghibli S Q4 2015

2015年9月にEURO6対応新エンジン搭載となる新仕様モデルへと変更された。"スタート＆ストップ機能""Siriコントロールボタン（ステアリング部）"を全レンジに標準装備し、"ブラインド・スポット・アラート＆リヤ・クロス・パス"、"電動トランク・リッド"をS、S Q4にオプション設定された。

*FCA period*

## Ghibli Scatenato 2015
ギブリ スカテナート

　ギブリ スカテナートはギブリの日本市場導入2周年を記念して企画された日本国内限定モデルだ。ギブリSベースの14台とギブリS Q4ベースの6台が用意された。スカテナートとはイタリア語で"解き放れた"という意味を持ち、内外装に特別装備が加えられた。ボディカラーはホワイトが設定され、トリムをブラックアウトし、ドアハンドルはボディ同色とされた。鍛造21インチ、ガンメタリックのホイールが採用され、フロントとCピラーのトライデントロゴにはブルーのアクセントが加えられると同時にブルーカラーのブレーキキャリパーが採用された。

## Ghibli　Ghibli S　Ghibli S Q4 2017
ギブリ（仕様変更）

　クアトロポルテの変更に併せて、ギブリにおいても8.4インチタッチコントロール式ディスプレイを装備した新しいインフォテインメントシステムが採用された。Apple Car Play、Android Autoに対応。新形状のセンターコンソール導入とあわせてダイヤル式ロータリーコントロールを備えた。またストップ&ゴー機能を備えたアダプティブ・クルーズ・コントロール（ACC）、レーン・デパーチャー・ワーニング（LDW）など、先進安全機能パッケージがグレードに応じて標準装備、もしくはオプション設定された。

## Ghibli Diesel 2016
ギブリ ディーゼル

　マセラティ史上初めてのディーゼルエンジン搭載モデルの日本のマーケットへの導入が2016年3月に発表された。既にヨーロッパでも販売されているクアトロポルテ ディーゼルの導入予定は未定とされた。エンジンのフィーリングとエグゾーストノートは、マセラティ仕様として改良が加えられている。コモンレールダイレクトインジェクションシステムとアイドリングのスタート ストップシステムが導入されており、VMモートーリ製のエンジンはクライスラーやFCAグループ他ブランド向けとはチューニングが異なる。2つのサウンドアクチュエーターが装着されるマセラティ・アクティブ・サウンド・テクノロジーの働きもあり、低域が強調された破裂音を伴うマセラティサウンドはギブリのキャラクターとよくマッチしている。このエンジンは至極軽量な為、マセラティの拘る前後の重量配分も理想的であり、そのスポーティなキャラクターはスポイルされていない。実用燃費も良好で高速道路では20km/Lに達するようなケースもある。

# Ghibli

2013

GranLusso

## Ghibli MY2018  2017
ギブリ2018年モデル

クアトロポルテに続いて「グランルッソ」と「グランスポーツ」トリム・オプションが設定された。2018年モデルよりマセラティとして初めての電動パワーステアリング（EPS）の導入、レーン・キーピングなどアクティブ機能を備え、先進運転支援システムはレベル2に引き上げられた。また、ヘッドライトにはアダプティブフルLED技術が採用された。パワーユニットもS、S Q4は前年度のモデルと比べて20 ps、30 Nm向上し、430 psの最大出力と580 Nmの最大トルクを実現した。

## ネリッシモ・パッケージの設定  2018

オプションパッケージとして「ネリッシモ・パッケージ」がクアトロポルテ同様に導入。インテリアは、ヒーティング機能を備えたスポーツシートおよびスポーツ・ステアリング・ホイール、ダークミラー仕上げのインテリアトリムが装備される。ベースモデルおよびグランスポーツトリムのオプションとして設定が可能。

GranSport

118　MASERATI COMPLETE GUIDE

# FCA period

### ギブリ スカテナート
## Ghibli Scatenato  2018

　2015年に導入されたギブリ ステカナートの2018年仕様。現在のF1世界選手権に供給されているピレリP ZEROのラベル技術が駆使されたピレリカラーエディションのホワイトタイヤの採用が今回の大きな特徴で、ブルーのブレーキキャリパーのコントラストが映える。ベースとなるのはギブリで、40台が日本限定で用意される。そのうち10台はマセラティギブリ スカテナートPlus Packとネーミングされ、電動サンルーフ他さらに豪華装備となる。右ハンドルのみ。

### ギブリリベッレ
## GHIBLI Ribelle  2019

　「リベッレ」は、イタリア語で「反逆者」を意味するもので、外装の仕上げにちなんで名付けられたギブリSをベースとする限定車。日本市場へは30台限定で導入される。エクステリアには、カーボン製センターホイールキャップとシルバー仕上げのエクストラシリーズGTS20インチホイールなどフルカーボンキットが採用され、インテリアにはステアリングホイールとパドルスイッチを含むインテリアカーボンキットを装備する。また、パンチングレザー(本革)による赤と黒のツートンインテリアはマセラティのラインナップに初めて導入されるものである。コンソールの中央に"Ribelle"プレートも装着される。

### ギブリ2019年モデル
## Ghibli MY2019  2019

　レヴァンテ トロフェオにて採用された新デザインのシフトレバーがギブリの全グレードに導入された。また、既に導入されているオプションパッケージネリッシモ・パッケージも、最上級の漆黒を演出するため更なるアップデートが加えられ、より幅広いモデルにオプションカラーとして追加された。ダーク・LEDヘッドライト、テールライトとエキゾーストチップ、ダーク・クローム・フィニッシュ、ダーク・フィニッシュの新ホイールを装着。

2013
# Ghibli
ギブリⅢ

### Ghibli Diesel Final Edition　2020
ギブリ ディーゼル ファイナルエディション

2016年に日本市場に導入されたギブリ ディーゼルはマセラティの推進する電動化ストラテジーの中、2020年にてその生産を終了することとなった。ファイナルエディションとして、日本未導入のホイール19インチ Proteo ホイール マットブラック＆レッドを装着し、その他オプションをパッケージとした日本限定の24台（外装色3色、各8台ずつ）をラインナップした。右ハンドルのみ。

### Ghibli Royale Edition　2020
ギブリ ロイヤル・エディション

1984年に発売されたクアトロポルテ ロイヤルにインスパイアされた限定モデル。ギブリＳグランルッソ（右ハンドルのみ）をベースに、エクステリアにはヴェルデ・メタリックまたはブルー・オッタニオの特別色が用意され、インテリアもエルメネジルド・ゼニアのナッパレザアー、ベッレテッスータが採用されるなど、特別仕様となっている。インテリアにはテディケーション・バッジも用意される。日本国内10台限定。

2019年9月24日にグルリアスコのAvv. ジョヴァンニ・アニエッリ工場（AGAP）にてギブリⅢの累計10万台の生産達成が祝われた

### Ghibli MY2021　2020
ギブリ 2021年モデル

エクステリアのリフレッシュと、マルチメディアシステムのアップグレードが行われた。新意匠フロントグリルと、3200GT にインスパイアされたブーメラン型の新しいリアライトクラスターの採用。

### Ghibli Trofeo　2020
ギブリ トロフェオ

レヴァンテ、クアトロポルテに続き、新たにギブリにもトロフェオエンジン搭載モデルが追加となり、トロフェオ・コレクションが完成となった。3.8L V8 ツインターボエンジンで、最高出力580ps/6,250rpm、最大トルク730Nm を発揮し、ギブリ トロフェオは、クアトロポルテと共に最高速度326km/h を誇るマセラティ史上最速サルーンとなった。

# FCA Period

### ギブリ ハイブリッド
### Ghibli Hybrid  2020

2020年7月にマセラティ史上初のハイブリッドモデルとして電動化戦略フォルゴレのトップバッターとして発表された。日本市場へは2021年6月に導入。

パフォーマンスと良好な燃費効率を追求するため、マイルド・ハイブリッド仕様が選択された。新開発パワートレインは、2L 4気筒ターボエンジンと48ボルトのオルタネーター、eブースター、バッテリーから構成されている。バッテリーが車両後方に搭載されることによって理想的な重量配分も実現し、総重量も従来のディーゼルモデルに比べ約80kgの軽量化を達成している。最高出力330ps、トルク450Nmをわずか1,500rpmから発生するニュー ギブリ ハイブリッドは、最高速度255km/h、0～100km/h加速5.7秒のパフォーマンスを達成。また、エグゾーストシステムの改良により、サウンドアクチュエーターによる人工的なサウンド付加なしに、マセラティ独特のエンジンサウンドを生み出すことに成功している。

エクステリアにおいては、マセラティ伝統の三連のサイドエア・ベント、ブレーキキャリパー、Cピラーのサエッタロゴにブルーカラーのアクセントが取り入れられており、このブルーアクセントは、インテリアのシートステッチにも施される。意匠変更されたフロントグリルには、音叉をモチーフとするダブルブレード・スポークが組み合わされており、リアのテールランプは、3200GTにインスパイアされたブーメラン・シェイプが採用されいている。

また、新たにマセラティ コネクトを搭載し、車は常時ネットワーク接続を可能にしており、ソフトウェアパッケージのアップデートだけでなく、定期メンテナンスを知らせるほか、東南や緊急時のセキュリティに対応する。HDスクリーンはサイズも8.4インチから10.1インチに拡大されており、デジタルデバイスと新しいグラフィックを採用した新しいインストルメントパネルも導入された。

### ギブリ Fトリブート スペシャルエディション
### Ghibli F Tributo Special Edition  2021

世界初の女性F1ドライバーでありマセラティと深い繋がりのなるマリア・テレーザ・デ・フィリッピスへのオマージュとして企画された一台。彼女にニックネーム由来のアランチョ・デビル(Arancio Devil)とサーキットへのオマージュたるグリージョ・ラミエーラ(Grigio Lamiera)の特別なエクステリアカラーが用意され、新カラーグリージョ・オパコ(Grigio Opaco)の21インチティターノホイールを採用。ホイールリムのディテールにコバルトブルーが使用されている他、フェンダーにはF Tributoバッジ、Cピラーにはトライデントロゴが配されている。

インテリアはブラック、またはオレンジのピエーノ・フィオーレ(PienoFiore、フルグレイン)レザーが張られたシートには、コバルトブルーとオレンジのステッチが施されている。

### ギブリ 2022年モデル
### Ghibli MY2022  2021

MY2022からエンブレムのロゴが刷新され、Cピラーのロゴも旧ロゴから新しいトライデントロゴが使用され、これに伴い、リアのレタリングも変更となった。また、ラインナップは新開発の330馬力4気筒マイルドハイブリッドが採用されたGT、V6 350馬力のModena、V6 430馬力のModenaS(RWD、AWD)、V8エンジン搭載のTrofeoの4トリムが用意されることとなった。

GTには19インチホイール、クロームインサートのエクステリア、インテリアにはダークミラートリムが採用。Modenaはダークミラートリムのインテリア、ラップアラウンドレザーシートを。ModenaSにはブラックピアノのインサートが施されたスポーツバンパーや20インチホイール、レッドブレーキキャリパーが採用され、インテリアにはネリッシモ・パッケージが導入。トロフェオにはカーボンファイバー製トリム、21インチホイール、レッドブレーキキャリパーが、インテリアはフルグレインの"Pieno Fiore"天然皮革を使用したスポーツシートが用意された。

## Ghibli MC Edition　2022

　トロフェオをベースとし、マセラティ コルセ（Maserati Corse）を意味する MC のネーミングを与えられた限定モデル。マセラティの本拠、モデナを象徴する黄色と青がテーマカラーとなり、Giallo Corse( ジャッロ・コルセ ) と Blu Vittoria( ブルー・ヴィットーリア ) という専用色が用意された。エクステリアではピアノブラックのディテール、そしてリアフェンダーと B ピラーに専用バッジが与えられています。また、グロスブラック仕上げの 21 インチホイールブルーのブレーキキャリパーが装着される。

　インテリアにはブルーカーボンファイバーのコンポーネント、「ネロ・ピエノフィオーレ・ブラック・レザー（Nero Pienofiore black leather）」黄色と青色のステッチが施され、デニムがアクセントとして加えられている。ヘッドレストには MC エディションのロゴがエンボス加工され、専用エンブレムがコンソール中央に配置される。

## Ghibli Pelle Intrecciata　2022

　「ギブリ GT」をベースとした特別限定モデル。"ペッレ イントレッチャータ " ＝「編まれた革」というネーミング通り、極細の紐状にカットされ、織り込まれた上質なイタリア製ナッパレザーがシート座面前方と背の部分に使用される。伸縮性と柔らかい質感が特徴であり、キャビン内に温かみを与え、上品なインテリア空間を演出する。

## Ghibli GT Nero Infinito　2022

　マイルドハイブリッドモデルのギブリ GT をベースとした日本限定モデル。エクステリアでは C ピラーエンブレムがモデナ仕様の「黒」に変更され、通常シルバー色のサイド GT バッジ、またリアのレタリングも特別な「黒」のコーディネートを施している。B ピラーに装着されたイタリア国旗のトリコローレが映える。

## Ghibli 334 Ultima　2023　103 台限定モデル 世界最速のセダン

　「グッドウッド・フェスティバル・オブ・スピード」においてギブリ 334 ウルティマがデビューを飾った。内燃エンジン世界最速のセダンたる最高速度 334km/h にちなんだネーミングを持つ、世界限定 103 台の特別モデルだ。カスタムカラーのペルシャ・ブルー・シェードのエクステリアを備え、ロッソ・ルビーノ（ルビーレッド）にペイントされたウルティマ・エンブレムはマセラティを象徴するトリプルサイドエアベントの上部に輝く。インテリアにおいては 334 ウルティマ・ロゴがシートにステッチされ、センターコンソールにも特別なエンブレムが配され、ペール・テラコッタとブラックのアルカンターラ素材のシートが採用される。

## Ghibli MY2023　2022

　MY2023 では、アシスタンスシステム LEVEL 2、サラウンドビューカメラが新たに標準搭載となり、GT へは 19 インチホイールが採用された。Modena にはこれまで ModenaS に採用されていた 430 馬力 V6 エンジンを採用、ModenaS トリムは廃止された。

# FCA period

## 2016
## Levante
― レヴァンテ ―

### グラントゥーリズモのDNAを引き継ぐ
### 本格的SUVの登場

　マセラティ初のSUVモデルとして登場したレヴァンテは2011年のフランクフルトショーに出展されたクーバンIIとは全くの別物であった。スタイリングも、エンジニアリングも全てが結果的にゼロから作り上げられた。そして、マセラティは5年間のうちにグルリアスコ、ミラフィオーリ工場をオープンさせ、マラネッロに6気筒エンジン製造ラインを作り上げ、クアトロポルテVI、ギブリIIIを完成させた上に、ブランド初のSUVまで完成させてしまったのだ。

　3200GTからのマセラティの最新モデルまでを仕上げてきたレヴァンテのチーフエンジニア ロベルト・コラーディはこう語った。「もちろん市場に出ればカイエンやBMW X5、X6と競合する訳ですが、私たちの中でマセラティに相応しい走りを追及するという最も重要なイメージが固まっていましたから、ベンチマークを定める必要はありませんでした。マセラティのDNAでもある素直で誰でもコントロールできるクルマの挙動を実現するために、50:50の前後重量配分と、低重心化、そして空力の最適化に特化しました」と。

　レヴァンテはギブリIIIの基本シャーシをベースとしてはいるものの、マセラティの名にふさわしいSUVとして仕上げるべく、多くのパートが新規に設計されている。サスペンションのストロークも違えば、キャンバーも違う。ホイールベースも異なるし、シャーシ自体も、様々な素材を用い再設計してあるから、既存のモノを流用できるところはほとんどと言ってよいほどなかった。トランスミッション、デフも新設計だという。

　前出のコラーディに言わせるとレヴァンテに採用されたCx値（抵抗係数）向上の為のフロントエアシャッターはとても有効だそうで、スピードによって車高のオートアジャストシステムとのコンビネーションにて、高速コーナーにおける路面追従性はSUVの域を超えているということだ。マセラティで初めて採用されたエアサスペンションだが、どんな状況でも全く不自然な感覚はなく、上背があるボディを感じさせない

　アルフィエーリ・コンセプトに採用したフロントフードのラインと繋がる薄いタイプのヘッドライトやアグレッシブなフロントグリル形状がレヴァンテに活かされている。「ヘッドライト類と独立した丸型のドライビングライトが、このモデルのパーソナルな雰囲気を明確にしています。エレガントな中にもスポーティな味付けを強調したことがレヴァンテのデザインテーマです」とマセラティ・デザインセンターのマルコ・テンコーネは語る。ギブリというプロポーションの優れたシャーシをベースにしているから、サイドのラインに破綻が無く、同セグメントのSUVと比べて、背の高いボディを後付したような不自然な部分が感じられない。この点はレヴァンテの大いなる長所だ。そして誰がみてもマセラティであることが解るのも重要なポイントだ。

　インテリアもボタンやスイッチ類を除けばほとんどが新規開発であり、小物の収納などへの実用的な配慮も見られる。4台のカメラを使用して車の周囲 360°に対するトップダウン 画像を8.4インチディスプレに表示する"サラウンド・ビューカメシステム"など、このあたりの使い勝手はようやくドイツ車や日本車の水準に届いた感があり、実際に使い易い。シートも大きく進化した。適度な固さと沈み込みの座面を持ち、フィット感ではギブリを大きく凌ぐ。前後ドアサイズもギブリと異なり、リアも充分な開口部を持つ点は使い勝手がよい。またグラスサンルーフとサッシュレスドアによりキャビンには質感も兼ねそなえた開放感がある。ラゲージスペースも580リットルである。

　エグゾーストシステムにはニューマティック・バイパスバルブが各バンクのバルブに組み込まれており、相変わらずの低く、くぐもった炸裂音がボディを通して伝わってくるところがうれしい。ノーマルモードでは車内の静粛性が優先され、バルブは閉じているが、スポーツモードに切り替えると、車のハンドリグなどのキャラクター変化と同時にバイパスバルブが開き、マセラティらしいアグレッシブなエグゾーストサウンドに包まれる。

MASERATI COMPLETE GUIDE | 123

## 2016
# Levante
― レヴァンテ ―

オン・オフの走りを両立させた上で、スポーティにも快適性重視にも対応できるのがマセラティとしての拘り。トルクベクタリングと機械式リミテッド・スリップ・ディファレンシャルの組み合わせはオフロードの本格的な走りにも対応。

レヴァンテ
**Levante** 2016

レヴァンテS
**Levante S** 2016

レヴァンテ・ディーゼル
**Levante Diesel** 2017

　レヴァンテはベーシックモデルが350ps、Sモデルが430ps、そしてディーゼルが275psという3種類のエンジンを搭載する。ガソリンエンジンは左ハンドルのみの設定で、ディーゼルのみ右ハンドルも選べる。右ハンドルの大きなマーケットといえば日本と英国だが、要は英国ではおそらく100％ディーゼルであろうというマーケティング的理由からディーゼルのみに右ハンドルを設定したということだ。2016年からガソリンエンジンの2グレードが日本市場へ導入され、翌年にディーゼルが追加された。ギブリ同様にマセラティ・アクティブ・サウンド・テクノロジーを採用し、マセラティらしいスポーティなサウンドが特徴。エンジン重量はガソリンエンジン比で約150kg増だが、前後重量配分はほぼ50：50とほぼ理想的なバランスを維持する。

パワフルなガソリンエンジンとスポーティ、且つアグレッシブなサウンドを楽しめるディーゼル。どちらを選んでも間違いなく楽しめる。

レヴァンテはホイールベースが3005cmと、並のSUVよりもかなり余裕あるスペースを持つ。シートアレンジも自由自在であるから、カーゴスペースも十分だ。誰でもこのスペースユーティリティには満足するはずだ。

## ネリッシモ・パッケージ導入 2018

オプションパッケージとして「ネリッシモ・パッケージ」が他モデル同様に導入された。ブラックボディを纏い、グリルフレーム上部とトライデントロゴ、サイドエアベントフレーム、ブーツ、Cピラーとリアのバッジがブラック・クローム。フロントグリルのバー、ドアハンドル、エグゾースト・パイプ、ウィンドー・フレームもブラックアウトされている。2019年モデルでは適応グレードの拡大等、さらにアップデートされた。

### レヴァンテ2018年モデル
## Levante MY2018 2018

クアトロポルテに続いて「グランルッソ」と「グランスポーツ」トリム・オプションが設定された。電動パワーステアリングの導入と共にレーン・キービング（車線維持）などアクティブ機能を備えた最新の先進運転支援システムが採用された。従来まで左ハンドルのみの設定であったガソリンエンジンモデルに右ハンドル仕様が導入されたのも大きなニュースだ。（レヴァンテSのみ）。

GranSport

グランルッソのラグジュアリー・テイスト溢れるインテリア（左）とスポーティなグランスポーツのインテリア。

GranLusso

## 2016
# *Levante*
― レヴァンテ ―

### レヴァンテ トロフェオ ローンチ・エディション
## Levante Trofeo Launch Edition  2018

　V8エンジンを搭載した初のレヴァンテを、2019年モデルに先駆け、日本限定15台のみの特別仕様レヴァンテ トロフェオ ローンチ・エディションとして日本市場へ導入した。ローンチ・エディションのみの限定色「グリジオ・ヴルカーノ・マット(Grigio Vulcano Matte) ペイント」を纏ったモデルで、今後発売する2019年モデルには設定されない日本限定の外装色。さらにオーナーには自身のモデルの生産過程の記録映像が提供された。

### レヴァンテGTS
## Levante GTS  2018

### 待望のV8エンジンの搭載

　フラッグシップのクアトロポルテGTSに搭載されるV8ユニットと基本構造は同様だが、インテリジェントAWDシステムに対応するための仕様変更が行われ、

併せて、最高出力は550ps / 6,250rpm、730Nmというスペックへとチューンされた。3.9kg/psのパワーウェイトレシオにより、レヴァンテGTSは、静止状態からわずか4.2秒後に100km/hに到達し、最高速度は292km/hを記録する。エクステリアではフロントフェイス下部とリヤバンパーデザインが見直され、よりスポーティなイメージに。インテリアは、フルプレミアム レザーを標準装備するとともに、フルグレインピエノ フィオーレナチュラルレザーをオプション設定し、スポーツペダルや14スピーカー仕様のハーマンカードンオーディオシステムを採用。インターフェースのレベルアップも図られ、ディスプレイのグラフィックがアップデートされ、コントロール類の操作性向上の改良も行われた。また、新デザインのシフトレバーの採用により、より操作性を向上させた。2019年モデルとしてレヴァンテ・トロフディスプレイ本市場へ導入された。

### レヴァンテ2019年モデル
## Levante MY2019  2018

　レヴァンテにおいてはトロフェオ及びGTSの日本仕様が発表され、「レヴァンテ トロフェオ」に採用された新デザインのシフトレバーが全グレードに導入された。また、「グランルッソ」「グランスポーツ」トリムラインのエクステリアはよりエレガントにアップデートされ、"ブルー・ノービレ"のボディカラーを追加。インテリアもトロフェオに設定された"ピエノ・フィオーレ"が選択に加わった。ネリッシモ・パッケージもV6搭載モデルのベースモデルおよびグランスポーツで選ぶことができるようになった。車両統合制御システム（IVC）も搭載。

## FCA period

### レヴァンテ トロフェオ
### Levante Trofeo  2018

　トロフェオはGTSを上回る最高出力 590ps/6,250rpm、最大トルク734Nm/2,250rpmを発生する、リッターあたりの出力はマセラティ史上最高の156ps/L を発揮する最強のエンジンを搭載したフラッグシップモデルである。エクステリアにおいてはロワー・スプリッター、フロント・エア・インテーク内のサイド・ベゼル・ブレード、サイド・スカート・インテーク、リアエキストラクターは非常に軽量なハイ・グロス・カーボンファイバーで仕上げられ、エンジンフードには二つのエアインテークが設けられている。また、V8エンジンには、カーボンファイバー製のエンジンカバーにV8の文字とトライデントロゴが配され、シリンダーヘッドおよびインテーク・マニフォールドは赤くペイントされた。(ートロフェオのみー)

　インテリアはGTSではオプション設定の最高級フル・グレイン・レザー"ピエノ・フィオーレ"を標準設定し、ヘッドレストには"Trofeo"ロゴが刺繍されている。1280WのBowers & Wilkinsプレミアム・サラウンド・オーディオ・システムをオプション設定と、更なるアップグレードを行った。

### レヴァンテ エルメネジルド・ゼニアペッレテッスータ仕様限定モデル
### Levante Ermenegildo Zegna PELLETESSUTA Limited Edition  2020

### レヴァンテ ヴォルケーノ
### Levante Volcano  2019（日本未導入）

　"Grigio Lava"グリージオ・ラヴァ"とネーミングされた特別外装色を纏った限定モデルで、ヨーロッパ及びアジア地区限定で150台が生産された。ガソリンエンジンの2グレードが設定され、ネリッシモ・パッケージが導入された。21インチホイールとレッドペイントのブレーキキャリパーが装着され、背インテリアには限定バッジが用意された。(日本未導入)

　エルメネジルド・ゼニアとのコラボレーションの第2弾として、ナッパレザーのペッレテッスータを採用した限定モデル(20台)。レヴァンテ S GranSportをベースに、エルメネジルド・ゼニアがマセラティのために開発したナッパレザーペッレテッスータのインテリアを採用したもの。ペッレテッスータとは極細の紐状にカットしたナッパレザーを、伝統的な機織り手法に倣って織り上げたエルメネジルド・ゼニア独自のテキスタイルである。エクステリア・カラーにはブロンゾ・トリコートと称すスペシャルカラー採用。エルメネジルド・ゼニアのバッジも装備される。

# 2016
## *Levante*
— レヴァンテ —

### レヴァンテ トロフェオ（トロフェオコレクション）
## Levante Trofeo -Trofeo Collection- 2020

最もパワフルなマセラティ3モデルで構成されるトロフェオコレクション。マセラティのメイド・イン・イタリアというアイデンティティを改めて強調するべく、レヴァンテ トロフェオにはローンチ・エクステリア・カラーとしてホワイトがセレクトされた。ブラックピアノ仕上げのデュアルバーのフロントグリル、カーボンファイバー仕上げのフロントエアダクトトリム、そしてリアエキストラクターがエクステリアに採用された。また、トロフェオコレクションをアピールするサイドエアベントフレームとCピラーのサエッタロゴに施されたレッドのディテイルにも注目。リアライト形状が変更され、3200GTやアルフィエーリのコンセプトカーにインスパイアされたブーメランスタイルを見ることができる。既発のレヴァンテ トロフェオとエンジニアリング的には同仕様であり、トロフェオコレクションに共通するエクステリアの変更のみである。

### レヴァンテ トロフェオ トリコローレ
## Levante Trofeo Tricolore 2020

2020年というブランドの幕開けとともに、イタリアすべての工場での生産再開を祝し、美しい手描きのトリコロールのカラーリングが施された限定モデル。レヴァンテ トロフェオ トリコローレは、MC20の生産が開始され

るモデナ工場で、手作業にて1台ずつ塗装される。イタリアの国旗をモチーフにした三色のカラーリングは最終的なクリアコーティングが実施される前に塗装されたもの。グリジオ・マラテアのエクステリアに、ネリッシモ・パックと22インチのオリオーネ・ブラック・ホイールを装備。インテリアでは黒のピエノフィオーレレザーに赤と緑の本モデル限定の特別なステッチが施され、シートのセンターには白地に「MMXX」のデザインを加えた。限定5台

### レヴァンテ ロイヤル
## Levante Royale 2020

1984年に発売されたクアトロポルテ ロイヤルにインスパイアされた限定モデル レヴァンテ ロイヤル。レヴァンテ S グランルッソ（右ハンドルのみ）をベースに、エクステリアにはヴェルデ・メタリックまたは ブルー・オッタニオの特別色が用意され、インテリアもエルメネジルド・ゼニアのナッパレザー、ペッレテッスータが採用されるなど、特別仕様となっている。さらに21インチ アンテーオ・ブラック・ホイールが装着され、インテリアにはデディケーション・バッジも用意される。日本国内10台限定。

### レヴァンテ ディーゼル ファイナルエディション
## Levante Disel Final Edition 2020

2020年モデルでディーゼルの生産は終了。人気の高い「ゼフィーロ 19インチ マットブラック ホイール」他、多数のオプションをパッケージにした、日本限定24台（外装色3色、各8台ずつ）が用意された。

# FCA Period

### レヴァンテ Ｆトリブート スペシャルエディション
## Levante F Tributo Special Edition　2021

　世界初の女性 F1 ドライバーでありマセラティと深い繋がりのなるマリア・テレーザ・デ・フィリッピスへのオマージュとして企画された一台。彼女にニックネーム由来のアランチョ・デビル (Arancio Devil) とサーキットへのオマージュたるグリージョ・ラミエーラ (Grigio Lamiera) の特別なエクステリアカラーが用意され、新カラーグリージョ・オパコ (Grigio Opaco) の 21 インチアンテオホイールホイールを採用。ホイールリムのディテールにコバルトブルーが使用されている他、フェンダーには F Tributo バッジ、C ピラーにはトライデントロゴが配されている。グリージョ・ラミエーラのボディカラーの場合、ホイールにはグロスブラックが採用されています。これとコントラストをなすように、バッジやトライデントロゴにはオレンジ色が使用されている。

　インテリアはブラック、またはオレンジのピエーノ・フィオーレ (PienoFiore、フルグレイン ) レザーが張られたシートには、コバルトブルーとオレンジのステッチが施された。

### レヴァンテ ハイブリッド
## Levante Hybrid　2021

　ギブリに続いてレヴァンテにもマイルド・ハイブリッド仕様が追加された。パワートレイン、マセラティコネクトや 10.1 インチの HD スクリーンの導入等もギブリハイブリッドと同等である。エクステリアやインテリアのディテールにも同様に、ハイブリッドモデルを象徴するブルーのアクセントを採用している。3 連のサイドエアダクト、ブレーキキャリパー、C ピラーのロゴがブルーで表現され、インテリアにおいてもシートへのブルー刺繍が選択可能。

### レヴァンテ 2022 年モデル
## Levante MY2022　2021

　MY2022 からエンブレムのロゴが刷新され、C ピラーのロゴも旧ロゴから新しいトライデントロゴが使用され、これに伴い、リアのレタリングも変更となった。また、ラインナップはギブリハイブリッドに採用された新開発の 330 馬力 4 気筒マイルドハイブリッドがレヴァンテにも導入されることとなり、ギブリ同様に GT とネーミングされた。ここに GT、V6 350 馬力の Modena、V6 430 馬力の ModenaS(RWD、AWD)、V8 エンジン搭載の Trofeo の 4 トリムが用意されることとなった。

　GT、Modena はラデォカ・オープンポアー・ウッドインテリアトリムが標準装備となり、ブラックピアノトリムがオプション設定となる。ModenaS にはスポーツバンパー、20 インチホイールを含むネリッシモ・パッケージが導入。トロフェオにはカーボンファイバー製トリム、21 インチホイール、レッドブレーキキャリパーが導入され、インテリアはフルグレインの "Pieno Fiore" 天然皮革を使用したスポーツシートが用意された。

2016
# Levante
― レヴァンテ ―

### レヴァンテ MC エディション
**Levante MC Edition** 2022

トロフェオをベースとし、マセラティ コルセ（Maserati Corse）を意味するMCのネーミングを与えられた限定モデル。マセラティの本拠、モデナを象徴する黄色と青がテーマカラーとなり、Giallo Corse(ジャッロ・コルセ)とBlu Vittoria(ブルー・ヴィットーリア)という専用色が用意された。エクステリアではピアノブラックのディテール、そしてリアフェンダーとBピラーに専用バッジが与えられています。また、グロスブラック仕上げの21インチホイールブルーのブレーキキャリパーが装着される。

インテリアにはブルーカーボンファイバーのコンポーネント、「ネロ・ピエノフィオーレ・ブラック・レザー（Nero Pienofiore black leather）」黄色と青色のステッチが施され、またデニムがアクセントとして加えられている。ヘッドレストにはMCエディションのロゴがエンボス加工、専用エンブレムがコンソール中央に配置される。

### レヴァンテ ペッレ イントレッチャータ
**Levante Pelle Intrecciata** 2022

「レヴァンテGT」をベースとした特別限定モデル。"ペッレ イントレッチャータ" ＝「編まれた革」というネーミング通り、極細の紐状にカットされ、織り込まれた上質なイタリア製ナッパレザーがシート座面前方と背の部分に使用されている。伸縮性と柔らかい質感が特徴であり、キャビン内に温かみを与え、上品なインテリア空間を演出する。

### レヴァンテ GT ネロ インフィニート
**Levante GT Nero Infinito** 2022

マイルドハイブリッドモデルのレヴァンテGTをベースとした日本限定モデル。エクステリアではCピラーエンブレムがモデナ仕様の「黒」に変更され、通常シルバー色のサイドGTバッジ、またリアのレタリングも特別な「黒」のコーディネートを施している。Bピラーに装着されたイタリア国旗のトリコローレが映える。

### レヴァンテ 2023年モデル
**Levante MY2023** 2022

レヴァンテMY2023では、アシスタンスシステムLEVEL 2、??サラウンドビューカメラが新たに標準搭載となった??。GTへは加えてソフトドアクローズやフロントシートヒーターを標準装備とした。ModenaにはこれまでModenaSに採用されていた430馬力V6エンジンが採用され、ModenaSトリムは廃止された。

### レヴァンテ V8 ウルティマ
**Levante V8 Ultima** 2023

「グッドウッド・フェスティバル・オブ・スピード」においてレヴァンテV8ウルティマがデビューを飾った。ネロ・アッソルトと鮮やかなブルー・ロワイヤルのエクステリアを備え、ロッソ・ルビーノ（ルビーレッド）にペイントされたウルティマ・エンブレムはマセラティを象徴するトリプルサイドエアベントの上部に輝く。ブレーキキャリパーにも同色のカラーリングが施される。

インテリアにおいてはV8ウルティマ・ロゴがヘッドレストにステッチされたペール・テラコッタとブラックのアルカンターラ素材のシートが採用され、センターコンソールにも特別なエンブレムが配される。各色103台世界限定。

## FCA period

## The Road to Levante - Maserati SUV Development History

# レヴァンテへの道
## ～マセラティSUV開発ヒストリー

マセラティはクアトロポルテというハイパフォーマンス・サルーンたるDNAを伝統的に持つことからSUVとの親和性は比較的高いと思われる。しかし長期に渡り充分な投資をする為の余裕が無かった為、新しいセグメントへ参入するきっかけを掴めなかった。レヴァンテはマセラティにとってFCAグループのリソースを享受する絶好のタイミングで企画された。マセラティのステップアップの為にこのプロジェクトは非常に重要な位置づけがされている。2000年フェラーリ傘下から現在に至るマセラティSUVの開発ヒストリーを振り返ってみる。

### ビュラン
### Brun 2000

#### マセラティ初のSUVコンセプト

当時はSUVというカテゴリーはまだ確立されておらず、背の高い乗用車テイストをもったモデルは"ミニバン、もしくは"MPV＝Multi Purpose Vehicleと呼ばれ実用性の高い点がメリットとされた。ジウジアーロは当時、ハイルーフ仕様の"ミニバン"タイプではあるが、ラグジュアリーなテイストとエレガントな仕上げを持ちパワフルな"背の高いセダン"のコンセプトモデルを幾つか提案していた。彼はこのセグメントが将来的にセダンに代わる存在として一つの主流になると考えたのだ。彼の予想は当たりまさに世の中はラグジュアリーSUVブームとなる訳だが、このビュランはまさにそのようなジウジアーロのコンセプトを反映したものであった。

ジウジアーロは3200GTのシャーシとパワートレインをベー

スに仕立てた未来のSUVを、3200GTと共に北米マーケットへマセラティの再導入の為の切り札として提案した。このプロトタイプはイタルデザインの北米ブランチにて開発が行われ、実車は全長5000mm、全幅1950mm、全高1630mmというかなり大柄なものであった。ビュランの導入はマセラティ内部において、かなり真剣に検討されたが、マセラティにAWDドライブトレイン開発のノウハウが無かった事と、商品化への資金的、人的余裕もなかったため実現することはなかった。スライドドアを装着した、ゆったりとしたキャビンスペースとアルカンターラを多用した豪華なインテリアが特徴的であった。

### クーバンⅠ
### Kuban I 2003

#### スポーティなジウジアーロの筆によるSUV

イタルデザインが開発したAWDシステムと共にビュランに続くSUV提案の第2弾が行われた。発表は2003年のデトロイトショーであった。ラグジュアリーなイメージの強かったビュランとくらべよりスポーティさが強調され、ハイパフォーマンスも大きくアピールされた。48:52のフロント・リアの重量配分と平均的SUVより100mm低い重心から生まれる走りから"GT WAGON"とも謳われた。クーバンⅠのベースとなったクアトロポルテVは当初、AWDシステムの搭載が予定されていたこともあり、このプロジェクトはかなり信憑性あるものとして自動車メディア等から注目された。390ps＆451Nmの出力により最高速度255km/hを発揮するとされ、全長4984mm、全幅1942mm、全高1650mmと2000年のビュランとほぼ同サイズであった。しかし、残念なことにその後のイタルデザインのアウディ傘下入りもありマセラティSUV開発に関するニュースは聞こえて来なくなってしまった。

### クーバンⅡ
### Kuban II 2011

#### マセラティのSUV
#### マーケットへの参入宣言

2011年のフランクフルトショーにてクーバンⅡはアンヴェイルされ、ウェスターCEOはマセラティSUVの開発について次のように語った。「その時々の最適なコンポーネンツを用いてクルマ作りを行います。今まではAWDパワートレインに関するノウハウがフィアットグループに無かった。しかしFCAとなったことで"ジープブランド"が仲間になった。つまりグループ内でそれを共有することが出来る。こういった流れから私たちはSUVのプランニングを開始した」と。詳細は未定とされたものの、クライスラーのリソースを用いてボディが作られ、モデナにてマセラティのエンジンとオリジナルの足廻り、グランドチェロキーのAWDシステムが搭載されると噂された。しかし、今となればこのクーバンⅡコンセプトはマセラティが本気でSUVに取り組むという意思を表す"誓約書"のようなものであったことが解る。事実、この展示されたコンセプトモデルはグランドチェロキーをベースとして、プロジェクトが始まり僅か4か月しか経たずに完成したという。しかし、ギブリQ4のプラットフォームをベースにV6、V8とディーゼルエンジンが搭載される予定であり、製造はリノベーション中であるトリノのミラフィオーリ工場にて行われるという情報が流れてきたのはまもなくのことであった。

# MASERATI Comcept Cars
## 輝くマセラティ コンセプトカー

### Orsi period
―― オルシ家の時代 ――

## マセラティ 3500GT カロッツェリアの競演

**カロッツェリア黄金時代とマセラティ**

　1957年のジュネーブショーにはトゥーリングとアレマーノという二つのカロッツェリアから異なったスタイルのボディが発表され、その中のトゥーリングによるものがプロダクションモデルに採用された。それは、トゥーリングがスーパーレジェッラ方式という軽量アルミボディ製造のノウハウを持っており、かつ十分な数量のボディ供給が可能であった点が大きな判断材料とされたようだ。もちろんボディの軽量化という要素もあったが、当時はスチールと比較して柔らかいアルミボディは走行中の騒音、振動を吸収するという、快適性という側面から富裕オーナーに好まれたという要素のほうが大きかったようだ。スパイダーにおいては1961年にミケロッティの手によるヴィニヤーレ製とトゥーリング製の二つ（それぞれホイールベースも異なった）の提案の中からヴィニヤーレが選ばれた。このように当時はメーカーが提供したシャーシに様々なスタイルのボディを提供するのは至極当たり前であったのだ。また、このマセラティが本格的なロードカーのプロジェクトを開始するにあたって、ザガートや当時、フェラーリへの独占供給が行われていたピニンファリーナからもアイデアの提案があったという記録も残っている。

　マセラティが製作したエンジンの搭載されたフレームがトリノへ送り込まれ、内外装が仕上げられて再びモデナに戻って来た。ロードカーのコーチビルダーとしてのノウハウをもったトリノのカロッツェリアはマセラティのようなハイパフォーマンスカーに自社のボディが採用されることは大きな宣伝にもなった。

3500GT Frua (1962)

3500GT cabriolet Frua (1959)

3500GTi Touring (1963)

3500GT Moretti (1966)

## Concept cars

### Orsi period —— オルシ家の時代 ——

#### 3500GTベルトーネ
#### 3500GT Bertone 1959

スイスのマセラティインポーターのリクエストによってローリングシャーシがベルトーネに送られた。フランコ・スカリオーネのデザインによるもので、彼の作品の特徴が随所に見受けられるワンオフカーだ。ボディのボリューム感などジュリエッタSSなどのイメージが感じられる。このワンオフカーはスカリオーネとベルトーネのコラボレーションによる最後期の作品としてとても重要な存在である。

#### 150GT(1500GT)スパイダーファントッツィ
#### 150GT (1500GT) Spider Funtuzzi 1957

**ターゲットはポルシェ**

1957年にアドルフォ・オルシは大型クーペとして3500GTを発表しているが、一方で、当時人気を持っていた比較的廉価なポルシェのような小型スポーツカーの量産化というプランも暖めていた。それもトリノのコーチビルダーにではなくモデナ製のボディを採用することを考えていた。マセラティ・レーシングカーのボディを作っていたファントッツィの手によるアルミ製ボディを150Sのシャーシに載せ、そのエンジンを多少デチューンしたモデルが一台のみ試作された。このプロジェクトは残念ながら同年に起こったアルゼンチンの政変によるマセラティの経済的危機の為、終了してしまった。

#### シムン
#### Simun 1967

**インディへの競作**

カロッツェリア・ギアに在籍していたジウジアーロの手によるフル4シーターモデルのプロポーサル。4.2L 260ps仕様のエンジンが搭載されたTipo116シャーシをベースに製作されたワンオフモデルである。同時にヴィニヤーレもプロポーサルを出したが、結果的にヴィニヤーレ案が採用されインディとしてデビューすることとなった。1967年にギアがGMへ行ったプロポーサルオールズモビル・トールに共通するモチーフを見ることができる。

#### メキシコ フルア
#### Mexico Frua 1967

メキシコの初代プロトタイプが1965年トリノモーターショーのヴィニヤーレのスタンドにて5000GTとして発表されたことからも解るように、メキシコは3500GTの流れを引き継ぐ5000GTの直系たるモデルであり、トップレベルのエレガンスさを追求した。ここでも5000GT同様、カロッツェリアの間での競作が行われた。ヴィニヤーレだけでなくフルアも3つのワンオフモデルを提案している。5000GTフルアのテイストをより洗練させ、かつクアトロポルテⅠとの類似性を表わしたものがその一台である S/N 003 である。1968年のジュネーブショーにて発表された後、プライベートユーザーの手元に長く置かれたが、近年、新オーナーの元でオリジナルスペックにレストアされた。マセラティ100周年記念コンコースデレガンスにて BEST OF SHOW 受賞。また、同じフルアによって1967年に製作されたよりフルアの5000GTに近いテイストのS/N 001も美しい状態で現存している。

# Citroen period
―― シトロエンの時代 ――

### Boomerang  1971
ブーメラン

**キング・オブ・マセラティ・コンセプトモデル**

　1971年のトリノショーでエボウッド製のモックアップが発表され、その翌年、ボーラのメカニズムをベースにランニングプロトタイプが製作された。このスタイリングはジョルジェット・ジウジアーロの当時のテーマでまとめられており、アルファロメオ・イグアナ、カイマーノ、そして後のロータス・エスプリに共通する。ウエッヂシェイプと極端なタンブルフォームはインパクトがあるが、市販車として実用に耐えるほどの優れたパッケージングは、まさにジウジアーロ・マジックだ。

　このブーメランのテーマはジウジアーロがマセラティに対して提案したボーラに対するプロポーザルの一つをさらに練り上げたものでもある。マセラティはボーラを斬新なスタイリングを持つ尖ったモデルというよりも、実用性も兼ね備えたグラントゥーリズモにすべきと考えており、比較的年齢の高いオーナー層の嗜好も重視した。そのため、この"尖った"案は採用されなかったのだ。もっとも低いノーズや多くのグラスエリアの存在は北米市場におけるホモロゲー

ションにおいて多くの困難が想定されたことも要因の一つであろう。しかし、ボーラのスタイリングが決定したあとも、ジウジアーロは"ブーメラン案"をマセラティに提案し続けていたようで、彼はブーメランの市販化を切望していた。

# Concept cars

**Citroen period** ── シトロエンの時代 ──

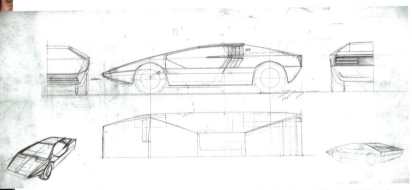

ブーメランの実車を眺めるならば背が低く予想以上にコンパクトに感じるが、コクピットは充分なスペースがあり、高速ツアラーとしてそれなりの大きさのトランクルームまで用意されている。ちなみに、ベースとなったボーラはブーメランと比べてひとまわり大きく感じるが実際の外寸は高さが60mm高くなり全幅が92mmほど狭くなっているが全長はほぼ同じで、ほとんど同じサイズである。

フロントウィンドウの傾斜角は13.2度と相当に寝ている。その為、ボーラも同様だが、着座位置はかなり後方となる。必要充分なヘッドクリアランスはあるが、頭を前方へ動かすと、ウィンドウ上端部が直ぐ目の前にあることに気付く。極端なタンブルフォームの為、サイドウィンドウの開閉は不可能。その代り、ウエストラインから下にある前後にスライドするサブウインドウが用意されている。

右の写真はモックアップのもの。ステアリングホイールの内側に、そのセンターを回転軸とする大型の半円ゲージが設けられる。同軸でスピードメーターとタコメーターを表示するという趣旨だ。ランニングプロトタイプ（上）は、このスペースにタコメーターを中心にボーラと同じゲージ類がちりばめられる。スピードメーターは存在しない。

MASERATI COMPLETE GUIDE | 135

## Citroen period —— シトロエンの時代 ——

### ティーポ124
### Tipo 124  1974

**数多くのプロジェクトが生まれたシトロエン時代**

1974年に行われたイタルデザインからの2+2クーペのプロポーザル。ジョルジェット・ジウジアーロの手によるもので"イタルデザイン124"とも呼ばれた。シトロエン傘下のこの時期は豊富な開発経費が掛けられたことにより、スタイリングにおいても多くの新しいチャレンジが行われた。当モデルは走行可能な状態で1台のみが製作された。

### メディチ
### Medici  1974

### メディチⅡ
### Medici Ⅱ  1976

**クアトロポルテⅢへの価値ある習作**

1974年のトリノショーにて発表されたウエッヂシェイプが特徴の4ドアサルーンであり、インディのシャーシをベースとし、CピラーやフロントエンドにTipo124との同様のテーマを見ることができる。マセラティとして初めてグラス製のルーフが採用された。艶やかなレザーが多用され、ゴージャスなインテリアも特徴である。メディチは実験的なレイアウトの6シーターであるが、メディチⅡは実際の使用に耐えうるようインテリアを中心に手直しされ4シーターとなっている。顧客の元へワンオフカーとして渡ったが、このコンセプトはさらに新たなシャーシを元に開発が進み、クアトロポルテⅢとしてデビューすることになる。

### クアトロポルテ・フルア "アーガー・ハーン"
### Quattroporte Frua "Aga Khan"  1971-1974

**マセラティ最後のフォーリセリエ（注文生産車）**

1974年にアーガー・ハーンとスペイン国土プライベート用としてのオーダーにより2台作られた4ドアサルーン。ベースとしてインディのシャーシが用いられ、フルアの手によりボディが懸架され、当時、世界最速の4ドアサルーンと謳われた。この2台はカロッツェリアによる独自の製作ではなくマセラティとしてTipo121という型式を正式に割り振っている。このような、オーナーからの注文生産としてワンオフカーを製作するのは、マセラティにとってもこのモデルが最後であった。このボディスタイルはランボルギーニにも当時オファーされており、ランボルギーニ初の4ドアサルーンとなる可能性もあった。このモデルは"クアトロポルテⅡ"と呼ばれることもあった。

# Concept cars

## Citroen period —— シトロエンの時代 ——

### クアトロポルテⅡ
### Quattroporte Ⅱ  1974

**シトロエンSMベースの４ドアサルーン**

1974年のトリノショーでプロトタイプが披露された2代目クアトロポルテはシトロエン既存のコンポーネンツを最大限に利用したもので、エンジンを含むシャーシの基本構造はシトロエンSMのキャリーオーバーによるもの。FFレイアウトを生かした3mを超える長いホイールベースが特徴であった。しかしV6エンジンではアンダーパワーなことは明白で、V6エンジンをベースとした新開発V8エンジン搭載が本命とされ、2台のプロトタイプも製作された。ボディはベルトーネに在籍していたガンディーニの手によるもので、カムシンの持つ直線的なイメージを引き継いでいた。やはり市場から初代が消えて久しかったがクアトロポルテというブランド力は強く、受注は意に反して好調であった。13台が製作されたとされているが、デ・トマソへと経営が移ったことで正式販売開始を前に製造は中止された。製作途中の初期ロットだけは何とか完成させ、ホモロゲーションの問題から主に中東へ販売された。

## DeTomaso period
—— デ・トマソの時代 ——

### メラク ターボ
### Merak Turbo  1977

**ビトゥルボ誕生への道を開いたコンセプトモデル**

北米仕様のメラクをベースにギャレット製ターボを一基装着したエクスペリメンタルモデル。北米でターボ・チューニングを実践してきたエンジニアであるジョルダーノ・カザリーニがパワー不足に悩むメラクをターボ化し実験していたところからストーリーは始まる。最初はターボに懐疑的であったアレッサンドロ・デ・トマソも、その強力なパワーとトルクバンドに乗った時の加速感に将来性を感じ、実験の続行を許可したという。このメラク・ターボによる研究の成果がビトゥルボ誕生を後押ししたと言ってもよい。2台のプロトタイプが製作されたが、大型タービンを持つターボの装着における放熱の問題がクリアできず、生産化に辿り付くことはなかった。この個体はモデナのマセラティ・ミュージアムにて見ることができる。

### シャマル スペチアーレ
### Shamal Speciale  1989

アレッサンドロ・デ・トマソはプロダクションモデルのシャマルをベースにワンメイクレースのプランも検討していた時期があったようだ。この1台のみ存在する特別仕様車もそのデザインスタディとして作られたと言われており、製作にはモデナのカロッツェリア・カンバーナも関与していた

## DeTomaso period — デ・トマソの時代 —

### Chubasco 1990
チュバスコ

**ガンディーニの手によるミッドマウントエンジン・コンセプトモデル**

1990年12月14日に行われた恒例のニューモデル発表会において突然、登場したのがチュバスコである。デ・トマソがマングスタ等で採用してきたセンターバックボーンシャーシをベースにシャマル用3.2L V8ツインターボエンジンを縦置きにミッドマウントしたモデルで430psを発揮すると発表された。このコードネーム340プロトタイプは、フェラーリF40の存在を強く意識したもので、F1譲りのコンペティションタイプのサスペンションなどスパルタンな基本設計が見られる。スタイリングはガンディーニの手によるもので、当時、彼が関わっていたブガッティEB110などに通ずるモチーフが見られ、大型のリアウイングの装着も検討された。電動式ルーフやシザーズドアの採用、効果的なエアフローを考慮されたサイドのボディ形状は特徴的である。一方快適性を確保するために特殊な形状のラバーマウントによりボディとシャーシは結合するというアイデアが採用され、スパルタンなだけではなくコンフォート性も重視された。

試作スタジオのチェコンプとデ・トマソ社内にて製作されたモックアップ1台のみが存在する。巷で言われているような、フェラーリのラインナップとの競合によるフィアットグループからの圧力でプロジェクトが中止となったという説もあるが、当時、このような高価格モデルに対する市場性が無かったという経営判断のが大きな理由であったと関係者は語る。日本を始め世界のマセラティディーラーに対して450台の限定生産（年間150台ずつ、3年間かけてデリバリー）という販売計画の打診がされた。このモデルの基本レイアウトはバルケッタやデ・トマソ・グァラに応用された。

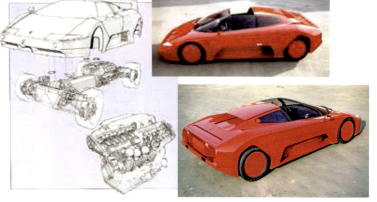

### Barchetta Stradale 1992
バルケッタ ストラダーレ

ワンメイクレース用として販売されたバルケッタ・コルサと同時に、公道走行を前提としてヘッドライトやウインカーなどの保安部品を装着し、前後に衝撃吸収の為のサブフレームを設けたストラダーレも同時に発表された。公式にはプロトタイプ一台のみが作られ、苦心の末ホモロゲーションの獲得が可能となった。小型のプロジェクターヘッドライト、フィアット・クーペ用のヘッドライトが装着された複数のボディが用意され、1993年のジュネーブショーに展示された。ケータハム7のようなコンセプトでマーケットへの投入をデ・トマソは考えていたようであるが、アレッサンドが脳梗塞で倒れたことから状況は大きく変化し、フィアットの判断もあり発売はされなかった。

### Spider Maserati Convertible (OPAC Shamal Spyder) 1993-1994
OPACシャマル スパイダー

ハイパフォーマンスカーをベースとしたスパイダー仕様等、少量生産限定モデル製作のノウハウを持つトリノのOPACはザガートの協力工場としてビトゥルボ・スパイダーなどの製造に関わっていた。その彼らがマセラティへのコラボレーションの提案と、社の技術アピールの為にワンオフスパイダーモデルを製作した。1993年のトリノショーにて発表が行われ、その翌年に各部が改良され再びトリノショーにて展示された。ギブリIIのシャーシがベースとされ、全長は4273mmで、ホイールベースもギブリIIと同様。エンジンなどパワートレイン、サスペンションはシャマルから流用している。ソフトトップとカリフのようなスタイルのハードトップが用意された。当時、ビトゥルポ系をベースとしたスパイダーが生産を終了しており、ギブリIIをベースとしたスパイダー仕様のプロジェクトが検討されたが、このモデルもプロジェクトに対するひとつの提案であった。

# Concept cars

## Fiat period
――― フィアットの時代 ―――

### オージェ
### Auge  2003 (1996)

**カロッツェリア・カスターニャによる
ラグジュアリー・モデル・プロジェクト**

　2003年のコンコルソ・デレガンツァ・ヴィラデステにてミラノの老舗カロッツェリアであるカロッツェリア・カスターニャがワンオフモデル"オージェ"を出展した。プロジェクトの始まりは1996年に遡る。当時、活動を止めていたカスターニャを復活させるべく準備をすすめていたジョアッキーノ・アカンポーラによってオージェのプロジェクトがマセラティへオファーされ、モックアップが製作された。当時のCEOであったアルツァーティはこのコンセプトを気に入り、カスターニャと共にフェラーリF40のような限定モデルを15台生産し販売することを決定した。クアトロポルテⅣのシャシをベースにA6GCSファントッツィ、5000GTトゥーリングをオマージュとする斬新なクーペボディを載せるプロジェクトが進んだ。20インチホイールの採用や特徴的なルーフなど新たな試みをおこなっている。イタルテクニカにより、ギブリオープンカップレースカーのコンポーネンツを利用し、450psまでチューンしたハイパフォーマンスバージョンの製作がすすめられた。インテリアは基本的にクアトロポルテのものを流用しているが、4シーターとしての充分なスペースとトランクルームを持つ実用グラントゥーリズモとしての要件を備えていた。マセラティの公式モデルとしてホモロゲーション作業まで行われたが、フェラーリ・マネージメントの開始と共に、プロジェクトは中断してしまった。この偏西風の名前からとったオージュの命名はアルツァーティによるものであった。

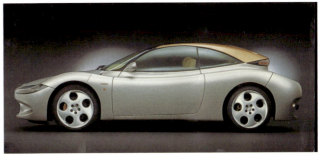

この偏西風の名前からとったオージュの命名は当時のCEOアルツァーティによるものであった。

### ギブリⅡカンバーナ・スペチアーレ
### Ghibli Ⅱ Campana Speciale  1996

**モデナを代表するカロッツェリアの手による
スペシャルモデル**

　1996年前後に、マセラティと関係の深いカロッツェリア・カンバーナによって、ギブリの特別仕様モデルのプランが進んでいた。このモデルも前述のオージェと同様に、量産モデルであるギブリの特別仕様車を企画し、マセラティブランドをアピールする為のものだ。フロント、リア、サイドスカートなどのリスタイリングとゴージャスなインテリアが用意され、マセラティより正式にホモロゲーションの獲得が予定されていた。コンプリートカーとして販売するだけでなく、個々のモディファイ・パーツとして販売する計画もたてられていたが、突然のフェラーリ傘下入りによってプロジェクトはキャンセルされた。ギブリオープンカップレースカーのエンジンを搭載した一台のみが存在した。

# Ferrari period
―― フェラーリの時代 ――

## Birdcage75th  2005
バードケージ75th

### ピニンファリーナとのコラボレーションによるドリームカー

2005年のジュネーブショーでデビューしたバードケージ75thは、マセラティが創立75周年を迎えたピニンファリーナ、そしてモトローラ社と共に手がけたコンセプトカーだ。ピニンファリーナに在籍していた奥山清行のプロデュースの元、ローウィ・ヴェルメッシュ、ジェイソン・カストリオタらが手がけたもの。MC12のシャーシをベースにカーボンファイバー製ボディと大型のバブルタイプのキャノピーで構成された、走行可能なモデルが製作された。

マセラティのレース・ヘリテイジを代表する往年の名車、バードケージ（ティーポ63）へのオマージュとしてデザインされた。バードケージに採用された"鳥かご"のような細く細かいフレームを当モデルはインテリアへと効果的に用いた。ちなみに、ホワイトのボディにブルーのラインによるカモラーディ＝マセラティ・チームのカラーリングが活かされている。

ホワイトのボディにブルーのラインによるカモラーディ＝マセラティ・チームのカラーリングが活かされている。MC20も"元祖"バードケージとこの75thのコンセプトをモチーフとして用いていると公式発表されている。

## 320S  2001

### 次期クーペへのイマジネーションを広げるバルケッタ・モデル

2001年ジュネーブショーにて発表されバルケッタボディのコンセプトモデル。イタルデザイン・ジウジアーロとスバルコとのコラボレーションにより製作され、スタイリング開発は主にファブリツィオ・ジウジアーロの手によるものだ。運転席の助手席を分離するスタイルは、古典的なレーシングマシンへのオマージュであると共に、ジウジアーロの作品である少量生産されたアステックにも見られるアイデアだ。

発表を控えたスパイダー(2002)のテーマを表現するパイロット・モデルでもあり、トロフェオ・レースで実現するワンメイクレースへのアイデアや、北米マーケットへの復活のイメージ作りなどを見ることができる。ボディは3200GTのホイールベースを220mm短縮し、2440mmとし、重量は1300kgと発表された。エンジンは3200GTのものがそのまま搭載されていたが、このコンセプトモデルにおいて駆動系はダミーであり、走行は不能であった。後年、モデナのマセラティを専門に扱うカンディーニ・モデナによってレストアが行われ、現在では全てが機能する走行可能な状態に仕上がっている。

# Concept cars

## FCA period
— FCAの時代 —

### Alfieri Concept  2014
アルフィエーリ・コンセプト

#### 世界のカーデザイン・アワードを独占　多くのモチーフが生産モデルに活かされる

マセラティ100周年アニバーサリーイヤーのジュネーブショーでアンヴェイルしたアルフィエーリ・コンセプトは、かつてのグランスポルトのようなジャストサイズのコンパクトサイズで、現行のグラントゥーリズモと比較するとかなりコンパクトだ。またキャビンも小ぶりで、近年のマセラティ2ドアモデルでは珍しい、2シーターに近い2+2クーペであることも特徴。そう、このアルフィエーリ・コンセプトは、明らかにポルシェ911系をコンペティターとしたものだ。全長4590mm、全幅1930mm、全高1280mm、そしてホイールベースは2700mmと発表されており、グラントゥーリズモと比べると30cmほど短く、7cmほど低く、24cmほどホイールベースが短いということになる。市販化決定とも当時噂されたが紆余曲折を経て、残念ながらプロジェクトは未完のまま消滅してしまった。しかし、当モデルのモチーフはレヴァンテをはじめとする現行各モデルの重要なテーマとして活かされた。

1台だけ作られた走行可能なコンセプトモデルは多くのイベントに姿を見せた。アルフィエーリ・コンセプトはフェラーリのアルミ製ベースフレームをベースとして開発されるプランであったようだが、フェラーリのFCAからのスピンオフ、それ以降も両社を繋いでいたマルキオンネの突然の死去により、そのリソース活用は困難になった。プロジェクト消滅の影にはこのような事情もあるのでは、と事情通は語る。

#### エクステリア
ダイナミックにアグレッシブなイメージを見せるフロント。クアトロポルテVで採用されたバンパーライン下部にも伸びた大型フロントグリルはひとつの完成形を見た。ヘッドライトやリアライト周りの造形はよりリファインされ、レヴァンテにも活かされた。フロントフェンダーの3連エアインテーク、アルミホイール、リアエグゾースト・アウトレットなどにシルバーの削り出し素材とブルーのアルマイト処理が各部に見られる。

#### インテリア
インテリアは現行セダン系に見られる、運転席と助手席のセパレート感をさらに強めており、運転席は適度な包まれ感を得る。張り巡らされたポルトローナ・フラウ製のレザーのカラーコーディネーション、クラシックなスタイルのウッド・ステアリングは、マセラティGTモデル史の頂点ともいえる5000GTをモチーフとしている。

A6GCS/53 ベルリネッタ・ピニンファリーナと対比させたアルフィエーリ・コンセプトのイメージ。ロングノーズとコンパクトなキャビンというオリジナルの雰囲気を無理なく現代流に展開している。

# 近年のカロッツェリアによるワンオフカー
# Recent Carozzeria Works

マセラティのシャーシをベースとした開発されたプロダクションモデルであるアルファロメオ 8C コンペティツィオーネ、8C スパイダー (2007-2010) はマセラティのモデナ工場にて生産された。さらにアルファロメオ 4C(2013-2020) もマセラティのコンポーネンツを使用してはいないものの、同様にモデナ工場にて製造された。これらは同じ FCA 内のブランドであることから誕生したコラボレーションである。

カロッツェリアの流儀の中で、マセラティのプロダクションモデルをベースとしたプロジェクトやオマージュモデルも作られている。

## Zagato / ザガート

ザガート モストロ パワードバイ マセラティ
**Zagato Mostro powered by Maserati** 2015

2015 年のコンコルソ・デレガンツァ・ヴィラデステにてマセラティ最後のワークスカーである 450S へのオマージュたる "ザガート モストロ" が発表された。Powered by Maserati と謳われるように、ザガートによるオリジナルシャーシにはマセラティ グラントゥーリズモのエンジンが搭載されている。スタイリング・コンセプトは 1957 年のルマン参戦の為の空力ボディを備えたマセラティ 450S のザガート製クーペ "モストロ=モンスター" をベースにしている。

## Touring Superleggera / トゥーリング・スーペルレッジェーラ

ベラッジオ ファストバック
**Bellagio Fastback** 2008

クアトロポルテ V オートマチックをベースにシューティング・ブレイクスタイルへとボディ後部をコンバートした注文生産モデル。ホイールベースはベース車両と変わらない。このベラッジオ ファストバックは 2008 年のコンコルソ・デレガンツァ・ヴィラ・デステにて発表された。ハッチバックを持つ 2 ドアクーペ A8GCS ベルリネッタも同時に発表された。

シャーディペルシア
**Sciadipersia** 2018

シャーディペルシア カブリオレ
**Sciadipersia Cabriolet** 2019

1959 年ジュネーブモーターショーでデビューを飾った 5000GT はカロッツェリア・トゥーリング製のボディを纏ったモデルであり、この特別なモデル誕生のきっかけとなったペルシア国王の名をとって「シャー・ディ・ペルシア」と呼ばれた。その生誕 60 周年を祝って、そのクリーンでちから強いプロポーションを持つクーペ、そしてカブリオレをそれぞれ、グラントゥーリズモ、カブリオをベースとして開発された。

## Ken Okuyama Cars / ケン オクヤマ カーズ

Kode61 バードケージ
**Kode61 Birdcage** 2023

奥山清行 率いる日本唯一のカロッツェリア Ken Okuyama Cars による Tipo61 バードケージへのオマージュたる 2 シーターバルケッタ。FR トランスアクスルレイアウト、マニュアルギアボックスを採用。奥山はバードケージ 75th もピニンファリーナ時代に手がけており、当モデルはその発展形でもある。

# マセラティ ミュージアム
## Collezione Umberto Panini

## エンスージアストが守る唯一のマセラティミュージアム

1965年にモデナのマセラティ本社工場敷地内に小規模なマセラティミュージアムが設けられ、それは時代と共に規模を拡大していった。しかし1993年にマセラティのマネージメントがデ・トマソからフィアットへ移ったことで、このコレクションの存続が危ぶまれる自体となった。

コレクションの所有者であったデ・トマソファミリーがそれらをブルックスのオークションに出品するという決断が下されたのだ。デ・トマソからマセラティの株式を引き継いだフィアットがこのコレクションの引き取りを断ったため、デ・トマソファクトリーもそれらを持ちきれなくなり、売却することになったというのだ。

その動きを察知した世界中のマセラティスタ達はさっそくコレクションの流出を何とか阻止すべく、署名運動を開始した。その運動は功を奏し1996年にはモデナの名士であるウンベルト・パニーニがモデナ市と共にコレクションを引き取り、自ら経営するパルミジャーノ・レッジャーノ・メーカーの敷地内に自動車博物館を建造し、広く一般公開することとなったのだ。

コレクションでは6C34、250F V12、TIPO 420/M/58 エルドラド、TIPO61 バードケージ、A6GCS 53 ベルリネッタ・ピニンファリーナ、メラク・ターボ（プロトタイプ）、チュバスコ（プロトタイプ）といった希少な個体を見ることができる。

2024年11月より新たなロケーションへと移転の為にこれまでのミュージアムは閉館し、当面は仮住まいにての限定公開となる。

www.paninimotormuseum.it

### マセラティ・コレクションを救ったパニーニ・ファミリー

マセラティスタ達の熱意に応えてコレクションを守ったパニーニ・ファミリーはかつてサッカー選手などのトレーディングカードブームを作った立役者。その後は有機認証を取得した牧場でHombre（オンブレ）ブランドのパルミジャーノ・レッジャーノ（チーズ）の製造を行った。

創始者である故ウンベルトと、現在、ミュージアムを管理するマテオ

# MASERATI Competition Models
## 戦後のコンペティション モデル

### 4CL
**4CL** 1939-46

6CMに起源を持つ1939-40年にかけて作られた1.5Lのフォーミュラマシンは第二次大戦終了と共に再開されたレースで大活躍した。

### 4CLT
**4CLT** 1948-50

さらにマセラティは4CLを戦後の最新スペックへとアップデートした。4CLTの"T"はチュボラーレ=チューブラーを意味する。ツインステージのスーパーチャージャーが2基マウントされ260psを発揮。1949年にはさらに大容量のスーパーチャージャーが採用され、330psを誇った。前述のように1938年のサンレモGPにて歴史的勝利を収めたことからこのマシンは"サンレモ"というニックネームで呼ばれる。この4CLTは4CLと共に1947年にマセラティを去ったマセラティ兄弟達が仕上げた最後のモデルであり、その後の開発をアルベルト・マッシミーノが引き継いだ。

## マセラティのレースに賭ける不滅のDNA

戦火を逃れて密かに保管されていた車両によってレースが再開されたのは第二次世界大戦後まもなくのことであった。皆が娯楽に飢えていたし、地下に隠れていた裕福な趣味人もそれなりの数存在したのがヨーロッパの奥深さだ。最も多く存在し、人気があったのは1939?40年に作られた新しいマセラティ4CLであった。マセラティによって戦後のレース・シーンが蘇ったといっても過言ではない。そしてマセラティの戦後におけるレース活動のブレイクスルーは1948年サンレモ・グランプリであった。ワークスドライバー、アルベルト・アスカリ、ジジ・ヴィロレージはワンツーフィニッシュを決めた。大活躍したマシンは1.5Lスーパーチャージャー付き4気筒エンジン搭載の4CLTであり、このモデルがベースとなり、250Fといったその後のF1モデルへと、進化していった。

資材不足や労働争議が頻発する時期にあっても、富裕層アマチュアドライバー達はこぞってマセラティのレースマシンを手に入れた。マセラティにとっては、まだ開発・製造のノウハウに乏しいロードカーを手がけるよりも、レースビジネスに関わる方がはるかに効率的ではあった。コンサルタント契約の満期と共に、マセラティ兄弟はマセラティ社を去るが、それは巷で語られるようマセラティがレースカー作りを辞めたから、という理由ではない。既にそれなりの年齢にもなり、資産も貯えた彼らは、自らが理想とするクルマづくりをするために新たな道を選択したというのが真実である。

1950年代はマセラティのレース活動における黄金期であった。実力のあるドライバー達は戦闘力のあるマセラティのマシンに乗ることに憧れた。それだけでない。ドライバー達はマセラティの家族的な雰囲気を愛したのだった。ところが1957年のアルゼンチン政変に発端する事件がマセラティの経営に深刻な打撃を与えた。彼らはワークスチームを解散し、当面は独立系のチームへの車両販売とそれに伴うサポートに徹することになる。ここで、同じモデナのライバルとしてしのぎを削ったフェラーリとは違う道を歩むことになったのだ。

ワークスチーム解散後の開発資金を含めた開発リソースの限られた環境の中でも、チーフエンジニアのジュリオ・アルフィエーリを中心に斬新なアイデアによってレース界でマセラティは存在感を持ち続けた。Tipo60から続いた通称"バードケージ"シリーズはもっとも成功した一台である。

2004年MC12の登場は久方ぶりのマセラティワークスチームの復活となった。戦闘力の高いこの歴史に残るマシンはFIA GT選手権において大きな結果を残した。ワンメイクレース トロフェオの復活や幻のMC8など、2011年頃までマセラティのレース部門であるマセラティコルセは大きな注目を集めた。そして、トロフェオ MC ワールドシリーズの終了と共に、しばしマセラティのレース活動は休止となり、マセラティコルセのメンバー達はロードカーの開発へとそのレースDNAを活かすことに専念した。

しかし、2020年9月に開催された新生マセラティのお披露目イベントであるMMXX: Time to be audacious"においては新しいMC20にてレースへの復帰がアナウンスされた。マセラティのレーシング・テクノロジーが応用された自社製エンジンの復活と共に、FIA GT カテゴリー、フォーミュラ Eへの参戦と、再びモータースポーツの表舞台へとカムバックしたのだ。

なお、本稿では戦後生まれのアーキテクチュアであるA6シリーズ以降を取り上げ、マネージメント期ごとにまとめている。

# Competition models

# Orsi period
—— オルシ家の時代 ——

## 戦後モデルとして登場した新世代マシン達

### A6GCS A6GCM A6GCS/53

マセラティは、初のロードカーとなるA61500のためにスーパーチャージャーを廃した新開発の1500cc自然吸気6気筒エンジンを完成させていた。このA6系エンジンをベースとして戦闘力あるマシンを仕上げ、マセラティは第二次世界大戦後のレースカー市場へと打って出たのだ。

### A6GCS　1947

A61500のエンジンブロックを鋳鉄製に変更し、排気量を拡大した2L直6シングルカム・エンジンを搭載する。Alfieri MaseratiのA、6気筒の6、鋳鉄（Ghisa）のG、レーシング・スポーツ(Corsa Sport)のCSをとって命名された。サイクルフェンダーを持った2シーターのレース用マシンだ。フロントグリルの中央に装着されたシングルヘッドライトから"モノファロ"（一つ目）やギリシャ神話に登場する一つ目の怪人にちなんで"サイクロプス"とも呼ばれた。アルベルト・マッシモにより最終的に開発が進んだが、エルネスト、エットーレ、ビンドらマセラティ兄弟が実質的に開発に関わった最後のモデルである。チューブラーフレーム、16インチのボラーニ製ワイヤーホイールが採用された。ボディはファントッツィによって製作された。保安部品やサイクルフェンダーを取り外しシングルシーター化し、F2レース用マシンとしても用いられた。

### A6GCM　1951-1953

A6GCSをベースとしたシングルシーターカーとして企画され、シャーシは前世代の4CLT/48をベースに大幅に補強が加えられ開発された。1952年に制定されたF2コンフィギュレーションに合致したマシンであり、その年にマセラティに加わったヨアッキーノ・コロンボにより多くの変更が加えられた。2L直6エンジンはツインカム化され190psを誇り、後にツインプラグも採用される。1953年シーズンにはファンジオと共に大活躍し、フェラーリなどのライバル達と互角以上に戦った。

### A6GCS/53　1953

A6GCMのデチューン版のエンジンが搭載されたA6GCSのアップデート版であり、シリーズ2とも呼ばれる。この2Lエンジンはマセラティでは初めてのショートストロークタイプのもの。7300rpmまで回すことが可能となり170psを発揮した。マセラティのスポーツカーとして初めてツインプラグ化したエンジンでもある。ファントッツィ製のサイクルフェンダータイプのナローボディに加えて、フェンダーとボディが一体化したワイドボディのバルケッタモデルが追加された。この2シーターのバルケッタボディに加えて、ロードカー・カテゴリー (P.XX) にて取り上げるクーペボディ・バージョンも製作された。

**1953 A6GCS/53 Scaglietti**

1953年トリノショーのヴィニヤーレ・スタンドで飾られた後、トニー・パラヴァラーノ経由で北米へと渡った。1955年にふたたびイタリアへ戻りスカリエッティによってリボディされたというレアな個体。

MASERATI COMPLETE GUIDE | 145

## Orsi period —— オルシ家の時代 ——

### 250F 1954

#### マセラティの名を世界に轟かせたF1マシン

ヨアッキーノ・コロンボによりA6GCMはシャーシ、エンジン共に手が加えられ、当時のF1コンフィギュレーションに合致する2.5L無過給エンジンへと進化していった。オーソドックスな設計ながら、トランスアクスルレイアウトによるバランスよい重量配分もあって、デビューと同時にワークスマシンとして活躍を始めた。1955年よりチーフエンジニアを引き継いだジュリオ・アルフィエーリにより、幾つもの新しい試みが行われた。メカニカルインジェクションの採用やデスモドロニックによるバルブ制御のテストなどである。またフラット12と60度V12の投入も検討され、プロトタイプが製作された。空力に関して造詣が深かったアルフィエーリはタイヤの周辺も含むボディ全体をカウルでカバーしたストリームライナーモデルもワークスカーとして導入されたが、オーバーヒートが解決できずに開発は中止された。この250Fはプライベーターに対して市販された珍しいF1マシンであり、スターリング・モスもこの250Fを購入しレース活動に参加している。1957年にファンジオがF1のワールドチャンピオンシップを獲得し、マセラティのモータースポーツ活動の歴史の頂点に立つモデルとして高く評価されている。

ファンジオの素晴らしいドライビングスキルを証明するかのような一枚。

長きに渡ってレースで活躍した250Fには様々なヒストリーがある。レースカーゆえに補修され、スペアシャーシ、スペアエンジンが複数存在したこともあり、シャーシナンバーによるヒストリーの追跡も容易ではない。たとえば、左のs/n2518は1952年にA6GCMとして誕生した後、1954年に250Fエンジンが搭載され新たに250Fとしてのシャーシナンバーが打たれた個体である。

風洞実験に用いられた250Fのスケールモデル。ジュリオ・アルフィエーリはエアロダイナミクス理論にも精通していたが、現在の基準として見るならばかなり原始的なものであるのも事実だ。また、彼はユニークな試みに挑戦することをポリシーとしており、彼のマセラティへの参画はビジネス全体にも大きな刺激を与えることとなった。

# Competition models

## Orsi period ― オルシ家の時代 ―

### 150S  1955

**復活した1.5Lクラスのレーシングモデル**

250Fの系譜を引き継いだプライベーター向けの小排気量モデル。250Fの6気筒から2気筒分を切り落とし1.5L以内に排気量を収めた150Sが1955年に誕生した。ミッレミリアやタルガフローリアの1.5Lクラスをターゲットとしたこのモデルはショートストロークの高回転型エンジンと回頭性を重視したショートホイールベースが特徴だ。4速ギアボックスは、後に5速仕様へとアップデートされ、初期型の2150mmという超ショートホイールベースは2250mmへの後に伸ばされた。ボディはフィアンドリとファントッツィにより製作された。ショートストロークの1.5L4気筒エンジンは7,500rpmまでストレスなく回り、140bphを発揮した。

1955年のニュルブルクリンク500kmレースにおいて13台のポルシェを抑えてジャン・ベーラが勝利を収めた。

### 200S  1956

翌年には2Lエンジンを搭載した200Sが追加された。200Sのエンジンは150Sのもののボア&ストロークをそれぞれ11mm、3mm拡大したもので、より豊かな低速トルクを生み出したが基本的なキャラクターは変わらない。こちらも後期モデルでは150S同様にホイールベースが伸ばされた。当初製造された3台はA6GCSのリジッとアクスル・リアサスペンションが採用されたが、すぐにドディオンタイプに変更された。150Sとの違いは排気量だけであったので200Sへアップグレードした個体も多かった。

### 200SI  1957

200Sは北米マーケットへ多くが輸出され、1957年には当時のFIAレギュレーションに適合するフロントスクリーンなどを装着した200SI(sport internazionale)モデルも追加された。SI仕様はキャビン全体をカバーするウィンドスクリーン、両サイドのドア、ワイパーに加えて、キャンバス・トップが用意された。このトップは無理矢理装着するもので、なんとも不思議なフォルムとなった。

### 250S  1954

1954年に2LのA6GCSと3Lの300Sの間を埋めるモデルとしてワンオフのエクスペリメンタルモデル250Sが作られた。250Fの6気筒エンジンを230psへデチューンし、4速ギアボックスと共に搭載した250Sが作られた。

## Orsi period —— オルシ家の時代 ——

### 300S　1955

150S～300Sのボディはマセラティ社の敷地内にファクトリーを構えていたファントッツィなどによって作られた。

この個体は300S最初期モデルの一つで、特徴的なショートノーズを持っている。

#### 250Fの後継となるプライベーター向けモデル

　250Fのエンジンをロングストローク化した3Lエンジンと、250Fとほぼ同等のシャーシと足回りをも持った2シーターモデルの300Sが1955年に登場した。5速ギアボックスや大型のフロントドラムブレーキなどが採用された。ヨーロッパはもちろん、北米においても高いセールスを記録し、1950年代におけるマセラティの経営を支えた1台であったと言っても過言ではない。レースにおいても1956年のニュルブルクリンク1000kmなどを制した。

### 350S　1956

#### 3500GTエンジン搭載のエクスペリメンタルモデル

　1956年ミッレミリア参戦のワークスカーとして、プロダクションモデルの3500GTへ採用される予定の3.5L直6エンジンが搭載された350Sが登場した。しかし、ミッレミリアにてスターリング・モスはフロンドブレーキをロックさせてしまい、絶壁に突っ込んで大破させてリタイアとなった。3台が作られ、そのうちの1台は250F T2仕様のV12エンジンが搭載され1957年のミッレミリアに出場した。しかし残念ながらこちらもリタイアに終わった。

# Competition models

## Orsi period — オルシ家の時代 —

### 450S  1956

**悲運であった最後のワークスカー**

新設計のショートストローク4.5L V8エンジンを300Sのシャーシに搭載した450Sは当時最もパワフルなマシンであった。後にこのエンジンは4.7L、5.6Lまで拡大された。ギアドライブのカムシャフト、ツインイグニッション、4連ツインチョークキャブなどが採用された。400psから526psと、排気量とチューニングの違いによって異なるが、高い出力を発揮した。レースにおいては熟成不足の為か、多くのトラブルに見舞われ中々よい成績をあげることができなかった。さらにレギュレーションの変化により、ワールドチャンピオンシップへのノミネートができなくなってしまったことも不幸であった。しかし、このエンジンはその後、5000GTやTipo151などで再び陽の目をみることなり、その後のギブリ、ボーラといったマセラティ ロードカーの中で命脈を保ち続け、1990年代まで用いられた。

### 450S Zagato "Mostro"  1956

10台作られたうちの一台はバルケッタボディから空力特性の優れたザガート製クーペボディへとコンバージョンされ1957年のルマン24時間レースにスターリング・モスのドライブにより参戦した。後にロードカーとしてリビルトされ「モストロ＝モンスター」と称された。

### 420/M/58 Eldorado  1956

**クライアント名がボディに描かれたスポンサードマシンの世界第一号車**

アイスクリームメーカーであるエルドラド・スッドの発注のより製作された、モンツァ500マイルレース参戦を目的としたシングルシーターマシン。4.2L Monopost1958というよりスポンサー名であるエルドラドとしてよく知られる。シャーシとボディスタイルは250Fをアップデートしたもので、エンジンはインディのスペックに合わせて製作されたスペックの450Sをベースとしたもの。スターリング・モスのドライビングにて参戦中、ステアリングのトラブルの為に大破してしまう。マセラティにて修復されインディ500参戦も目指したがトラブルの為出場も叶わなかった。

マセラティにとってはアルゼンチンの政変を起因とする厳しい経済状況の中で製作された。このマシンはスポンサーからの資金によって製作が可能となったもので、クライアント名やロゴがボディに描かれたスポンサードマシンとしては一号車であった。その頃のレーシング活動はスポンサーシステムが確立しておらず、ファクトリーの自己資金で参戦していた。もしくはドライバーが自らレーシングマシンを購入し、ファクトリーのアシスタントを受けて参戦していた。一台のみが生産され、モデナのパニーニ・マセラティミュージアムにて現在も見ることができる。2002年には東京都現代美術館で開催された「アルテディナミカ～フェラーリ＆マセラティ展」にも、A6GCS/53ベルリネッタと共に展示された。

# Orsi period — オルシ家の時代 —

### Tipo60/Tipo61 バードケージ
## Tipo60/Tipo61 Birdcage  1959

**マセラティが生んだ革新的シャーシ**

チーフエンジニアのジュリオ・アルフィエーリはジャガーDタイプのようなモノコックボディの軽量スポーツカーを作ろうと考えたが、当時のモデナにはそのノウハウが存在しなかった。一方、モデナには鋼管フレームとアルミボディの組み合わせによって軽量かつ高剛性のマシンの製作に関するノウハウを持ち合わせていた為、チューブラーフレームの代りに、ごく細い径のパイプを多数組み合わせてシャーシを製作する手法を考案した。これが1959年に誕生したTpo60、通称"バードケージ＝鳥かご"である。200本あまりのパイプを組み合わせ、わずか36kgのシャーシが完成し、充分なボディ剛性を持った。45度にスラントして搭載された200Sの改良版である4気筒エンジンはショートストローク化され、より高回転型となった。新型の5速ミッションはトランスアクスルレイアウトがとられ、マセラティとして初めてガーリング製の４輪ディスクブレーキが採用された。サスペンションは250Fや300Sのコンポーネンツが活用され、フロントはダブルウィッシュボーン、リアはドディオンタイプが採用された。ボディはマセラティから独立したジェンティリーニやアレグレッティらによって製作された。

この画期的なフロントエンジンスポーツカーは、アマチュア・レーサーを対象として販売され、ワークス活動は行われなかったが、レースにおいては好成績を残した。イタリア国内における活躍はロードカーである3500GTのよいプロモーションとなった。また、スクーデリア・カモラーディなど北米のプライベートチームの顧客も増えていった。3L版であるTipo61も用意されプライベートではニュルブルクリンクを2回制している。

### Tipo151
## Tipo151  1962

450SをベースとしたオーソドックスなFRレイアウトであるビッグサイズのTipo151クーペ。世界選手権GTクラスのレギュレーションに合致したもので、ル・マン参戦をチーフエンジニアのジュリオ・アルフィエーリはターゲットとしていた。1962年にカンニンガム・チームと、マセラティ・フランスによるプライベート体制にて3台が参戦し、3年間に渡るル・マンへ挑戦が行われた。V8エンジンは4Lから5000GTのエンジンをベースとした5Lへと拡大された。残念ながらプライベートによる僅かな台数での参戦の為、レースにおいて完走は叶わなかったが、そのポテンシャルは高く、308km/hという最高速度をマークし、ライバル達をしのぐラップタイムを記録した。

### Tipo63
## Tipo63  1961

1961年にはミッドマウントエンジンを採用したTipo63がデビューした。当初はTipo61の3L4気筒エンジンが装着されたが、シーズン途中で350Sや250F T2などのV12エンジンへと変更された。ワンピースのマグネシウムホイールがワイヤーホイールに換って採用された。実戦ではなかなかよい成績が残せなかったが、これはこのモデルの構造的な問題というよりも、プライベーター達の資金不足による不完全な熟成の為であると当時の関係者達は語る。

## Tipo8 F1 エンジン  1963

チーフエンジニアであったジュリオ・アルフィエーリによって設計された1.5L V12 DOHCエンジン。F1への参戦を見据えて設計されたが、レギュレーションの変更により実戦にて使われることはなかった。このミッドマウント横置きレイアウトは画期的なもので、マセラティに当時在籍したジャンパオロ・ダラーラはこのコンセプトをランボルギーニ・ミウラのレイアウトに応用したと後年語っている。またホンダ初のF1、RA271も同様なレイアウトをとっていた為、ホンダがこのマセラティエンジンをコピーしたという噂話もささやかれた。

## Competition models

### Cooper Maserati クーパー・マセラティ

1960年代前半からクーパー・チームとのコラボレーションが始まり、マセラティはF1エンジンの開発を始めた。ちなみに当時のクーパー・チームのオーナーが英国のマセラティ ロードカーの販売も行っていたことが、きっかけであった。(前述の) Tipo8エンジンとは異なったオーソドックスな縦置き3L V12エンジンTipo9が新たに開発され、1966年シーズンより参戦が始まり、ジョン・サーティスが最終戦を制した。この年のドライバーズ・チャンピオンシップの3位に入賞している。翌シーズンには3バルブヘッドが採用され、パワーアップした新エンジンTipo10を搭載。第一戦のキャラミ・サーキットでは勝利を掴んだが、このコラボレーションもこのシーズンをもって終了となった。

## Citroen period
── シトロエンの時代 ──

### Bora GR.4 Thepenier 1972
Bora グループ4 テプニエ

**ル・マン参戦への夢**

1972年に、シトロエン傘下にあったマセラティが当時フランスのマセラティインポーターであったテプニエのために2台作ったグループ4仕様のボラである。エンジンは430bhpまでチューンされ、幅広いタイヤを装着し、レース用に軽量化するためボディは大きくモディファイされた。フェラーリ・デイトナがその前年に優勝したル・マン24時間レースのGTクラスへの参戦を目指した。ポテンシャルは高く、パワーで勝るデイトナとサーキットにおけるテスト走行では互角以上の走りを見せた。当時、グループ4へのホモロゲーションの為には年間500台以上の生産が必要であったが、生産開始の遅れにより僅かに目標台数に達せず、1973年の参戦は叶わなかった。かなり曖昧な発表しか行っていなかったと言われる当時の生産台数等の申告だが、誤差とも言える数量の不足を律儀に申告したシトロエンの流儀に当時の関係者は落胆したというエピソードが残る。

チーフエンジニアのジュリオ・アルフィエーリは、このボラを皮切りに幾つものレース参戦プランをシトロエンと共に検討していた。しかし、ボラのプロジェクトにまつわるトラブルのため、立ち消えとなってしまった。

フロントのリトラクタブル式ヘッドライトは、リトラクタブル機構が取り外され、軽量化が図られた。

# DeTomaso period
―― デ・トマソの時代 ――

### バルケッタ
**Barchetta** 1991

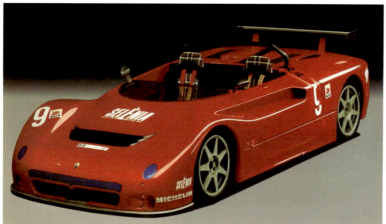

基本構造はシンプルであるが、サスペンションなどの作り込みは本格的に行われた。ワンメイクレースの終了と共に、オーナーは独自の保安部品を取り付けたストラダーレ仕様へと手が加えられたケースが多く見受けられた。

#### デ・トマソ伝統のバックボーン・シャーシの復活

別項で述べたように、シャマルのV8エンジンを搭載するミッドシップカー チュバスコは、コンセプトモデルの発表のみで、生産化は実現しなかった。1992年にはチュバスコの基本構造をキャリーオーバーし、222系V6エンジンのハイチューン版（315ps）エンジンを搭載したコンペティションモデル バルケッタが発表された。シャマルでも検討されたワンメイクレースだが、このバルケッタにて、ヨーロッパ以外も含む計10戦が1992〜1993年にかけて開催され、計13台(プロトタイプ含む)が作られた。製造はデ・トマソ社にて行われ、アレッサンドロ・デ・トマソにとって、病に倒れる前、最後に手掛けたモデルとなった。後に、基本的には同一のシャーシを用いた発展形のデ・トマソ グァラとなり発売された。

未発売に終わった公道バージョン。ロールバー、リア・スポイラーが未装着。

### ビトゥルボ　グループA
**Biturbo Gr.A** 1987

#### 知る人ぞ知るビトゥルボのレース参戦

1987年のワールドトゥーリングカー・チャンピオンシップにイタリアのトニー・バルマ率いるプライベートチームよりビトゥルボが参戦した。マセラティはエンジンの供給を行い2台のマシンはプライベートとしてチームが開発した。メーカーがワークスとして行っていたコンペティター達とは残念ながら勝負にならなかった。

### シャマル・バサースト12時間
**Shamal Bathurst 12 Hours** 1994

#### シャマル・バサースト12時間参戦

1994年にオーストラリアのマセラティインポーターがファルケンタイヤのスポンサーによってシャマルを伝統的なツーリングカー耐久レース、バサースト12時間に参加させた。一台のみの参加で、マシントラブルの為、よい成績は残せなかった。これがシャマルの唯一といってよい公式レースへの参加ヒストリーである。

## Competition models

# Fiat period
―― フィアットの時代 ――

ロールケージが組まれたシングルシーター仕様。トライデントのロゴ刺繍入りのスパルコ製専用シートが用意された。

ブレーキのアップグレードは重要なポイント。後期バージョンにおいてはエアロダイナミックスの向上や若干のパワーアップと共にブレーキの強化も図られた。

### ギブリオープンカップレースカー
## Ghibli Open Cup Race Car  1993

**フィアット・マネージメントの元に開催された本格的ワンメイクレース**

　フィアットによるマネージメントになり、オルシ家の末裔であるアドルフォ・オルシ・ジュニアのプロデュースにより、中断していたモータースポーツへのコミットが再開された。1995～1996年にかけてワンメイクレース「ギブリオープンカップ」がヨーロッパ各地で計8戦が開催されたのである。特別仕様車のギブリオープンカップレースカーは、イタリア仕様2Lバージョンをベースにチューニングが施され、計22台のマシンがアルファ・コルセにて製作された。

　1995年の前期型、1996年の後期型両者はスペックが異なるが、340ps程までエンジンはチューニングされ、専用のコンペティション仕様サスペンションが装着された。内容的には当時のグループA仕様に近いもので、ロールケージも組み込まれたシングルシーター仕様である。

　当時、同じフィアット傘下のフェラーリは348チャレンジを開催していたが、参加台数が伸び悩んでいた。そのため、このギブリオープンカップとの共催が検討された。ミハエル・シューマッハがイモラ・サーキットにて両モデルのテストランを行ったがギブリの方が5秒以上速いラップタイムを記録した為、このプランは破棄されたというエピソードがある。1996年シーズンの途中に、マセラティのフェラーリによるマネージメントが発表されたことで、ギブリオープンカップは中止となった。

# Ferrari period
―― フェラーリの時代 ――

### トロフェオ
### Trofeo（Ⅰ） 2003

**クーペをベースとしたワンメイクレースがスタート**

　2003年にフェラーリマネージメントになって初めてのワンメイクレース「トロフェオ・マセラティ」が開催された。エンジンは基本的にクーペ市販モデルと変わらず2ペダルのカンビオコルサ仕様がセレクトされた。しかし、エグゾースト系はレーストラック用に変更され、空力を考慮した大型リアスポイラーを含むボディパーツが組み込まれた。足回りもコンペティション仕様へとチューニングされ、6ポットの強力なブレーキが搭載されている。ロールケージや各種サーキット仕様向けセーフティデバイスももちろん装着された。プレス発表時には2001年のジュネーブモーターショーにて発表された、コンセプトモデル320Sのイメージを引き継いだカラーリングが施されたが、実際のレース参加モデルはスポンサーであるボーダフォン・カラーとなった。

### トロフェオライト
### Trofeo Light 2004

　ワンメイク仕様に続いて、ヨーロッパ・北米のGTレースをターゲットとしたトロフェオライトが発表され、2004年のデイトナ24時間レースにてデビューを果たした。特に北米におけるマセラティのモータースポーツ参戦は、マセラティのマーケットへの再参入をイメージづける重要なプロジェクトであった。
　更なる軽量化の為、ボディにはカーボン素材が多用され、空力特性の改善とともに430hpまでエンジンはチューニングされた。Vodafoneによるスポンサー決定により、2イメージカラーであるホワイト＆オレンジへとエクステリア・カラーが変更された。

### グランスポーツ GT3
### GRANSPORT GT3 2006

　GT3スペックのトロフェオライトが、FIAヨーロッパ選手権への参戦の為に製作され、マセラティコルセにてそのテストが行われた。

### MC8 ワンオフプロトタイプ
### MC8 GRANSPORT LABORATORIO 2006

　一台のみ製作されたハイスペックなエクスペリメンタルモデルは通称"MC8"と呼ばれ、長きに渡って最後のマセラティワークスマシンとして語られた。V8 4.7L 470Cv シーケンシャルギアボックスのスペックを備えた。
　マセラティR&Dファクトリーチームが2006年ニュルブルクリンク24時間レースの"DMSB E1XP"クラスにゼッケン7で参戦し、マセラティのファクトリードライバーであるアンドレア・ベルトリーニ、ミハエル・バルテルス（FIA GT 世界選手権優勝）、エリック・ヴァン・デ・ポーレ（元F1ドライバー）、ジャンニ・ジュディチがステアリングを握った。このレースでは、予選タイム9'15"033で10番グリッドを獲得したが、アクシデントでリタイアとなった。MC8は、グランスポーツGT3をベースに、マセラティR&Dファクトリーチームのジョルジョ・アスカネッリによって開発された。カーボン製ドライブシャフトやシーケンシャルギアボックスなどがテストされた。マセラティコルセは商品化へ向けて動いたが、残念ながら体制の変化で実現することはなかった。

# Competition models

## Ferrari period — フェラーリの時代 —

MC12
### MC12 2004

### モータースポーツへの本格的復帰宣言

　2004年のジュネーブショーにおけるMC12の発表は、マセラティが本格的にモータースポーツへ参戦する決意を全世界に伝える場となった。このMC12は当初、2台のプロトタイプMCS、MCC(コードネーム)として発表されたもので、久方ぶりにマセラティはワークスチームを編成して、この2台のマシンをFIA GT選手権へ参加することとなった。

　フェラーリ・エンツォ・フェラーリのコンペティション・バージョンとも言えるMC12は、徹底した軽量化、空力特性の改良が行われている。マセラティのモータースポーツ・ディビジョンであるマセラティ・コルサがイタルテクニカの協力を得て開発を行った。スタイリングはイタルデザイン・ジウジアーロの協力の元、フランク・スティファンソンが担当し、高速域におけるダウンフォースを確保するため長いフロント・オーバーハングを持ち、ホイールベースも延長されている。空力開発ではダラーラが協力している。

　ロードバージョンも用意され、50台が限定販売された。ハードトップは脱着可能で、ボディは軽量カーボンファイバー製。シャーシはカーボンファイバーとノメックス・ハニカムの組み合わせを採用し、車両重量1,335kgの軽量化と高剛性化を実現した。インテリアは、マセラティカラーであるブルーのレザーと新素材のブライテックス、アルミを採用。マセラティ伝統のオーバルクロックも配され、スポーティな中にもシックな雰囲気を醸し出している。日本ではホモロゲーション上の問題から、公道走行用ナンバーは付けないという条件下で販売された。

最高峰ハイパフォーマンス・マシンでありながらも、ブルーを基調としたインテリアはマセラティらしいラグジュアリーなテイストを醸し出している。もちろんオーバル・ウオッチも健在であり、この硬派なメカニズムとラグジュアリーさの"同居"は5000GTに遡るマセラティ独特のDNAでもある。

MASERATI COMPLETE GUIDE | 155

# Ferrari period —— フェラーリの時代 ——

### GT1世界選手権制覇

　サーキットにおける戦闘力は高く2004年にはFIA GT選手権に3台のMC12 GT1をエントリー。登場と同時に好成績を記録した。以後、2010年までにチーム優勝6回、ドライバーズ タイトル5回、コンストラクターズ タイトル2回を獲得。24時間レースでも、総合優勝を計3回達成。2010年のFIA GTでは アンドレア・ベルトリーニが総合優勝を果たし1953年のアルベルト・アスカリ以来、およそ50年ぶりにFIA世界選手権を制覇したイタリア人となった。マセラティにとっても、1957年のファンジオ以来のFIA世界タイトル。2008年シーズンもアンドレア・ベルトリーニが活躍した。日本においてもチーム郷のSTILE CORSEがMC12にてSUPER GTへの参戦を発表したが、残念ながら参戦を前に諸事情から撤退となった。

### MC12ベルシオネ コルセ
## MC12 Versione Corse　2006

### MC12究極のエボリューションモデル

　2006年に12台限定にて発売されたスペシャルモデル。FIA GT選手権のドライバーカテゴリーのシーズンタイトル獲得とチームの総合優勝を記念したもの。基本的に競技専用として発売された。最高出力は755馬力、0-200km/h加速は6.4秒というスペックが発表された。

# Competition models

# FCA period
―― FCAの時代 ――

### トロフェオ(Ⅱ) グラントゥーリズモMC
### Trofeo (Ⅱ)-GranTurismo MC  2010

#### トロフェオ第二世代の登場

　第二世代となったトロフェオ・マセラティ（ワンメイクレース）マシン「トロフェオ・グラントゥーリズモ MC」として、2010年にグラントゥーリズモSをベースとして登場した。トロフェオ・グラントゥーリズモ MCは2009年にMCコンセプトとして発表され、同年にはヨーロピアンカップにも登場し、マセラティコルセにおける開発がスタートした。2012年仕様では空力特性向上の為に大型リアウイングを含むエアロパッケージが導入された。これはFIA認定のGT4 ヨーロピアンカップ仕様に準ずる内容となっている。

もともとボディ剛性が高く、前後の重量配分のバランスがよいグラントゥーリズモのシャーシはコンペティションカーのベースとして素性のよいものであった。

### マセラティ トロフェオ MCワールドシリーズ 2015シーズン
### マセラティのワンメイクレース日本初開催

　マセラティ トロフェオ MCワールドシリーズ第6シーズンが開幕され、三大陸にて開催された。毎年、公式セッションを前にマセラティレーシングアカデミー が開催され、マセラティコルセのプログラムによってレベルにあった指導が行われる。また、受講者はアカデミーコースの最後にトロフェオ ワールドシリーズ(FIA国際C級ライセンス)のエントリーテストを受けることができる。ピットストップ無しの42分間の2レース方式にてタイトルが競われ、「総合トロフェオ」「シングル・ドライバーカップ」「ツイン・ドライバーカップ」「トロフェオ・オーバー50」「ポールポジション賞」そして「トロフェオ・アンダー30」が用意されている。2015年10月24〜25日には日本初のマセラティレースアクティビティとして鈴鹿にて第5戦が開催された。12月10〜11日アブダビのヤス・マリーナ・サーキットにて行われた最終戦で5年間にわたる現世代のトロフェオMCワールドシリーズは終了した。

トロフェオ・グラントゥーリズモ MCはハード＆ソフト両面から熟成が進み、ラグジュアリーな雰囲気を楽しみながら本格的なレースを楽しめるユニークなマシンとして高く評価された。

# FCA period —— FCAの時代 ——

### クアトロポルテV スーパースターズ レース仕様
## QuattroporteV Superstar series  2011-2012

**マセラティEvoが実証した熱きマセラティのレースに賭けるDNA**

　スーパースターシリーズは2004年にスタートした市販車両をベースにしたツーリングカーレースだ。基本的に25分のスプリントレースであり、イタリア国内版とインターナショナル版が開催された。V8の自然吸気かスーパーチャージャーエンジンであることが主たる条件で、ターボチャージャーの搭載は認められていない。4L～7L、450bhp～600bhp前後のエンジン、車重1300kg-1450kgのボディが主流であり、少なくとも、オリジナルは4人乗りであることが必要だ。ボディサイズや重量に制約はなく、10メイクほどが参戦する。

　2011、2012年シーズンはプライベートであるスイスチームとマセラティコルセとのコラボレーションによりクアトロポルテEvoが参戦した。ライバルとして、C63AMGや、BMW M3などが高いポテンシャルを見せていたが、ワイドボディ化され、大型のリアウイングを装着したクアトロポルテEvoはトランスアクスルの採用によるバランスの良い重量配分もあり、大活躍した。特に2011年はマセラティのオフィシャルドライバーでもあるアンドレア・ベルトリーニがドライバーズタイトルを獲得した。

かなり自由度の高いレギュレーションであり、高度なチューニングも許されたクアトロポルテEvoが参戦するクラスは注目が高かった。ドライバーの腕もさることながら、クアトロポルテの持つバランスの良さが充分に発揮された。

強固な補強を加えられたボディは、ライバル達と比較して元々かなり大柄であるし、重いがそれを物ともしない好成績を記録した。このクアトロポルテがフィオラノのレーストラックにて極限まで走り込み開発されたという、そのアイデンティティを証明してくれる。

### グラントゥーリズモ GT3
## GranTurismo GT3  2011-

　2011年よりGT3への参戦が模索され、2012年にはヴァレルンガサーキットで行われたGTスプリントレースでは優勝を飾っている。クアトロポルテにてスーパースターシリーズにも参戦したスイスチームがマセラティコルセとのコラボレーションで2013年のGT3正式デビューを目指した。FIAのバランスオブパフォーマンス（BOP）テストに参加するなど可能性を模索していたが、正式にGT3のホモロゲーションを獲得するまでには至らなかった。

# マセラティ・クラブ・オブ・ジャパン
## Maserati Club of Japan (MCJ)

### マセラティスタによるマセラティスタのための
### ～世界との絆を持つ公認オーナーズクラブ

マセラティクラブオブジャパン（略称：MCJ）は、1993年、当時のマセラティ・オーナーが、マセラティに関する情報を共有するために設立し、イタリア本国のマセラティ本社から認定を受けた日本で唯一の公式オーナーズクラブ。

会員が所有するマセラティは1940年代のビンテージモデルから最新モデルまで幅広い。また、日本法人であるマセラティジャパンとのパートナーシップを生かし、マセラティ・オーナー間における情報交換や各種イベントの企画などを積極的に行っている。また、TMC（The MASERATI CLUB）という世界のオーナーズクラブ連合を設立するなど世界各国のマセラティ・オーナーと密接なコンタクトを持ち、グローバルな活動を行っているのも特徴だ。

主な活動内容は、本部東日本、東北（North）、中部（Midi）、西日本（West）の各拠点を中心として定期的に開催される定例ミーティング、ツーリング、タイムラリー、年間最大のイベント"マセラティディ"である。またクラブ会報誌『PASSIONE』や毎月メール配信されるMCJマンスリーレポートなどを通じて、イタリア本国や世界のネットワークから発信される最新のマセラティ関連情報や動向、国内外の各種イベント情報やレポートを入手できる。

マセラティディは年間最大のイベント。東京モーターショーとのコラボレーションやマセラティジャパンと共同開催など、趣向を凝らしたイベントが毎年行われる。海外からの参加者も増加している。モデナのマセラティ関連施設を訪ねるツアーも実施している。

会員は全国に広がり、月に一回は何らかのイベントが開催される。

入会等問い合わせ先
www.maseraticlub.jp/
contact@maseraticlub.jp
FAX 050-3424-3260

オルシ家の末裔であるアドルフォ・オルシ・ジュニアもMCJ会員の一人。海外からゲストの招待や、クルマに関連以外にも、イタリア文化に係わるイベントなども開催。

# MASERATI 全モデル ● Specifications

## ROAD CAR

| | |
|---|---|
| モデル名 | A6 1500 |
| トランスミッション | 4速＋リバース マニュアル/多板ドライクラッチ |
| 駆動方式 | FR |
| エンジン | 水冷直列6気筒 |
| 総排気量 | 1,488.24 cc |
| ボア×ストローク | 66x72.5 mm |
| 最高出力 | 65 bhp /4,7000 rpm |
| 最大トルク | |
| 使用燃料 | |
| 燃料タンク容量 | 55L |
| 車両重量 | 950kg (スパイダー 800kg) |
| 乗車定員 | 2 (2+2) |
| 最小回転半径 | |
| 全長 | 4,080 mm |
| 全幅 | 1,520 mm |
| 全高 | 1,350 mm |
| ホイールベース | 2,550 mm |
| トレッド前 | 1,274 mm |
| トレッド後 | 1,251 mm |
| 最低地上高 | |
| ブレーキ | |
| 前 | 油圧式ドラムブレーキ |
| 後 | 油圧式ドラムブレーキ |
| タイヤサイズ | |
| 前 | Pirelli 5.50x16 |
| 後 | Pirelli 5.50x16 |
| 販売期間 | 1947-1950 |
| 販売台数 | 61台 |

| | |
|---|---|
| モデル名 | A6G 2000 |
| トランスミッション | 4速＋リバース マニュアル/多板ドライクラッチ |
| 駆動方式 | FR |
| エンジン | 水冷直列6気筒 |
| 総排気量 | 1,954.3 cc |
| ボア×ストローク | 72x80 mm |
| 最高出力 | 100 bhp /5,000 rpm |
| 最大トルク | |
| 使用燃料 | |
| 燃料タンク容量 | 55L |
| 車両重量 | 1,100 kg |
| 乗車定員 | 2 (2+2) |
| 最小回転半径 | |
| 全長 | 4,080 mm |
| 全幅 | 1,520 mm |
| 全高 | 1,350 mm |
| ホイールベース | 2,550 mm |
| トレッド前 | 1,274 mm |
| トレッド後 | 1,251 mm |
| 最低地上高 | |
| ブレーキ | |
| 前 | 油圧式ドラムブレーキ |
| 後 | 油圧式ドラムブレーキ |
| タイヤサイズ | |
| 前 | Pirelli 5.50x16 |
| 後 | Pirelli 5.50x16 |
| 販売期間 | 1950-1953 |
| 販売台数 | 16台 |

| | |
|---|---|
| モデル名 | A6G54 2000 |
| トランスミッション | 4速＋リバース シンクロ搭載/シングルドライクラッチ |
| 駆動方式 | FR |
| エンジン | 水冷直列6気筒 |
| 総排気量 | 1,985.6262 cc |
| ボア×ストローク | 76.5 x 72 mm |
| 最高出力 | 150 bhp /6,000 rpm |
| 最大トルク | |
| 使用燃料 | N.O. 90 RM |
| 燃料タンク容量 | 70L |
| 車両重量 | 840kg |
| 乗車定員 | 2 (2+2) |
| 最小回転半径 | |
| 全長 | 4,090 mm |
| 全幅 | 1,530 mm |
| 全高 | 1,320 mm |
| ホイールベース | 2,550 mm |
| トレッド前 | 1,360 mm |
| トレッド後 | 1,220 mm |
| 最低地上高 | |
| 前 | 油圧式ドラムブレーキ |
| 後 | 油圧式ドラムブレーキ |
| タイヤサイズ | |
| 前 | Pirelli 6.0x16 |
| 後 | Pirelli 6.0x16 |
| 販売期間 | 1954-1957 |
| 販売台数 | 60台 |

| | |
|---|---|
| モデル名 | 3500GT Touring |
| トランスミッション | 4速＋リバース (1960年から5速)/シングルドライクラッチ |
| 駆動方式 | FR |
| エンジン | 水冷直列6気筒 |
| 総排気量 | 3,485.29 cc |
| ボア×ストローク | 86x100 mm |
| 最高出力 | 220 bhp /5,500 rpm |
| 最大トルク | 35 kgm / 3,500 rpm |
| 使用燃料 | N.O 98/100 RM |
| 燃料タンク容量 | 75L |
| 車両重量 | 1,300 kg |
| 乗車定員 | 2+2 |
| 最小回転半径 | |
| 全長 | 4,780 mm |
| 全幅 | 1,760 mm |
| 全高 | 1,300 mm |
| ホイールベース | 2,600 mm |
| トレッド前 | 1,390 mm |
| トレッド後 | 1,360 mm |
| 最低地上高 | |
| ブレーキ | 油圧サーボアシスト式 |
| 前 | ドラムブレーキ (1959年からディスク化) |
| 後 | ドラムブレーキ |
| タイヤサイズ | |
| 前 | Pirelli 6.50x16 |
| 後 | Pirelli 6.50x16 |
| 販売期間 | 1957-1964 |
| 販売台数 | 約1000台 |

| | |
|---|---|
| モデル名 | 3500GTi |
| トランスミッション | 5速＋リバース シンクロ搭載/シングルドライクラッチ/フレキシブルカップリング/ハイドロリックドライブ(油圧駆動) |
| 駆動方式 | FR |
| エンジン | 水冷直列6気筒 |
| 総排気量 | 3,485.29 cc |
| ボア×ストローク | 86x100 mm |
| 最高出力 | 235 bhp /5,500 rpm |
| 最大トルク | 35 kgm / 3,500 rpm |
| 使用燃料 | N.O 98/100 RM |
| 燃料タンク容量 | 75L |
| 車両重量 | 1,300 kg |
| 乗車定員 | 2+2 |
| 最小回転半径 | |
| 全長 | 4,780 mm |
| 全幅 | 1,760 mm |
| 全高 | 1,300 mm |
| ホイールベース | 2,600 mm |
| トレッド前 | 1,390 mm |
| トレッド後 | 1,360 mm |
| 最低地上高 | |
| ブレーキ | 油圧サーボアシスト式 |
| 前 | ディスクブレーキ |
| 後 | ドラムブレーキ |
| タイヤサイズ | |
| 前 | Pirelli 185x16 |
| 後 | Pirelli 185x16 |
| 販売期間 | 1961-1964 |
| 販売台数 | 1980台 (3500GTとGTiクーペを合せた数) |

| | |
|---|---|
| モデル名 | 3500GT Convertibile |
| トランスミッション | 4速＋リバース (1960年から5速)/シングルドライクラッチ/フレキシブルカップリング/油圧駆動 |
| 駆動方式 | FR |
| エンジン | 水冷直列6気筒 |
| 総排気量 | 3,485.29 cc |
| ボア×ストローク | 86x100 mm |
| 最高出力 | 220 bhp /5,500 rpm |
| 最大トルク | 35 kgm / 3,500 rpm |
| 使用燃料 | N.O 98/100 RM |
| 燃料タンク容量 | 75L |
| 車両重量 | 1,482 kg |
| 乗車定員 | 2 |
| 全長 | 4,450 mm |
| 全幅 | 1,635 mm |
| 全高 | 1,300 mm |
| ホイールベース | 2,500 mm |
| トレッド前 | 1,390 mm |
| トレッド後 | 1,360 mm |
| 最低地上高 | |
| ブレーキ | 油圧サーボアシスト式 |
| 前 | ディスクブレーキ |
| 後 | ドラムブレーキ (1961年からリアもディスク化) |
| タイヤサイズ | |
| 前 | Pirelli 185x16 |
| 後 | Pirelli 185x16 |
| 販売期間 | 1959-1964 |
| 販売台数 | 245台 |

| | |
|---|---|
| モデル名 | 5000GT |
| トランスミッション | 4速＋シンクロ搭載リバース (ZF社製5速は後に登場)/ツインドライクラッチ/フレキシブルカップリング/油圧駆動 |
| 駆動方式 | FR |
| エンジン | 水冷90° V8 |
| 総排気量 | 4,941.133 cc |
| ボア×ストローク | 94x89 mm |
| 最高出力 | 325 bhp /5,500 rpm |
| 最大トルク | 45.66 kgm / 4,000 rpm |
| 使用燃料 | |
| 燃料タンク容量 | 100L |
| 車両重量 | 1,652 kg |
| 乗車定員 | 2+2 |
| 最小回転半径 | |
| 全長 | 4,760 mm |
| 全幅 | 1,700 mm |
| 全高 | 1,320 mm |
| ホイールベース | 2,600 mm |
| トレッド前 | 1,390 mm |
| トレッド後 | 1,360 mm |
| 最低地上高 | |
| ブレーキ | 全天候型 油圧サーボアシスト式 |
| 前 | ディスクブレーキ |
| 後 | ディスクブレーキ |
| タイヤサイズ | |
| 前 | Pirelli 6.50x16 / Firestone 6.00x16 (1963年から205 x 15) |
| 後 | Pirelli 6.50x16 / Firestone 6.00x16 (1963年から205 x 15) |
| 販売期間 | 1959-1965 |
| 販売台数 | 34台 |

| | |
|---|---|
| モデル名 | Sebring 3.5 |
| トランスミッション | 5速＋シンクロ搭載リバース |
| 駆動方式 | FR |
| エンジン | 水冷直列6気筒 |
| 総排気量 | 3,485.29 cc |
| ボア×ストローク | 86x100 mm |
| 最高出力 | 235 bhp /5,500 rpm |
| 最大トルク | 35 kgm / 3,500 rpm |
| 使用燃料 | N.O 98/100 RM |
| 燃料タンク容量 | 70L |
| 車両重量 | 1,520 kg |
| 乗車定員 | 2+2 |
| 最小回転半径 | |
| 全長 | 4,470 mm |
| 全幅 | 1,665 mm |
| 全高 | 1,300 mm |
| ホイールベース | 2,550 mm |
| トレッド前 | 1,390 mm |
| トレッド後 | 1,380 mm |
| 最低地上高 | |
| ブレーキ | 油圧デュアルサーキット サーボアシスト式 |
| 前 | ディスクブレーキ |
| 後 | ディスクブレーキ |
| タイヤサイズ | |
| 前 | Pirelli 185x16 |
| 後 | Pirelli 185x16 |
| 販売期間 | 1962-1968 |
| 販売台数 | 348台 |

| | |
|---|---|
| モデル名 | Sebring 3.7 |
| トランスミッション | 5速＋シンクロ搭載リバース |
| 駆動方式 | FR |
| エンジン | 水冷直列6気筒 |
| 総排気量 | 3,692 cc |
| ボア×ストローク | 86x106 mm |
| 最高出力 | 245 bhp /5,500 rpm |

MASERATI COMPLETE GUIDE

## ROAD CAR

| | |
|---|---|
| 最大トルク | |
| 使用燃料 | |
| 燃料タンク容量 | 70L |
| 車両重量 | 1,520 kg |
| 乗車定員 | 2+2 |
| 最小回転半径 | |
| 全長 | 4,470 mm |
| 全幅 | 1,665 mm |
| 全高 | 1,300 mm |
| ホイールベース | 2,550 mm |
| トレッド前 | 1,390 mm |
| トレッド後 | 1,380 mm |
| 最低地上高 | |
| ブレーキ | 油圧デュアルサーキット サーボアシスト式 |
| 前 | ディスクブレーキ |
| 後 | ディスクブレーキ |
| タイヤサイズ | |
| 前 Pirelli | 185x16 |
| 後 Pirelli | 185x16 |
| 販売期間 | 1962-1968 |
| 販売台数 | 第2シリーズと合計して245台 |

| | |
|---|---|
| モデル名 | Quattroporte I (1st series) - 1963 to 1966 |
| トランスミッション | 5速マニュアル / 3速オートマチック(オプション) |
| 駆動方式 | |
| エンジン | 水冷90° V8 |
| 総排気量 | 4,136 cc 4.2L |
| ボア×ストローク | 88x85 mm |
| 最高出力 | 260 hp /5,000 rpm |
| 最大トルク | 40 kgm /3,800 rpm |
| 使用燃料 | ガソリン |
| 燃料タンク容量 | 17.60 Imp. gal. (80L) |
| 車両重量 | 1,810 kg |
| 乗車定員 | 4/5 |
| 最小回転半径 | |
| 全長 | 5,000 mm |
| 全幅 | 1,690 mm |
| 全高 | 1,350 mm |
| ホイールベース | 2,750 mm |
| トレッド前 | |
| トレッド後 | |
| 最低地上高 | |
| ブレーキ | デュアルサーキットサーボ油圧アシスト式 |
| 前 | ディスク |
| 後 | ディスク |
| タイヤサイズ | |
| 前 | 205x15 HS |
| 後 | 205x15 HS |
| 販売期間 | 1963-66 |
| 販売台数 | 772台 |

| | |
|---|---|
| モデル名 | Quattroporte I (2nd series) 1966-70 |
| トランスミッション | 5速マニュアル / 3速オートマチック+リバース(オプション) |
| 駆動方式 | |
| エンジン | 水冷90° V8 |
| 総排気量 | 4,719 cc |
| ボア×ストローク | 94x85 mm |
| 最高出力 | 290 hp /5,200 rpm |
| 最大トルク | 43 kgm /3,800 rpm |
| 使用燃料 | ガソリン |
| 燃料タンク容量 | 80L |
| 車両重量 | 1,830 kg |
| 乗車定員 | 4/5 |
| 最小回転半径 | |
| 全長 | 5,000 mm |
| 全幅 | 1,720 mm |
| 全高 | 1,360 mm |
| ホイールベース | 2,750 mm |
| トレッド前 | |
| トレッド後 | |
| 最低地上高 | |
| ブレーキ | |
| 前 | ベンチレーティッドディスク |
| 後 | ベンチレーティッドディスク |
| タイヤサイズ | |
| 前 | Pirelli 205x15 |
| 後 | Pirelli 205x15 |
| 販売期間 | 1966-70 |
| 販売台数 | 772台(おそらくシリーズ1と2の合計) |

| | |
|---|---|
| モデル名 | Mistral 3.7 |
| トランスミッション | 5速+シンクロ搭載リバース / シングルドライクラッチ / フレキシブルカップリング / ハイドロリックドライブ(油圧駆動) |
| 駆動方式 | FR |
| エンジン | 水冷直列6気筒 |
| 総排気量 | 3,694.41 cc |
| ボア×ストローク | 86 x 106 mm |
| 最高出力 | 245 bhp /5,200 rpm |
| 最大トルク | 38 kgm /3,500 rpm |
| 使用燃料 | N.O 98/100 RM |
| 燃料タンク容量 | 70L |
| 車両重量 | 1,430 kg |
| 乗車定員 | 2+2 |
| 最小回転半径 | |
| 全長 | 4,500 mm |
| 全幅 | 1,675 mm |
| 全高 | 1,300 mm |
| ホイールベース | 2,400 mm |
| トレッド前 | 1,390 mm |
| トレッド後 | 1,360 mm |
| 最低地上高 | |
| ブレーキ | 油圧独立デュアルサーキット サーボアシスト式 |
| 前 | ディスクブレーキ |
| 後 | ディスクブレーキ |
| タイヤサイズ | |
| 前 | Pirelli 205 VR x 15 Cinturato HS |
| 後 | Pirelli 205 VR x 15 Cinturato HS |
| 販売期間 | 1963-1970 |
| 販売台数 | 4.0と合計して828台 |

| | |
|---|---|
| モデル名 | Mistral 4.0 |
| トランスミッション | 5速+シンクロ搭載リバース / シングルドライクラッチ / フレキシブルカップリング / ハイドロリックドライブ(油圧駆動) |
| 駆動方式 | FR |
| エンジン | 水冷直列6気筒 |
| 総排気量 | 4014.21 cc |
| ボア×ストローク | 88x110 |
| 最高出力 | 265 bhp /5,200 rpm |
| 最大トルク | 39 kgm /3,500 rpm |
| 使用燃料 | N.O 98/100 RM |
| 燃料タンク容量 | 70L |
| 車両重量 | 1,430 kg |
| 乗車定員 | 2+2 |
| 最小回転半径 | |
| 全長 | 4,500 mm |
| 全幅 | 1,675 mm |
| 全高 | 1,300 mm |
| ホイールベース | 2,400 mm |
| トレッド前 | 1,390 mm |
| トレッド後 | 1,360 mm |
| 最低地上高 | |
| ブレーキ | 油圧独立デュアルサーキット サーボアシスト式 |
| 前 | ディスクブレーキ |
| 後 | ディスクブレーキ |
| タイヤサイズ | |
| 前 | Pirelli 205 VR x 15 Cinturato HS |
| 後 | Pirelli 205 VR x 15 Cinturato HS |
| 販売期間 | 1963-1970 |
| 販売台数 | 4.0と合計して828台 |

| | |
|---|---|
| モデル名 | Mistral Spyder 3.5 |
| トランスミッション | 5速+リバース |
| 駆動方式 | FR |
| エンジン | 水冷直列6気筒 |
| 総排気量 | 3,485 cc |
| ボア×ストローク | 86x100 |
| 最高出力 | 235 bhp /5,500 rpm |
| 最大トルク | 36 kgm /3,600 rpm |
| 使用燃料 | N.O 98/100 RM |
| 燃料タンク容量 | 70L |
| 車両重量 | 1,430 kg |
| 乗車定員 | 2 |
| 最小回転半径 | |
| 全長 | 4,500 mm |
| 全幅 | 1,670 mm |
| 全高 | 1,300 mm |
| ホイールベース | 2,400 mm |
| トレッド前 | 1,390 mm |
| トレッド後 | 1,360 mm |
| 最低地上高 | |
| ブレーキ | 油圧独立デュアルサーキット サーボアシスト式 |
| 前 | ディスクブレーキ |
| 後 | ディスクブレーキ |
| タイヤサイズ | |
| 前 | Pirelli 185x16 |
| 後 | Pirelli 185x16 |
| 販売期間 | 1964-1970 |
| 販売台数 | 12台 |

| | |
|---|---|
| モデル名 | Mistral Spyder 3.7 |
| トランスミッション | 5速+リバース |
| 駆動方式 | FR |
| エンジン | 水冷直列6気筒 |
| 総排気量 | 3,694.41 cc |
| ボア×ストローク | 86x106 |
| 最高出力 | 245 bhp /5,500 rpm |
| 最大トルク | 38 kgm /3,600 rpm |
| 使用燃料 | N.O 98/100 RM |
| 燃料タンク容量 | 70L |
| 車両重量 | 1,430 kg |
| 乗車定員 | 2 |
| 最小回転半径 | |
| 全長 | 4,500 mm |
| 全幅 | 1,675 mm |
| 全高 | 1,300 mm |
| ホイールベース | 2,400 mm |
| トレッド前 | 1,390 mm |
| トレッド後 | 1,360 mm |
| 最低地上高 | |
| ブレーキ | 油圧独立デュアルサーキット サーボアシスト式 |
| 前 | ディスクブレーキ |
| 後 | ディスクブレーキ |
| タイヤサイズ | |
| 前 | Pirelli 185x16 |
| 後 | Pirelli 185x16 |
| 販売期間 | 1963-1970 |
| 販売台数 | 76台 |

| | |
|---|---|
| モデル名 | Mistral Spyder 4.0 |
| トランスミッション | 5速+シンクロ搭載リバース / シングルド ライクラッチ / フレキシブルカップリング / ハイドロリックドライブ(油圧駆動) |
| 駆動方式 | FR |
| エンジン | 水冷直列6気筒 |
| 総排気量 | 4014.21 cc |
| ボア×ストローク | 88x110 |
| 最高出力 | 265 bhp /5,200 rpm |
| 最大トルク | 39 kgm /3,500 rpm |
| 使用燃料 | N.O 98/100 RM |
| 燃料タンク容量 | 70L |
| 車両重量 | 1,430 kg |
| 乗車定員 | 2 |
| 最小回転半径 | |
| 全長 | 4,500 mm |
| 全幅 | 1,675 mm |
| 全高 | 1,300 mm |
| ホイールベース | 2,400 mm |
| トレッド前 | 1,390 mm |
| トレッド後 | 1,360 mm |
| 最低地上高 | |
| ブレーキ | 油圧独立デュアルサーキット サーボアシスト式 |
| 前 | ディスクブレーキ |
| 後 | ディスクブレーキ |
| タイヤサイズ | |
| 前 | Pirelli 205 VR x 15 Cinturato HS |
| 後 | Pirelli 205 VR x 15 Cinturato HS |
| 販売期間 | 1966-1970 |
| 販売台数 | 37台 |

| | |
|---|---|
| モデル名 | Mexico 4.2 |
| トランスミッション | 5速+リバース(オートマチックはオプション) / シングルドライクラッチ |
| 駆動方式 | FR |
| エンジン | 水冷90° V8 |
| 総排気量 | 4,136 cc |
| ボア×ストローク | 88x85 mm |
| 最高出力 | 260 bhp /5,500 rpm |
| 最大トルク | 38 kgm /3,800 rpm |
| 使用燃料 | |
| 燃料タンク容量 | 80L |
| 車両重量 | 1,830 kg |
| 乗車定員 | 4 |
| 最小回転半径 | |
| 全長 | 4,760 mm |
| 全幅 | 1,720 mm |
| 全高 | 1,360 mm |
| ホイールベース | 2,640 mm |
| トレッド前 | 1,390 mm |
| トレッド後 | 1,360 mm |
| 最低地上高 | |
| ブレーキ | 油圧独立デュアルサーキット サーボアシスト式 |
| 前 | ベンチレーティッドディスクブレーキ |
| 後 | ベンチレーティッドディスクブレーキ |
| タイヤサイズ | |
| 前 | Pirelli 205 VR 15 HS |
| 後 | Pirelli 205 VR 15 HS |
| 販売期間 | 1966-1972 |
| 販売台数 | 305台 |

| | |
|---|---|
| モデル名 | Mexico 4.7 |
| トランスミッション | 5速+リバース(オートマチックはオプション) / シングルドライクラッチ |
| 駆動方式 | FR |
| エンジン | 水冷90° V8 |
| 総排気量 | 4,719 cc |
| ボア×ストローク | 93.9x85 mm |
| 最高出力 | 290 bhp /5,000 rpm |
| 最大トルク | 40 kgm /3,800 rpm |
| 使用燃料 | |
| 燃料タンク容量 | 95L |
| 車両重量 | 1,830 kg |
| 乗車定員 | 4 |
| 最小回転半径 | |
| 全長 | 4,760 mm |
| 全幅 | 1,720 mm |
| 全高 | 1,360 mm |
| ホイールベース | 2,640 mm |
| トレッド前 | 1,390 mm |
| トレッド後 | 1,360 mm |
| 最低地上高 | |
| ブレーキ | 油圧独立デュアルサーキット サーボアシスト式 |
| 前 | ベンチレーティッドディスクブレーキ |
| 後 | ベンチレーティッドディスクブレーキ |
| タイヤサイズ | |
| 前 | Pirelli 205 VR 15 HS |
| 後 | Pirelli 205 VR 15 HS |
| 販売期間 | 1966-1972 |
| 販売台数 | 175台 |

| | |
|---|---|
| モデル名 | GHIBLI |
| トランスミッション | ZF社製5速+リバース(オートマチックはオプション) / セルフロッキングデフ |
| 駆動方式 | FR |
| エンジン | 水冷90° V8 軽合金鋳造ブロックに特別鋳鉄製シリンダーライナーを圧入 |
| 総排気量 | 4,709 cc |
| ボア×ストローク | 93.9x85 mm |
| 最高出力 | 310 bhp /6,000 rpm |
| 最大トルク | 47 kgm /4,000 rpm |
| 使用燃料 | N.O 98/100 RM |
| 燃料タンク容量 | 100L |
| 車両重量 | 1,550 kg |

MASERATI COMPLETE GUIDE | 161

|  |  |
|---|---|
| 乗車定員 | 2+2 |
| 最小回転半径 | |
| 全長 | 4,700 mm |
| 全幅 | 1,790 mm |
| 全高 | 1,160 mm |
| ホイールベース | 2,550 mm |
| トレッド前 | 1,440 mm |
| トレッド後 | 1,420 mm |
| 最低地上高 | |
| ブレーキ | 油圧独立デュアルサーキット サーボアシスト式 |
| 前 | ベンチレーテッドディスクブレーキ |
| 後 | ベンチレーテッドディスクブレーキ |
| タイヤサイズ | |
| 前 | Pirelli HS 205 VR 15 (215 VR 15 from 1972) |
| 後 | Pirelli HS 205 VR 15 (215 VR 15 from 1972) |
| 販売期間 | 1967-1973 |
| 販売台数 | 1170台(GHIBLI SSと合計した数) |

|  |  |
|---|---|
| モデル名 | GHIBLI SS |
| トランスミッション | ZF社製5速+リバース(オートマチックはオプション) /シングルドライクラッチ/セルフロッキングデフ |
| 駆動方式 | FR |
| エンジン | 水冷90° V8 軽合金鋳造ブロックに特別鋳鉄製シリンダーライナーを圧入 |
| 総排気量 | 4,930 cc |
| ボア×ストローク | 93.9x89 mm |
| 最高出力 | 335 bhp /5,500 rpm |
| 最大トルク | 49 kgm /4,000 rpm |
| 使用燃料 | N.O 98/100 RM |
| 燃料タンク容量 | 100L |
| 車両重量 | 1,660 kg |
| 乗車定員 | 2+2 |
| 最小回転半径 | |
| 全長 | 4,690 mm |
| 全幅 | 1,790 mm |
| 全高 | 1,160 mm |
| ホイールベース | 2,550 mm |
| トレッド前 | 1,440 mm |
| トレッド後 | 1,420 mm |
| 最低地上高 | |
| ブレーキ | 油圧独立デュアルサーキット サーボアシスト式 |
| 前 | ベンチレーテッドディスクブレーキ |
| 後 | ベンチレーテッドディスクブレーキ |
| タイヤサイズ | |
| 前 | Pirelli HS 205 VR 15 (215 VR 15 from 1972) |
| 後 | Pirelli HS 205 VR 15 (215 VR 15 from 1972) |
| 販売期間 | 1969-1973 |
| 販売台数 | Ghibli SpyderとSpyder SSを合せて125台 |

|  |  |
|---|---|
| モデル名 | GHIBLI Spyder |
| トランスミッション | ZF社製5速+リバース(オートマチックはオプション) /セルフロッキングデフ |
| 駆動方式 | FR |
| エンジン | 水冷90° V8 軽合金鋳造ブロックに特別鋳鉄製シリンダーライナーを圧入 |
| 総排気量 | 4,930 cc |
| ボア×ストローク | 93.9x85 mm |
| 最高出力 | 335 bhp /5,500 rpm |
| 最大トルク | 49 kgm /4,000 rpm |
| 使用燃料 | N.O 98/100 RM |
| 燃料タンク容量 | 100L |
| 車両重量 | 1,550 kg |
| 乗車定員 | 2 |
| 最小回転半径 | |
| 全長 | 4,700 mm |
| 全幅 | 1,790 mm |
| 全高 | 1,160 mm |
| ホイールベース | 2,550 mm |
| トレッド前 | 1,440 mm |
| トレッド後 | 1,420 mm |
| 最低地上高 | |
| ブレーキ | 油圧独立デュアルサーキット サーボアシスト式 |
| 前 | ベンチレーテッドディスクブレーキ |
| 後 | ベンチレーテッドディスクブレーキ |
| タイヤサイズ | |
| 前 | Pirelli HS 205 VR 15 (215 VR 15 from 1972) |
| 後 | Pirelli HS 205 VR 15 (215 VR 15 from 1972) |
| 販売期間 | 1969-1973 |
| 販売台数 | Ghibli SpyderとSpyder SSを合せて125台 |

|  |  |
|---|---|
| モデル名 | GHIBLI Spyder SS |
| トランスミッション | ZF社製5速+リバース(オートマチックはオプション) /セルフロッキングデフ |
| 駆動方式 | FR |
| エンジン | 水冷90° V8 軽合金鋳造ブロックに特別鋳鉄製シリンダーライナーを圧入 |
| 総排気量 | 4,930 cc |
| ボア×ストローク | 93.9x85 mm |
| 最高出力 | 335 bhp /5,500 rpm |
| 最大トルク | 49 kgm /4,000 rpm |
| 使用燃料 | N.O 98/100 RM |
| 燃料タンク容量 | 100L |
| 車両重量 | 1,550 kg |
| 乗車定員 | 2 |
| 最小回転半径 | |
| 全長 | 4,700 mm |
| 全幅 | 1,790 mm |
| 全高 | 1,160 mm |
| ホイールベース | 2,550 mm |
| トレッド前 | 1,440 mm |
| トレッド後 | 1,420 mm |

|  |  |
|---|---|
| 最低地上高 | |
| ブレーキ | 油圧独立デュアルサーキット サーボアシスト式 |
| 前 | ベンチレーテッドディスクブレーキ |
| 後 | ベンチレーテッドディスクブレーキ |
| タイヤサイズ | |
| 前 | Pirelli HS 205 VR 15 (215 VR 15 from 1972) |
| 後 | Pirelli HS 205 VR 15 (215 VR 15 from 1972) |
| 販売期間 | 1969-1973 |
| 販売台数 | Ghibli SpyderとSpyder SSを合せて125台 |

|  |  |
|---|---|
| モデル名 | Indy 4.2 |
| トランスミッション | ZF社製5速+リバース(ボーグワーナー社製3速オートマチックはオプション) /セルフロッキングデフ /シングルドライクラッチ |
| 駆動方式 | FR |
| エンジン | 水冷90° V8 |
| 総排気量 | 4,136 cc |
| ボア×ストローク | 88x85 mm |
| 最高出力 | 250 bhp /5,500 rpm |
| 最大トルク | |
| 使用燃料 | N.O 98/100 RM |
| 燃料タンク容量 | 100L |
| 車両重量 | 1,580 kg |
| 乗車定員 | 4 |
| 最小回転半径 | |
| 全長 | 4,740 mm |
| 全幅 | 1,760 mm |
| 全高 | 1,220 mm |
| ホイールベース | 2,600 mm |
| トレッド前 | 1,480 mm |
| トレッド後 | 1,434 mm |
| 最低地上高 | |
| ブレーキ | 油圧独立デュアルサーキット サーボアシスト式 |
| 前 | ベンチレーテッドディスクブレーキ |
| 後 | ベンチレーテッドディスクブレーキ |
| タイヤサイズ | |
| 前 | Pirelli 205 VR 14 |
| 後 | Pirelli 205 VR 14 |
| 販売期間 | 1969-1975 |
| 販売台数 | 440台 |

|  |  |
|---|---|
| モデル名 | Indy 4.7 |
| トランスミッション | ZF社製5速+リバース(ボーグワーナー社製3速オートマチックはオプション) /セルフロッキングデフ /シングルドライクラッチ |
| 駆動方式 | FR |
| エンジン | 水冷90° V8 |
| 総排気量 | 4,719 cc |
| ボア×ストローク | 93.9x85 mm |
| 最高出力 | 290 bhp /5,500 rpm |
| 最大トルク | 43 kgm / 3,800 rpm |
| 使用燃料 | N.O 98/100 RM |
| 燃料タンク容量 | 100L |
| 車両重量 | 1,580 kg |
| 乗車定員 | 4 |
| 最小回転半径 | |
| 全長 | 4,740 mm |
| 全幅 | 1,760 mm |
| 全高 | 1,220 mm |
| ホイールベース | 2,600 mm |
| トレッド前 | 1,480 mm |
| トレッド後 | 1,434 mm |
| 最低地上高 | |
| ブレーキ | 油圧独立デュアルサーキット サーボアシスト式 |
| 前 | Pirelli 205 VR 14 |
| 後 | Pirelli 205 VR 14 |
| 販売期間 | 1969-1975 |
| 販売台数 | 364台 |

|  |  |
|---|---|
| モデル名 | Indy 4.7 |
| トランスミッション | ZF社製5速+リバース(ボーグワーナー社製3速オートマチックはオプション) /セルフロッキングデフ /シングルドライクラッチ |
| 駆動方式 | FR |
| エンジン | 水冷90° V8 |
| 総排気量 | 4,930 cc |
| ボア×ストローク | 93.9x89 mm |
| 最高出力 | 320 bhp /5,500 rpm |
| 最大トルク | 49 kgm / 3,800 rpm |
| 使用燃料 | N.O 98/100 RM |
| 燃料タンク容量 | 100L |
| 車両重量 | 1,580 kg |
| 乗車定員 | 4 |
| 最小回転半径 | |
| 全長 | 4,740 mm |
| 全幅 | 1,760 mm |
| 全高 | 1,220 mm |
| ホイールベース | 2,600 mm |
| トレッド前 | 1,480 mm |
| トレッド後 | 1,434 mm |
| 最低地上高 | |
| ブレーキ | 油圧独立デュアルサーキット サーボアシスト式 1973年からの最後の200台は親会社シトロエン製の高油圧システム搭載 |
| 前 | ベンチレーテッドディスクブレーキ |
| 後 | ベンチレーテッドディスクブレーキ |

|  |  |
|---|---|
| タイヤサイズ | |
| 前 | Pirelli 215 VR 14 |
| 後 | Pirelli 215 VR 14 |
| 販売期間 | 1972-1975 |
| 販売台数 | 300台 |

|  |  |
|---|---|
| モデル名 | Indy 4.7 |
| トランスミッション | ZF社製5速+リバース(ボーグワーナー社製3速オートマチックはオプション) /セルフロッキングデフ /シングルドライクラッチ |
| 駆動方式 | FR |
| エンジン | 水冷90° V8 |
| 総排気量 | 4,930 cc |
| ボア×ストローク | 93.9x89 mm |
| 最高出力 | 320 bhp /5,500 rpm |
| 最大トルク | 49 kgm / 3,800 rpm |
| 使用燃料 | N.O 98/100 RM |
| 燃料タンク容量 | 100L |
| 車両重量 | 1,580 kg |
| 乗車定員 | 4 |
| 最小回転半径 | |
| 全長 | 4,740 mm |
| 全幅 | 1,760 mm |
| 全高 | 1,220 mm |
| ホイールベース | 2,600 mm |
| トレッド前 | 1,480 mm |
| トレッド後 | 1,434 mm |
| 最低地上高 | |
| ブレーキ | 油圧独立デュアルサーキット サーボアシスト式 1973年からの最後の200台は親会社シトロエン製の高油圧システム搭載 |
| 前 | ベンチレーテッドディスクブレーキ |
| 後 | ベンチレーテッドディスクブレーキ |
| タイヤサイズ | |
| 前 | Pirelli 215 VR 14 |
| 後 | Pirelli 215 VR 14 |
| 販売期間 | 1972-1975 |
| 販売台数 | 300台 |

|  |  |
|---|---|
| モデル名 | Bora 4.7 |
| トランスミッション | ZF社製5速+リバース /セルフロッキングデフ /シングルドライクラッチ |
| 駆動方式 | MR |
| エンジン | ミッドシップ縦置き水冷90° V8 |
| 総排気量 | 4,719 cc |
| ボア×ストローク | 93.9x85 mm |
| 最高出力 | 310 bhp /6,000 rpm |
| 最大トルク | 47 kgm / 4,200 rpm |
| 使用燃料 | N.O 90/100 RM |
| 燃料タンク容量 | 90L |
| 車両重量 | 1,500 kg |
| 乗車定員 | 2 |
| 最小回転半径 | |
| 全長 | 4,335 mm |
| 全幅 | 1,768 mm |
| 全高 | 1,134 mm |
| ホイールベース | 2,600 mm |
| トレッド前 | 1,474 mm |
| トレッド後 | 1,447 mm |
| 最低地上高 | |
| ブレーキ | 高油圧デュアルサーキット/ 駐車用機械式リアブレーキ |
| 前 | ベンチレーテッドディスクブレーキ |
| 後 | ベンチレーテッドディスクブレーキ |
| タイヤサイズ | |
| 前 | Michelin 215 VR 14 Pirelliラジアルタイヤはオプション |
| 後 | Michelin 215 VR 14 Pirelliラジアルタイヤはオプション |
| 販売期間 | 1971-1978 |
| 販売台数 | 289台 |

|  |  |
|---|---|
| モデル名 | Bora 4.9 |
| トランスミッション | ZF社製5速+リバース /セルフロッキングデフ /シングルドライクラッチ |
| 駆動方式 | MR |
| エンジン | ミッドシップ縦置き水冷90° V8 |
| 総排気量 | 4,930 cc |
| ボア×ストローク | 93.9x89 mm |
| 最高出力 | 330 bhp /5,500 rpm |
| 最大トルク | 49 kgm / 4,000 rpm |
| 使用燃料 | N.O 90/100 RM |
| 燃料タンク容量 | 90L |
| 車両重量 | 1,610 kg |
| 乗車定員 | 2 |
| 最小回転半径 | |
| 全長 | 4,335 mm |
| 全幅 | 1,768 mm |
| 全高 | 1,134 mm |
| ホイールベース | 2,600 mm |
| トレッド前 | 1,474 mm |
| トレッド後 | 1,447 mm |
| 最低地上高 | |
| ブレーキ | 高油圧デュアルサーキット/ 駐車用機械式リアブレーキ |
| 前 | ベンチレーテッドディスクブレーキ |
| 後 | ベンチレーテッドディスクブレーキ |
| タイヤサイズ | |
| 前 | Michelin 205 VR 14 Pirelliラジアルタイヤはオプション |
| 後 | Michelin 215 VR 14 Pirelliラジアルタイヤはオプション |
| 販売期間 | 1974-1978 |
| 販売台数 | 275台 |

# ROAD CAR

|  |  |
|---|---|
| モデル名 | Merak |
| トランスミッション | 5速+シンクロ搭載リバース/セルフロッキングデフ/シングルドライクラッチ |
| 駆動方式 | MR |
| エンジン | 水冷90° V6 |
| 総排気量 | 2965.5 cc |
| ボア×ストローク | 91.6x75 mm |
| 最高出力 | 190 bhp / 6,000 rpm |
| 最大トルク | 26 kgm / 4,000 rpm |
| 使用燃料 | N.O 98/100 RM |
| 燃料タンク容量 | 85L |
| 車両重量 | 1,420 kg |
| 乗車定員 | 2+2 |
| 最小回転半径 | |
| 全長 | 4,335 mm |
| 全幅 | 1,768 mm |
| 全高 | 1,134 mm |
| ホイールベース | 2,600 mm |
| トレッド前 | 1,474 mm |
| トレッド後 | 1,447 mm |
| 最低地上高 | |
| ブレーキ | 高油圧デュアルサーキット/駐車用機械式リアブレーキ |
| 前 | ベンチレーティッドディスクブレーキ |
| 後 | ベンチレーティッドディスクブレーキ |
| タイヤサイズ | |
| 前 | 185/70 VR 15 X |
| 後 | 205/70 VR 15 X |
| 販売期間 | 1972-1974 |
| 販売台数 | 630 台 |

| 項目 | Merak SS |
|---|---|
| モデル名 | Merak SS |
| トランスミッション | 5速+シンクロ搭載リバース/セルフロッキングデフ/シングルドライクラッチ |
| 駆動方式 | MR |
| エンジン | 水冷90° V6 |
| 総排気量 | 2965.5 cc |
| ボア×ストローク | 91.6x75 mm |
| 最高出力 | 220 bhp / 6,500 rpm |
| 最大トルク | 27.5 kgm / 4,500 rpm |
| 使用燃料 | N.O 98/100 RM |
| 燃料タンク容量 | 85L |
| 車両重量 | 1,400 kg |
| 乗車定員 | 2+2 |
| 最小回転半径 | |
| 全長 | 4,335 mm |
| 全幅 | 1,768 mm |
| 全高 | 1,134 mm |
| ホイールベース | 2,600 mm |
| トレッド前 | 1,474 mm |
| トレッド後 | 1,447 mm |
| 最低地上高 | |
| ブレーキ | 高油圧デュアルサーキット/駐車用機械式リアブレーキ |
| 前 | ベンチレーティッドディスクブレーキ |
| 後 | ベンチレーティッドディスクブレーキ |
| タイヤサイズ | |
| 前 | 195/70 VR 15 X |
| 後 | 215/70 VR 15 X |
| 販売期間 | 1975-1983 |
| 販売台数 | 1000 台 |

| 項目 | Merak 2000 GT |
|---|---|
| モデル名 | Merak 2000 GT |
| トランスミッション | 5速+シンクロ搭載リバース/セルフロッキングデフ/シングルドライクラッチ |
| 駆動方式 | MR |
| エンジン | 水冷90° V6 |
| 総排気量 | 1,999 cc |
| ボア×ストローク | 80x66.3 mm |
| 最高出力 | 170 bhp / 7,000 rpm |
| 最大トルク | 19 kgm / 4,000 rpm |
| 使用燃料 | N.O 98/100 RM |
| 燃料タンク容量 | 85L |
| 車両重量 | 1,430 kg |
| 乗車定員 | 2+2 |
| 最小回転半径 | |
| 全長 | 4,335 mm |
| 全幅 | 1,768 mm |
| 全高 | 1,134 mm |
| ホイールベース | 2,600 mm |
| トレッド前 | 1,474 mm |
| トレッド後 | 1,447 mm |
| 最低地上高 | |
| ブレーキ | 独立型 油圧デュアルサーキット |
| 前 | ベンチレーティッドディスクブレーキ |
| 後 | ベンチレーティッドディスクブレーキ |
| タイヤサイズ | |
| 前 | 185/70 VR 15 XWX |
| 後 | 205/70 VR 15 |
| 販売期間 | 1977-1983 |
| 販売台数 | 200 台 |

|  |  |
|---|---|
| モデル名 | Khamsin |
| トランスミッション | ZF社製5速+リバース シンクロ搭載（ボーグワーナー社製オートマチックはオプション）/セルフロッキングデフ/油圧制御式シングルドライクラッチ |
| 駆動方式 | MR |
| エンジン | 水冷90° V8 ドライサンプ 分離型オイルタンク/リサーキュレーションポンプ |
| 総排気量 | 4,930 cc |
| ボア×ストローク | 93.9x89 mm |
| 最高出力 | 320 bhp / 5,500 rpm |
| 最大トルク | 49 kgm / 4,000 rpm |
| 使用燃料 | N.O 98/100 RM |
| 燃料タンク容量 | 95L |
| 車両重量 | 1,635 kg |
| 乗車定員 | 2+2 |
| 最小回転半径 | |
| 全長 | 4,400 mm |
| 全幅 | 1,800 mm |
| 全高 | 1,200 mm |
| ホイールベース | 2,550 mm |
| トレッド前 | 1,440 mm |
| トレッド後 | 1,468 mm |
| 最低地上高 | |
| ブレーキ | サーボアシスト式 全天候型/シトロエン製の高油圧システム搭載 |
| 前 | ベンチレーティッドディスクブレーキ |
| 後 | ベンチレーティッドディスクブレーキ |
| タイヤサイズ | |
| 前 | Mischelin 215/70 VR 15 X |
| 後 | Mischelin 215/70 VR 15 X |
| 販売期間 | 1972-1982 |
| 販売台数 | 435 台 |

|  |  |
|---|---|
| モデル名 | Quattroporte II 1973-75 |
| トランスミッション | 5速マニュアル/3速オートマチック+リバース（オプション） |
| 駆動方式 | FF |
| エンジン | 水冷90° V6 |
| 総排気量 | 2,965 cc |
| ボア×ストローク | 91.6x75 mm |
| 最高出力 | 210 bhp |
| 最大トルク | 27 kgm / 4,000 rpm |
| 使用燃料 | ガソリン |
| 燃料タンク容量 | 25.2US gal |
| 車両重量 | 1,700 kg |
| 乗車定員 | 4/5 |
| 最小回転半径 | |
| 全長 | 5,200 mm |
| 全幅 | 1,870 mm |
| 全高 | 1,400 mm |
| ホイールベース | 3,070 mm |
| トレッド前 | |
| トレッド後 | |
| 最低地上高 | |
| ブレーキ | 独立式 シトロエン高圧油圧デュアルサーキットシステム |
| 前 | おそらくディスク |
| 後 | おそらくディスク |
| タイヤサイズ | |
| 前 | 205/70 VR 15 X |
| 後 | 205/70 VR 15 X |
| 販売期間 | 1973-1975 |

|  |  |
|---|---|
| モデル名 | Kyalami 4.2 |
| トランスミッション | ZF社製5速+シンクロ搭載リバース（オートマチックはオプション）/LSD/油圧制御式シングルドライクラッチ |
| 駆動方式 | MR |
| エンジン | 水冷90° V8 |
| 総排気量 | 4,136 cc |
| ボア×ストローク | 88x85 mm |
| 最高出力 | 270 bhp / 6,000 rpm |
| 最大トルク | 40 kgm / 3,800 rpm |
| 使用燃料 | N.O 98/100 RM |
| 燃料タンク容量 | 100L |
| 車両重量 | 1,550 kg |
| 乗車定員 | 4 |
| 最小回転半径 | |
| 全長 | 4,580 mm |
| 全幅 | 1,850 mm |
| 全高 | 1,270 mm |
| ホイールベース | 2,600 mm |
| トレッド前 | 1,530 mm |
| トレッド後 | 1,530 mm |
| 最低地上高 | |
| ブレーキ | 独立型 デュアルサーキット |
| 前 | ベンチレーティッドディスクブレーキ |
| 後 | ベンチレーティッドディスクブレーキ |
| タイヤサイズ | |
| 前 | Mischelin 205/70 VR 15 XDX チューブレス |
| 後 | Mischelin 205/70 VR 15 XDX チューブレス |
| 販売期間 | 1977-1983 |
| 販売台数 | 126 台 |

| 項目 | Kyalami 4.9 |
|---|---|
| モデル名 | Kyalami 4.9 |
| トランスミッション | ZF社製5速+リバース/オートマチック |
| 駆動方式 | MR |
| エンジン | 水冷90° V8 |
| 総排気量 | 4,930.6 cc |
| ボア×ストローク | 93.9x89 mm |
| 最高出力 | 280 bhp / 5,600 rpm |
| 最大トルク | 43 kgm / 3,800 rpm |
| 使用燃料 | N.O 98/100 RM |
| 燃料タンク容量 | 100L |
| 車両重量 | 1,550 kg |
| 乗車定員 | 4 |
| 最小回転半径 | |
| 全長 | 4,610 mm |
| 全幅 | 1,870 mm |
| 全高 | 1,320 mm |
| ホイールベース | 2,600 mm |
| トレッド前 | 1,530 mm |
| トレッド後 | 1,530 mm |
| 最低地上高 | |
| ブレーキ | 独立型 デュアルサーキット |
| 前 | ベンチレーティッドディスクブレーキ |
| 後 | ベンチレーティッドディスクブレーキ |
| タイヤサイズ | |
| 前 | Mischelin 205/70 VR 15 XDX チューブレス |
| 後 | Mischelin 205/70 VR 15 XDX チューブレス |
| 販売期間 | 1978-1983 |
| 販売台数 | 74 台 |

| 項目 | Quattroporte III 4.2-1979to1981 |
|---|---|
| モデル名 | Quattroporte III 4.2-1979to1981 |
| トランスミッション | 5速マニュアル/3速オートマチック+リバース（オプション） |
| 駆動方式 | |
| エンジン | 水冷90° V8 |
| 総排気量 | 4,136 cc |
| ボア×ストローク | 88x85 mm |
| 最高出力 | 260 bhp / 6,000 rpm |
| 最大トルク | 40 kgm / 3,800 rpm |
| 使用燃料 | ガソリン |
| 燃料タンク容量 | 21 Imp. gall. (100L) |
| 車両重量 | 1,975 kg |
| 乗車定員 | 5 名 |
| 最小回転半径 | |
| 全長 | 4,910 mm |
| 全幅 | 1,890 mm |
| 全高 | 1,385 mm |
| ホイールベース | 2,600 mm |
| トレッド前 | |
| トレッド後 | |
| 最低地上高 | |
| ブレーキ | 独立式 デュアルサーキット サーボアシスト式 |
| 前 | ベンチレーティッドディスク |
| 後 | ベンチレーティッドディスク |
| タイヤサイズ | |
| 前 | 225/70 VR 15 |
| 後 | 225/70 VR 15 |
| 販売期間 | 1979-1981 |
| 販売台数 | 2,141 台 |

| 項目 | Quattroporte III 4.9- 1979 to 1986 |
|---|---|
| モデル名 | Quattroporte III 4.9- 1979 to 1986 |
| トランスミッション | 3速オートマチック+リバースハイドロリックトルコン/5速マニュアル(オプション) |
| 駆動方式 | |
| エンジン | 水冷90° V8 |
| 総排気量 | 4,930 cc |
| ボア×ストローク | 93.9x89 mm |
| 最高出力 | 290 bhp / 5,600 rpm |
| 最大トルク | 43 kgm (312 lbs/ft) at 3,800 rpm |
| 使用燃料 | ガソリン |
| 燃料タンク容量 | 21 Imp. gall. (100L) |
| 車両重量 | 4,354 lbs (1,975 kg) |
| 乗車定員 | 5 名 |
| 最小回転半径 | |
| 全長 | 193.31 in. (4,910 mm) |
| 全幅 | 74.41 in. (1,890 mm) |
| 全高 | 54.53 in. (1,385 mm) |
| ホイールベース | 102.36 in. (2,600 mm) |
| トレッド前 | |
| トレッド後 | |
| 最低地上高 | |
| ブレーキ | 独立式 デュアルサーキット サーボアシスト式 |
| 前 | ベンチレーティッドディスク |
| 後 | ベンチレーティッドディスク |
| タイヤサイズ | |
| 前 | 225/70 VR 15 |
| 後 | 225/70 VR 15 |
| 販売期間 | 1979-1986 |
| 販売台数 | 2,141 台 |

| 項目 | Quattroporte Royal 4.9- 1987 to 1990 |
|---|---|
| モデル名 | Quattroporte Royal 4.9- 1987 to 1990 |
| トランスミッション | 3速オートマチック+リバースハイドロリックトルコン/5速マニュアル(オプション) |
| 駆動方式 | |
| エンジン | 水冷90° V8 |
| 総排気量 | 4,930 cc |
| ボア×ストローク | 93.9x89 mm |
| 最高出力 | 300 bhp / 5,600 rpm |
| 最大トルク | 43 kgm (312 lbs/ft) at 3,800 rpm |
| 使用燃料 | ガソリン |
| 燃料タンク容量 | 21 Imp. gall. (100L) |
| 車両重量 | 4,354 lbs (1,975 kg) |
| 乗車定員 | 5 名 |
| 最小回転半径 | |
| 全長 | 193.31 in. (4,910 mm) |
| 全幅 | 74.41 in. (1,890 mm) |
| 全高 | 54.53 in. (1,385 mm) |
| ホイールベース | 102.36 in. (2,600 mm) |
| トレッド前 | |
| トレッド後 | |
| 最低地上高 | |
| ブレーキ | 独立式 デュアルサーキット サーボアシスト式 |
| 前 | ベンチレーティッドディスク |
| 後 | ベンチレーティッドディスク |
| タイヤサイズ | |
| 前 | 225/70 VR 15 |
| 後 | 225/70 VR 15 |
| 販売期間 | 1987-1990 |
| 販売台数 | 2,141 台 |

| 項目 | Biturbo 2.0 |
|---|---|
| モデル名 | Biturbo 2.0 |
| トランスミッション | ZF社製5速+リバース/3速オートマチッ |

| | |
|---|---|
| | クはオプション / Salisbury式デフ |
| 駆動方式 | FR |
| エンジン | 水冷90° V6 |
| 総排気量 | 1,995 cc |
| ボア×ストローク | 82x63 mm |
| 最高出力 | 180 bhp / 6,000 rpm |
| 最大トルク | 25.8 kgm / 4,400 rpm |
| 使用燃料 | |
| 燃料タンク容量 | 61L |
| 車両重量 | 1,080 kg |
| 乗車定員 | 5 |
| 最小回転半径 | |
| 全長 | 4,153 |
| 全幅 | 1,714 |
| 全高 | 1,320 |
| ホイールベース | 2,514 |
| トレッド前 | 1,420 |
| トレッド後 | 1,431 |
| 最低地上高 | |
| ブレーキ | 全天候型 デュアルサーキットサーボアシスト式 / ハンドブレーキ用 リアドラムブレーキ |
| 前 | ディスクブレーキ |
| 後 | ディスクブレーキ |
| タイヤサイズ | |
| 前 | Pirelli P6 195/60 HR 14 |
| 後 | Pirelli P6 195/60 HR 14 |
| 販売期間 | 1981-1987 |
| 販売台数 | シリーズI,IIを合せて9206台 |

| | |
|---|---|
| モデル名 | Biturbo E |
| トランスミッション | ZF社製5速+リバース / 4速オートマチックはオプション / Salisbury式デフ |
| 駆動方式 | FR |
| エンジン | 水冷90° V6 |
| 総排気量 | 2,491 cc |
| ボア×ストローク | 91.6x63 mm |
| 最高出力 | 185 bhp / 5,500 rpm |
| 最大トルク | 30.5 kgm / 3,000 rpm |
| 使用燃料 | |
| 燃料タンク容量 | 80L |
| 車両重量 | 1,161 kg |
| 乗車定員 | 5 |
| 最小回転半径 | |
| 全長 | 4,213 |
| 全幅 | 1,714 |
| 全高 | 1,305 |
| ホイールベース | 2,514 |
| トレッド前 | 1,420 |
| トレッド後 | 1,431 |
| 最低地上高 | |
| ブレーキ | 全天候型 デュアルサーキットサーボアシスト式 / ハンドブレーキ用 リアドラムブレーキ |
| 前 | ディスクブレーキ |
| 後 | ディスクブレーキ |
| タイヤサイズ | |
| 前 | Pirelli P6 195/60 VR 14 もしくは 195/60 HR 14 |
| 後 | Pirelli P6 195/60 HR 14 もしくは 195/60 HR 14 |
| 販売期間 | 1983-1987 |
| 販売台数 | シリーズI,IIを合せて9206台 |

| | |
|---|---|
| モデル名 | Biturbo ES |
| トランスミッション | ZF社製5速+リバース / 4速オートマチックはオプション / トルセン式LSD |
| 駆動方式 | FR |
| エンジン | 水冷90° V6 |
| 総排気量 | 2,491 cc |
| ボア×ストローク | 91.6x63 mm |
| 最高出力 | 196 bhp / 5,000 rpm |
| 最大トルク | 30.8 kgm / 3,000 rpm |
| 使用燃料 | |
| 燃料タンク容量 | 91L |
| 車両重量 | 1,161 kg |
| 乗車定員 | 5 |
| 最小回転半径 | |
| 全長 | 4,213 |
| 全幅 | 1,714 |
| 全高 | 1,305 |
| ホイールベース | 2,514 |
| トレッド前 | 1,420 |
| トレッド後 | 1,431 |
| 最低地上高 | |
| ブレーキ | 全天候型 デュアルサーキットサーボアシスト式 / ハンドブレーキ用 リアドラムブレーキ |
| 前 | ディスクブレーキ |
| 後 | ディスクブレーキ |
| タイヤサイズ | |
| 前 | Pirelli P7 P205/55 VR 14 |
| 後 | Pirelli P7 P205/55 VR 14 |
| 販売期間 | 1984-1988 |
| 販売台数 | シリーズI,IIを合せて9206台 |

| | |
|---|---|
| モデル名 | Biturbo Si |
| トランスミッション | ZF社製5速+リバース / 4速オートマチックはオプション / トルセン式LSD |
| 駆動方式 | FR |
| エンジン | 水冷90° V6 |
| 総排気量 | 2,491 cc |
| ボア×ストローク | 91.6x63 mm |
| 最高出力 | 188 bhp / 5,500 rpm |
| 最大トルク | 35.19 kgm / 3,000 rpm |

| | |
|---|---|
| 使用燃料 | |
| 燃料タンク容量 | 80L |
| 車両重量 | 1,194 kg |
| 乗車定員 | 5 |
| 最小回転半径 | |
| 全長 | 4,153 |
| 全幅 | 1,714 |
| 全高 | 1,255 |
| ホイールベース | 2,514 |
| トレッド前 | 1,442 |
| トレッド後 | 1,450 |
| 最低地上高 | |
| ブレーキ | 全天候型 デュアルサーキットサーボアシスト式 / ハンドブレーキ用 リアドラムブレーキ |
| 前 | ディスクブレーキ |
| 後 | ディスクブレーキ |
| タイヤサイズ | |
| 前 | Mischelin MXV 205/55 VR 14 |
| 後 | Mischelin MXV 205/55 VR 14 |
| 販売期間 | 1987-1991 |
| 販売台数 | シリーズI,IIを合せて9206台 |

| | |
|---|---|
| モデル名 | 222E |
| トランスミッション | ZF社製5速+リバース / 4速オートマチックはオプション / レンジャー式LSD |
| 駆動方式 | FR |
| エンジン | 水冷90° V6 |
| 総排気量(cc) | 2,790 cc |
| ボア×ストローク | 94x67 mm |
| 最高出力 | 225 bhp / 5,500 rpm |
| 最大トルク | 37 kgm / 3,500 rpm |
| 使用燃料 | |
| 燃料タンク容量 | 80L |
| 車両重量 | 1,172 kg |
| 乗車定員 | 5 |
| 最小回転半径 | |
| 全長 | 4,153 |
| 全幅 | 1,714 |
| 全高 | 1,255 |
| ホイールベース | 2,514 |
| トレッド前 | 1,442 |
| トレッド後 | 1,450 |
| 最低地上高 | |
| ブレーキ | 全天候型 デュアルサーキットサーボアシスト式 / ハンドブレーキ+緊急時用 リアドラムブレーキ |
| 前 | ベンチレーティッドディスクブレーキ/フローティングキャリパー |
| 後 | ディスクブレーキ |
| タイヤサイズ | |
| 前 | 205/50 VR 15 |
| 後 | 205/50 VR 15 |
| 販売期間 | 1988-1993 |
| 販売台数 | シリーズI,IIを合せて9206台 |

| | |
|---|---|
| モデル名 | 222 SE |
| トランスミッション | ZF社製5速+リバース / 4速オートマチックはオプション / マセラティレンジャー式LSD |
| 駆動方式 | FR |
| エンジン | 水冷90° V6 |
| 総排気量 | 2,790 cc |
| ボア×ストローク | 94x67 mm |
| 最高出力 | 250 bhp / 5,600 rpm(キャタライザ付は 225 bhp / 5,500rpm) |
| 最大トルク | 39 kgm / 3,600 rpm(キャタライザ付は 37 kgm / 3,500rpm) |
| 使用燃料 | |
| 燃料タンク容量 | 80L |
| 車両重量 | 1,308 kg |
| 乗車定員 | 5 |
| 最小回転半径 | |
| 全長 | 4,190 |
| 全幅 | 1,714 |
| 全高 | 1,305 |
| ホイールベース | 2,514 |
| トレッド前 | 1,458 |
| トレッド後 | 1,460 |
| 最低地上高 | |
| ブレーキ | 全天候型 デュアルサーキットサーボアシスト式 / ハンドブレーキ+緊急時用 リアドラムブレーキ |
| 前 | ベンチレーティッドディスクブレーキ/フローティングキャリパー |
| 後 | ディスクブレーキ |
| タイヤサイズ | |
| 前 | 205/50 VR 15 |
| 後 | 205/50 VR 15 |
| 販売期間 | 1990-1991 |
| 販売台数 | シリーズI,IIを合せて9206台 |

| | |
|---|---|
| モデル名 | 222 SR |
| トランスミッション | ZF社製5速+リバース / 4速オートマチックはオプション / マセラティレンジャー式LSD |
| 駆動方式 | FR |
| エンジン | 水冷90° V6 |
| 総排気量 | 2,790 cc |
| ボア×ストローク | 94x67 mm |
| 最高出力 | 225 bhp / 5,500 rpm |
| 最大トルク | 37 kgm / 3,500 rpm |
| 使用燃料 | |
| 燃料タンク容量 | 80L |
| 車両重量 | 1,308 kg（オートマチックは1,332kg） |
| 乗車定員 | 5 |

| | |
|---|---|
| 最小回転半径 | |
| 全長 | 4,195 mm |
| 全幅 | 1,714 mm |
| 全高 | 1,305 mm |
| ホイールベース | 2,514 mm |
| トレッド前 | 1,458 mm |
| トレッド後 | 1,460 mm |
| 最低地上高 | |
| ブレーキ | 全天候型 デュアルサーキットサーボアシスト式 / ハンドブレーキ+緊急時用 リアドラムブレーキ |
| 前 | ベンチレーティッドディスクブレーキ/フローティングキャリパー |
| 後 | ディスクブレーキ |
| タイヤサイズ | |
| 前 | 205/50 VR 15 |
| 後 | 205/50 VR 15 |
| 販売期間 | 1991-1993 |
| 販売台数 | シリーズI,IIを合せて9206台 |

| | |
|---|---|
| モデル名 | 222 4V |
| トランスミッション | ZF社製5速+リバース / 4速オートマチックはオプション / マセラティレンジャー式LSD |
| 駆動方式 | FR |
| エンジン | 水冷90° V6 |
| 総排気量 | 2,790 cc |
| ボア×ストローク | 94x67 mm |
| 最高出力 | 278.8 bhp / 5,500 rpm |
| 最大トルク | 43.9 kgm / 3,750 rpm |
| 使用燃料 | |
| 燃料タンク容量 | 80L |
| 車両重量 | 1,315 kg |
| 乗車定員 | 5 |
| 最小回転半径 | |
| 全長 | 4,195 mm |
| 全幅 | 1,714 mm |
| 全高 | 1,300 mm |
| ホイールベース | 2,514 mm |
| トレッド前 | 1,450 mm |
| トレッド後 | 1,460 mm |
| 最低地上高 | |
| ブレーキ | 全天候型 デュアルサーキットサーボアシスト式 / ハンドブレーキ+緊急時用 リアドラムブレーキ |
| 前 | ベンチレーティッドディスクブレーキ/フローティングキャリパー |
| 後 | ディスクブレーキ |
| タイヤサイズ | |
| 前 | 205/45 ZR 16 |
| 後 | 205/45 ZR 16 |
| 販売期間 | 1991-1994 |
| 販売台数 | シリーズI,IIを合せて9206台 |

| | |
|---|---|
| モデル名 | Racing |
| トランスミッション | ゲトラグ社製5速+リバース |
| 駆動方式 | FR |
| エンジン | 水冷90°V6 |
| 総排気量 | 1,996 cc |
| ボア×ストローク | 82x63 mm |
| 最高出力 | 283 bhp / 6,250 rpm |
| 最大トルク | 38.1 kgm / 4,250 rpm |
| 使用燃料 | |
| 燃料タンク容量 | 80L |
| 車両重量 | 1,323kg |
| 乗車定員 | 1 |
| 最小回転半径 | |
| 全長 | 4,195 mm |
| 全幅 | 1,714 mm |
| 全高 | 1,305 mm |
| ホイールベース | 2,514 mm |
| トレッド前 | 1,458 mm |
| トレッド後 | 1,454 mm |
| 最低地上高 | |
| ブレーキ | 全天候型 ATE社製 デュアルサーキットサーボアシスト式 / ハンドブレーキ+緊急時用 リアドラムブレーキ |
| 前 | ベンチレーティッドディスクブレーキ/フローティングキャリパー |
| 後 | ディスクブレーキ |
| タイヤサイズ | |
| 前 | 205/45 ZR 16 |
| 後 | 205/45 ZR 16 |
| 販売期間 | 1991-1992 |
| 販売台数 | 230台 |

| | |
|---|---|
| モデル名 | Ghibli 2.8 |
| トランスミッション | 5速+リバース / 1995年よりゲトラグ社製6速がオーダー可 / 1994年から4速オートマチックがオーダー可 |
| 駆動方式 | FR |
| エンジン | 水冷90° V6 軽合金ブロック |
| 総排気量 | 2,790 cc |
| ボア×ストローク | 94x67 mm |
| 最高出力 | 284 bhp / 6,000 rpm |
| 最大トルク | 42.1 kgm / 3,500 rpm |
| 使用燃料 | |
| 燃料タンク容量 | 80L |
| 車両重量 | 1,365kg（オートマチックは1,406kg） |
| 乗車定員 | 1 |
| 最小回転半径 | |
| 全長 | 4,223 mm |
| 全幅 | 1,775 mm |
| 全高 | 1,300 mm |
| ホイールベース | 2,514 mm |

# ROAD CAR

| | |
|---|---|
| トレッド前 | 1,515 mm |
| トレッド後 | 1,510 mm |
| 最低地上高 | |
| ブレーキ | 1993年よりABSが標準装備 / 全天候型 デュアルサーキット サーボアシスト式 / ハンドブレーキ+緊急時用 リアドラムブレーキ |
| 前 | ベンチレーティッドディスクブレーキ / フローティングキャリパー |
| 後 | ディスクブレーキ |
| タイヤサイズ | |
| 前 | 205/45 ZR 16 |
| 後 | 225/45 ZR 16 |
| 販売期間 | 1992-1998 |
| 販売台数 | 2.8Lギブリ全てを合せて1,068台 |

| | |
|---|---|
| モデル名 | 425 |
| トランスミッション | ZF社製5速+リバース / 4速オートマチックはオプション / 4枚のクラウンギアを用いたサリスブリー式デフ |
| 駆動方式 | FR |
| エンジン | 水冷90° V6 軽合金ブロック/ヘッド、圧入ライナー |
| 総排気量 | 2,491 cc |
| ボア×ストローク | 91.6x63 mm |
| 最高出力 | 196 bhp / 5,600 rpm |
| 最大トルク | 28.3 kgm / 4,000 rpm |
| 使用燃料 | |
| 燃料タンク容量 | 82L |
| 車両重量 | 1,180 kg |
| 乗車定員 | 5 |
| 最小回転半径 | |
| 全長 | 4,400 mm |
| 全幅 | 1,730 mm |
| 全高 | 1,360 mm |
| ホイールベース | 2,600 mm |
| トレッド前 | 1,442 mm |
| トレッド後 | 1,450 mm |
| 最低地上高 | |
| ブレーキ | A.T.Eシステム製IHタイプ / 全天候型 サーボアシスト式 / ハンドブレーキ+緊急時用 リアドラムブレーキ |
| 前 | ディスクブレーキ |
| 後 | ディスクブレーキ |
| タイヤサイズ | |
| 前 | 205/60 VR 14 |
| 後 | 205/60 VR 14 |
| 販売期間 | 1983-1989 |
| 販売台数 | 425と425iを合せて2372台 |

| | |
|---|---|
| モデル名 | 425i |
| トランスミッション | ZF社製5速+リバース / 3速オートマチックはオプション / マセラティ センシトーク式デフ |
| 駆動方式 | FR |
| エンジン | 水冷90° V6 軽合金ブロック/ヘッド、圧入ライナー |
| 総排気量 | 2,491 cc |
| ボア×ストローク | 91.6x63 mm |
| 最高出力 | 188 bhp / 5,500 rpm |
| 最大トルク | 32.7 kgm / 3,000 rpm |
| 使用燃料 | |
| 燃料タンク容量 | 80L |
| 車両重量 | 1,190 kg |
| 乗車定員 | 5 |
| 最小回転半径 | |
| 全長 | 4,400 mm |
| 全幅 | 1,730 mm |
| 全高 | 1,360 mm |
| ホイールベース | 2,600 mm |
| トレッド前 | 1,442 mm |
| トレッド後 | 1,452 mm |
| 最低地上高 | |
| ブレーキ | A.T.Eシステム製IHタイプ / 全天候型 サーボアシスト式 / ハンドブレーキ+緊急時用 リアドラムブレーキ |
| 前 | ディスクブレーキ |
| 後 | ディスクブレーキ |
| タイヤサイズ | |
| 前 | Micheline MXV 205/60 VR 14 |
| 後 | Micheline MXV 205/60 VR 14 |
| 販売期間 | 1987-1989 |
| 販売台数 | 425と425iを合せて2372台 |

| | |
|---|---|
| モデル名 | 430 |
| トランスミッション | ZF社製5速+リバース / 4速オートマチックはオプション / マセラティ レンジャー式デフ |
| 駆動方式 | FR |
| エンジン | 水冷90° V6 軽合金ブロック/ヘッド、圧入ライナー |
| 総排気量 | 2,790 cc |
| ボア×ストローク | 94x67 mm |
| 最高出力 | 250 bhp / 5,600 rpm |
| 最大トルク | 39.2 kgm / 3,600 rpm |
| 使用燃料 | |
| 燃料タンク容量 | 82L |
| 車両重量 | 1,180 kg (キャタライザ付 1,247kg) |
| 乗車定員 | 5 |
| 最小回転半径 | |
| 全長 | 4,400 mm |
| 全幅 | 1,730 mm |
| 全高 | 1,310 mm |
| ホイールベース | 2,600 mm |
| トレッド前 | 1,442 mm |

| | |
|---|---|
| トレッド後 | 1,453 mm |
| 最低地上高 | |
| ブレーキ | 全天候型 デュアルサーキット サーボアシスト式・アンチスキッド マークⅡ / ハンドブレーキ+緊急時用 リアドラムブレーキ |
| 前 | ベンチレーティッドディスクブレーキ / ディスクブレーキ |
| 後 | ディスクブレーキ |
| タイヤサイズ | |
| 前 | 205/55 VR 15 (後に 205/55 ZR 15) |
| 後 | 205/55 VR 15 (後に 205/55 ZR 15) |
| 販売期間 | 1987-1994 |
| 販売台数 | 995台 |

| | |
|---|---|
| モデル名 | Quattroporte Ottocilindri / Evoluzione |
| トランスミッション | ゲトラグ社製6速マニュアル 4速オートマチック |
| 駆動方式 | FR |
| エンジン | 水冷90° V6  V8 |
| 総排気量 | 2,790 cc  3,217cc |
| ボア×ストローク | 94x67 mm  80x8 mm |
| 最高出力 | 284 cv / 6,000 rpm  335 cv / 6,400 rpm |
| 最大トルク | 43 kgm / 3,500 rpm  45.8 Kgm / 4,400 rpm |
| 使用燃料 | |
| 燃料タンク容量(★) | 100L |
| 車両重量 | 1,543kg-オートマチック 1,556kg 1,647kg |
| 乗車定員 | 5 |
| 最小回転半径 | 5.4 |
| 全長 | 4,550 mm |
| 全幅 | 1,810 mm |
| 全高 | 1,380 mm |
| ホイールベース | 2,650 mm |
| トレッド前 | 1,522 mm |
| トレッド後 | 1,502 mm |
| 最低地上高 | |
| ブレーキ | ABS 標準装備 / デュアルサーキット サーボアシスト式 |
| 前 | ベンチレーティッドディスク 307mm ブレンボ製 / フローティングキャリパー |
| 後 | ベンチレーティッドディスクブレーキ 316mm |
| タイヤサイズ | |
| 前 | 205/55 ZR 16  225/45 ZR 17 |
| 後 | 225/50 ZR 16  245/40 ZR 17 |
| 販売期間 | 1994-1998, 1998-2001 Evoluzione |
| 販売台数 | 販売台数 1,670 台 Evoluzione 730 台 |

| | |
|---|---|
| モデル名 | 228 |
| トランスミッション | ZF社製5速+リバース / 4速オートマチックはオプション / マセラティレンジャー式デフ |
| 駆動方式 | FR |
| エンジン | 水冷90° V6 軽合金ブロック/ヘッド、鋳鉄製圧入ウェットライナー |
| 総排気量 | 2,789.79 cc |
| ボア×ストローク | 94x67 |
| 最高出力 | 250 bhp / 5,600rpm  225bhp / 5,500rpm (キャタライザ付) |
| 最大トルク | 38 kgm / 3,500 rpm (キャタライザ付 37.7 kgm / 3,500rpm) |
| 使用燃料 | |
| 燃料タンク容量 | 82L |
| 車両重量 | 1,240kg |
| 乗車定員 | 5 |
| 最小回転半径 | |
| 全長 | 4,460 mm |
| 全幅 | 1,865 mm |
| 全高 | 1,330 mm |
| ホイールベース | 2,600 mm |
| トレッド前 | 1,540 mm |
| トレッド後 | 1,550 mm |
| 最低地上高 | |
| ブレーキ | 全天候型 デュアルサーキット サーボアシスト式 (アンチスキッドはオプション) / ハンドブレーキ+緊急時用 リアドラムブレーキ |
| 前 | ベンチレーティッドディスクブレーキ / フローティングキャリパー |
| 後 | ディスクブレーキ |
| タイヤサイズ | |
| 前 | 205/55 VR 15 MXV |
| 後 | 225/50 VR 15 MXV |
| 販売期間 | 1986-1992 |
| 販売台数 | 469台 |

| | |
|---|---|
| モデル名 | Karif |
| トランスミッション | ZF社製5速+リバース |
| 駆動方式 | FR |
| エンジン | 水冷90° V6 |
| 総排気量 | 2,790 cc |
| ボア×ストローク | 94x67 mm |
| 最高出力 | 285 bhp / 6,000rpm |
| 最大トルク | 44 kgm / 4,000 rpm |
| 使用燃料 | |
| 燃料タンク容量 | 82L |
| 車両重量 | 1,281kg |
| 乗車定員 | 2 |
| 最小回転半径 | |
| 全長 | 4,043 mm |
| 全幅 | 1,714 mm |
| 全高 | 1,310 mm |
| ホイールベース | 2,400 mm |
| トレッド前 | 1,500 mm |

| | |
|---|---|
| トレッド後 | 1,475 mm |
| 最低地上高 | |
| ブレーキ | 全天候型 デュアルサーキット サーボアシスト式 (アンチスキッドはオプション) / ハンドブレーキ+緊急時用 リアドラムブレーキ |
| 前 | ベンチレーティッドディスクブレーキ / フローティングキャリパー |
| 後 | ディスクブレーキ |
| タイヤサイズ | |
| 前 | 205/50 VR 15 |
| 後 | 225/50 VR 15 |
| 販売期間 | 1988-1993 |
| 販売台数 | 222台 |

| | |
|---|---|
| モデル名 | Shamal |
| トランスミッション | ゲトラグ社製6速+リバース |
| 駆動方式 | FR |
| エンジン | 水冷90° V8 |
| 総排気量 | 3,217 cc |
| ボア×ストローク | 80 × 80 mm |
| 最高出力 | 326 bhp / 6,000rpm |
| 最大トルク | 44 kgm / 2,800 rpm |
| 使用燃料 | |
| 燃料タンク容量 | 80L |
| 車両重量 | 1,417kg |
| 乗車定員 | 2+2 |
| 最小回転半径 | |
| 全長 | 4,100 mm |
| 全幅 | 1,850 mm |
| 全高 | 1,300 mm |
| ホイールベース | 2,400 mm |
| トレッド前 | 1,512 mm |
| トレッド後 | 1,550 mm |
| 最低地上高 | |
| ブレーキ | 全天候型 デュアルサーキット サーボアシスト式 (アンチスキッドはオプション) / ハンドブレーキ+緊急時用 リアドラムブレーキ |
| 前 | ベンチレーティッドディスクブレーキ / フローティングキャリパー |
| 後 | ディスクブレーキ |
| タイヤサイズ | |
| 前 | 225/45 VR 16 MXX |
| 後 | 245/45 ZR 16 MXX |
| 販売期間 | 1990-1996 |
| 販売台数 | 369台 |

| | |
|---|---|
| モデル名 | Spyder (ビトゥルボスパイダー) |
| トランスミッション | ZF社製5速+リバース / 3速オートマチックはオプション / サリスブリー式デフもしくはセンシトーク式(オプション) |
| 駆動方式 | FR |
| エンジン | 水冷90° V6 |
| 総排気量 | 2,491 cc |
| ボア×ストローク | 91.6x63 mm |
| 最高出力 | 192 bhp / 5,800rpm |
| 最大トルク | 30.5 kgm / 3,000 rpm |
| 使用燃料 | |
| 燃料タンク容量 | 80L |
| 車両重量 | 1,251kg |
| 乗車定員 | 2+2 |
| 最小回転半径 | |
| 全長 | 4,039 mm |
| 全幅 | 1,714 mm |
| 全高 | 1,305 mm |
| ホイールベース | 2,400 mm |
| トレッド前 | 1,442 mm |
| トレッド後 | 1,453 mm |
| 最低地上高 | |
| ブレーキ | 全天候型 デュアルサーキット サーボアシスト式 / ハンドブレーキ+緊急時用 リアドラムブレーキ |
| 前 | ディスクブレーキ |
| 後 | ディスクブレーキ |
| タイヤサイズ | |
| 前 | Michelin 195/60 VR 14 |
| 後 | Michelin 195/60 VR 14 |
| 販売期間 | 1984-1988 |
| 販売台数 | 全てのスパイダーバージョンを合計して 3,793台 |

| | |
|---|---|
| モデル名 | Spyder i (ビトゥルボスパイダーインジェクション仕様) |
| トランスミッション | ZF社製5速+リバース / 3速オートマチックはオプション / センシトーク式デフ |
| 駆動方式 | FR |
| エンジン | 水冷90° V6 |
| 総排気量 | 2,491 cc |
| ボア×ストローク | 91.6x63 mm |
| 最高出力 | 188 bhp / 5,500rpm |
| 最大トルク | 32.6 kgm / 3,000 rpm |
| 使用燃料 | |
| 燃料タンク容量 | 80L |
| 車両重量 | 1,265kg |
| 乗車定員 | 2+2 |
| 最小回転半径 | |
| 全長 | 4,039 mm |
| 全幅 | 1,714 mm |
| 全高 | 1,305 mm |
| ホイールベース | 2,400 mm |
| トレッド前 | 1,442 mm |
| トレッド後 | 1,450 mm |
| 最低地上高 | |
| ブレーキ | 全天候型 デュアルサーキット サーボアシ |

MASERATI COMPLETE GUIDE

| | |
|---|---|
| | スト式/ハンドブレーキ+緊急時用 リアドラムブレーキ |
| 前 | ディスクブレーキ |
| 後 | ディスクブレーキ |
| タイヤサイズ | |
| 前 | Michelin 205/60 VR 14 |
| 後 | Michelin 205/60 VR 14 |
| 販売期間 | 1988-1991 |
| 販売台数 | 全てのスパイダーバージョンを合計して3,793台 |

| | |
|---|---|
| モデル名 | Spyder i 1990 （ザガートスパイダー） |
| トランスミッション | ZF社製5速+リバース/4速オートマチックはオプション/マセラティレンジャー式デフ |
| 駆動方式 | FR |
| エンジン | 水冷90°V6 |
| 総排気量 | 2,790 cc |
| ボア×ストローク | 94x67 mm |
| 最高出力 | 250 bhp/5,600rpm(キャタライザ付225 bhp/5,500rpm) |
| 最大トルク | 39 kgm/3,500 rpm(キャタライザ付37 kgm/3,600rpm) |
| 使用燃料 | |
| 燃料タンク容量 | 80L |
| 車両重量 | |
| 乗車定員 | 2+2 |
| 最小回転半径 | |
| 全長 | 4,065 mm |
| 全幅 | 1,714 mm |
| 全高 | 1,310 mm |
| ホイールベース | 2,400 mm |
| トレッド前 | 1,454 mm |
| トレッド後 | 1,458 mm |
| 最低地上高 | |
| ブレーキ | 全天候型 デュアルサーキット サーボアシスト式/ハンドブレーキ+緊急時用 リアドラムブレーキ |
| 前 | ディスクブレーキ |
| 後 | ディスクブレーキ |
| タイヤサイズ | |
| 前 | 205/50 VR15 |
| 後 | 225/50 VR15 |
| 販売期間 | 1989-1994 |
| 販売台数 | 全てのスパイダーバージョンを合計して3,793台 |

| | |
|---|---|
| モデル名 | Spyder III (ザガートスパイダー最後期型) |
| トランスミッション | 5速+リバース/4速オートマチックはオプション/マセラティレンジャー式デフ |
| 駆動方式 | FR |
| エンジン | 水冷90°V6 |
| 総排気量 | 2,790 cc |
| ボア×ストローク | 94x67 mm |
| 最高出力 | 225 bhp/5,500rpm |
| 最大トルク | 37 kgm/3,500 rpm |
| 使用燃料 | |
| 燃料タンク容量 | 80L |
| 車両重量 | 1,345kg (オートマチックは1,369kg) |
| 乗車定員 | 2+2 |
| 最小回転半径 | |
| 全長 | 4,060 mm |
| 全幅 | 1,714 mm |
| 全高 | 1,310 mm |
| ホイールベース | 2,400 mm |
| トレッド前 | 1,458 mm |
| トレッド後 | 1,460 mm |
| 最低地上高 | |
| ブレーキ | 全天候型 デュアルサーキット サーボアシスト式/ハンドブレーキ+緊急時用 リアドラムブレーキ |
| 前 | ベンチレーティッドディスクブレーキ/フローティングキャリパー |
| 後 | ディスクブレーキ |
| タイヤサイズ | |
| 前 | 205/45 ZR16 |
| 後 | 225/45 ZR16 |
| 販売期間 | 1991-1994 |
| 販売台数 | 全てのスパイダーバージョンを合計して3,793台 |

| | |
|---|---|
| モデル名 | 3200GT |
| トランスミッション | 6速+リバース/ドライシングルプレートクラッチ 油圧駆動 |
| 駆動方式 | FR |
| エンジン | 水冷90°V8 |
| 総排気量 | 3,217 cc |
| ボア×ストローク | 80 x 80 mm |
| 最高出力 | 370 bhp/6,250rpm |
| 最大トルク | 50 kgm / 4,500 rpm |
| 使用燃料 | |
| 燃料タンク容量 | 90L |
| 車両重量 | 1,500kg |
| 乗車定員 | 4 |
| 最小回転半径 | |
| 全長 | 4510 mm |
| 全幅 | 1,822 mm |
| 全高 | 1,305 mm |
| ホイールベース | 2,659 mm |
| トレッド前 | 1,525 mm |
| トレッド後 | 1,538 mm |
| 最低地上高 | |
| ブレーキ | 4チャンネル ABS x EBD(電子制御ブレーキシステム) |
| 前 | ベンチレーティッドディスクブレーキ/4ピストン |
| 後 | ベンチレーティッドディスクブレーキ/4ピストン |
| タイヤサイズ | |
| 前 | チューブレスラジアス 235/40 ZR 18 |
| 後 | チューブレスラジアス 265/35 ZR 18 |
| 販売期間 | 1998-2001 |
| 販売台数 | 全バージョンを合計して4795台 |

| | |
|---|---|
| モデル名 | 3200GT Automatica |
| トランスミッション | 4速オートマチック+リバース/ドライシングルプレートクラッチ/セルフロッキングデフ |
| 駆動方式 | FR |
| エンジン | 水冷90°V8 |
| 総排気量 | 3,217 cc |
| ボア×ストローク | 80 x 80 mm |
| 最高出力 | 370 bhp/6,250rpm |
| 最大トルク | 50 kgm / 4,500 rpm |
| 使用燃料 | |
| 燃料タンク容量 | 90L |
| 車両重量 | 1,520kg |
| 乗車定員 | 4 |
| 最小回転半径 | |
| 全長 | 4510 mm |
| 全幅 | 1,822 mm |
| 全高 | 1,305 mm |
| ホイールベース | 2,659 mm |
| トレッド前 | 1,525 mm |
| トレッド後 | 1,538 mm |
| 最低地上高 | |
| ブレーキ | 4チャンネル ABS x EBD(電子制御ブレーキシステム) |
| 前 | ベンチレーティッドディスクブレーキ/4ピストン |
| 後 | ベンチレーティッドディスクブレーキ/4ピストン |
| タイヤサイズ | |
| 前 | チューブレスラジアス 235/40 ZR 18 |
| 後 | チューブレスラジアス 265/35 ZR 18 |
| 販売期間 | 2000-2002 |
| 販売台数 | 全バージョンを合計して4795台 |

| | |
|---|---|
| モデル名 | 3200GT Asetto Corsa |
| トランスミッション | 4速オートマチック+リバース/ドライシングルプレートクラッチ/セルフロッキングデフ |
| 駆動方式 | FR |
| エンジン | 水冷90°V8 |
| 総排気量 | 3,217 cc |
| ボア×ストローク | 80 x 80 mm |
| 最高出力 | 370 bhp/6,250rpm |
| 最大トルク | 50 kgm / 4,500 rpm |
| 使用燃料 | |
| 燃料タンク容量 | 90L |
| 車両重量 | 1,520kg |
| 乗車定員 | 4 |
| 最小回転半径 | |
| 全長 | 4510 mm |
| 全幅 | 1,822 mm |
| 全高 | 1,290 mm |
| ホイールベース | 2,659 mm |
| トレッド前 | 1,525 mm |
| トレッド後 | 1,538 mm |
| 最低地上高 | |
| ブレーキ | 4チャンネル ABS x EBD(電子制御ブレーキシステム) |
| 前 | ベンチレーティッドディスクブレーキ/4ピストン/レーシングパッド |
| 後 | ベンチレーティッドディスクブレーキ/4ピストン/レーシングパッド |
| タイヤサイズ | |
| 前 | Pirelli P-Zero Corsa ソフトコンパウンド 245/40 ZR 18 |
| 後 | Pirelli P-Zero Corsa ソフトコンパウンド 285/35 ZR 18 |
| 販売期間 | 2001-2002 |
| 販売台数 | 250台 |

| | |
|---|---|
| モデル名 | Spyder Cambiocorsa |
| トランスミッション | 6速+リバース/横置きレイアウト/油圧ドライツインプレートクラッチ |
| 駆動方式 | FR |
| エンジン | 水冷90°V8 アルミニウム製クランクケース/シリンダーヘッド |
| 総排気量 | 4,244 cc |
| ボア×ストローク | 92 x 80 mm |
| 最高出力 | 390 bhp/7,000rpm |
| 最大トルク | 46 kgm / 4,500 rpm |
| 使用燃料 | |
| 燃料タンク容量 | 88L |
| 車両重量 | 1,630kg |
| 乗車定員 | 2 |
| 最小回転半径 | |
| 全長 | 4,303 mm |
| 全幅 | 1,822 mm |
| 全高 | 1,305 mm |
| ホイールベース | 2,440 mm |
| トレッド前 | 1,525 mm |
| トレッド後 | 1,538 mm |
| 最低地上高 | |
| ブレーキ | ボッシュ製4チャンネル ABS x EBD(電子制御ブレーキシステム) |
| 前 | ブレンボ製クロスドリルドベンチレーティッドディスクブレーキ |
| 後 | ブレンボ製クロスドリルドベンチレーティッドディスクブレーキ |
| タイヤサイズ | |
| 前 | 235/40 ZR 18 |
| 後 | 265/35 ZR 18 |
| 販売期間 | 2001-2007 |

| | |
|---|---|
| モデル名 | Spyder 90th Anniversary |
| トランスミッション | 6速+リバース/横置きレイアウト/油圧ドライツインプレートクラッチ |
| 駆動方式 | FR |
| エンジン | 水冷90°V8 アルミニウム製クランクケース/シリンダーヘッド |
| 総排気量 | 4,244 cc |
| ボア×ストローク | 92 x 80 mm |
| 最高出力 | 390 bhp/7,000rpm |
| 最大トルク | 46 kgm / 4,500 rpm |
| 使用燃料 | |
| 燃料タンク容量 | 88L |
| 車両重量 | 1,630kg |
| 乗車定員 | 2 |
| 最小回転半径 | |
| 全長 | 4,303 mm |
| 全幅 | 1,822 mm |
| 全高 | 1,305 mm |
| ホイールベース | 2,440 mm |
| トレッド前 | 1,525 mm |
| トレッド後 | 1,538 mm |
| 最低地上高 | |
| ブレーキ | ボッシュ製4チャンネル ABS x EBD(電子制御ブレーキシステム) |
| 前 | ブレンボ製クロスドリルドベンチレーティッドディスクブレーキ |
| 後 | ブレンボ製クロスドリルドベンチレーティッドディスクブレーキ |
| タイヤサイズ | |
| 前 | 235/40 ZR 18 |
| 後 | 265/35 ZR 18 |
| 販売期間 | 2004-2005 |
| 販売台数 | 90台 |

| | |
|---|---|
| モデル名 | Coupe(GT) |
| トランスミッション | 6速+リバース/横置きレイアウト/油圧ドライツインプレートクラッチ |
| 駆動方式 | FR |
| エンジン | 水冷90°V8 アルミニウム製クランクケース/シリンダーヘッド |
| 総排気量 | 4,244 cc |
| ボア×ストローク | 92 x 80 mm |
| 最高出力 | 390 bhp/7,000rpm |
| 最大トルク | 46 kgm / 4,500 rpm |
| 使用燃料 | |
| 燃料タンク容量 | 88L |
| 車両重量 | 1,570kg |
| 乗車定員 | 4 |
| 最小回転半径 | |
| 全長 | 4,523 mm |
| 全幅 | 1,822 mm |
| 全高 | 1,305 mm |
| ホイールベース | 2,660 mm |
| トレッド前 | 1,524 mm |
| トレッド後 | 1,527 mm |
| 最低地上高 | |
| ブレーキ | ボッシュ製4チャンネル ABS x EBD(電子制御ブレーキシステム) |
| 前 | ブレンボ製クロスドリルドベンチレーティッドディスクブレーキ |
| 後 | ブレンボ製クロスドリルドベンチレーティッドディスクブレーキ |
| タイヤサイズ | |
| 前 | 235/40 ZR 18 |
| 後 | 265/35 ZR 18 |
| 販売期間 | 2001-2007 |
| 販売台数 | |

| | |
|---|---|
| モデル名 | Coupe Cambiocorsa |
| トランスミッション | 6速+リバース/横置きレイアウト/油圧ドライツインプレートクラッチ |
| 駆動方式 | FR |
| エンジン | 水冷90°V8 アルミニウム製クランクケース/シリンダーヘッド |
| 総排気量 | 4,244 cc |
| ボア×ストローク | 92 x 80 mm |
| 最高出力 | 390 bhp/7,000rpm |
| 最大トルク | 46 kgm / 4,500 rpm |
| 使用燃料 | |
| 燃料タンク容量 | 88L |
| 車両重量 | 1,580kg |
| 乗車定員 | 4 |
| 最小回転半径 | |
| 全長 | 4,523 mm |
| 全幅 | 1,822 mm |
| 全高 | 1,305 mm |
| ホイールベース | 2,660 mm |
| トレッド前 | 1,524 mm |
| トレッド後 | 1,527 mm |
| 最低地上高 | |
| ブレーキ | ボッシュ製4チャンネル ABS x EBD(電子制御ブレーキシステム) |
| 前 | ブレンボ製クロスドリルドベンチレーティッドディスクブレーキ |
| 後 | ブレンボ製クロスドリルドベンチレーティッドディスクブレーキ |
| タイヤサイズ | |

# ROAD CAR

| | |
|---|---|
| 前 | 235/40 ZR 18 |
| 後 | 265/35 ZR 18 |
| 販売期間 | 2002-2007 |
| モデル名 | MC12 |
| トランスミッション | エンジン直結の縦置き後方配置ギアボックス/マセラティカンビオコルサのギアボックス機構が電磁油圧でパドルシフティングに応答/ドライツインプレートクラッチ/フレキシブルカップリング 油圧制御/ボッシュ社製ASRトラクションコントロール |
| 駆動方式 | MR |
| エンジン | 水冷65° V12 |
| 総排気量 | 5,998 cc |
| ボア×ストローク | 92x75.2 |
| 最高出力 | 630 bhp/7,500rpm |
| 最大トルク | 66.5 kgm / 5,500 rpm |
| 使用燃料 | |
| 燃料タンク容量 | 115L |
| 車両重量 | 1,335kg |
| 乗車定員 | 4 |
| 最小回転半径 | |
| 全長 | 5,143 mm |
| 全幅 | 2,096 mm |
| 全高 | 1,205 mm |
| ホイールベース | 2,800 mm |
| トレッド前 | 1,660 mm |
| トレッド後 | 1,650 mm |
| 最低地上高 | |
| ブレーキ | ブレンボ製ブレーキングシステム/Pagid社製 レーシングパッド/ボッシュ社製5.3 ABS(アンチブロッキングシステム)×EBD(電子制御ブレーキシステム) |
| 前 | クロスドリルドベンチレーティッドディスクブレーキ/6ピストンキャリパー |
| 後 | クロスドリルドベンチレーティッドディスクブレーキ/4ピストンキャリパー |
| タイヤサイズ | |
| 前 | Pirelli P Zero Corsa 245/35 ZR 19 |
| 後 | Pirelli P Zero Corsa 345/35 ZR 19 |
| 販売期間 | 2004-2005 |
| 販売台数 | 50台 |
| モデル名 | MC12 Versione Corse |
| トランスミッション | エンジン直結の縦置き後方配置ギアボックス/マセラティカンビオコルサのギアボックス機構が電磁油圧でパドルシフティングに応答/ドライツインプレートクラッチ/フレキシブルカップリング 油圧制御/ボッシュ社製ASRトラクションコントロール |
| 駆動方式 | MR |
| エンジン | 水冷65° V12 |
| 総排気量 | 5,998 cc |
| ボア×ストローク | 92x75.2 |
| 最高出力 | 757 bhp/8,000rpm |
| 最大トルク | 72.4 kgm / 6,000 rpm |
| 使用燃料 | |
| 燃料タンク容量 | 115L |
| 車両重量 | 1,150kg |
| 乗車定員 | 4 |
| 最小回転半径 | |
| 全長 | 4,995 mm |
| 全幅 | 2,096 mm |
| 全高 | 1,205 mm |
| ホイールベース | 2,800 mm |
| トレッド前 | 1,660 mm |
| トレッド後 | 1,650 mm |
| 最低地上高 | |
| ブレーキ | ブレンボ製 スチールカーボン ABS無し |
| 前 | クロスドリルドベンチレーティッドディスクブレーキ/6ピストンキャリパー |
| 後 | クロスドリルドベンチレーティッドディスクブレーキ/4ピストンキャリパー |
| タイヤサイズ | |
| 前 | Pirelli P Zero Corsa スリック650/325 ZR 18 |
| 後 | Pirelli P Zero Corsa スリック705/325 ZR 18 |
| 販売期間 | 2006-2007 |
| 販売台数 | 12台 |
| モデル名 | GranSport |
| トランスミッション | 6速＋リバース/横置きレイアウト/電磁油圧機構がパドルシフティングに応答/アシンメトリカルLSD(25% 加速中 45% リフトオフ中)/ドライツインプレートクラッチ/フレキシブルカップリング・油圧制御 |
| 駆動方式 | FR |
| エンジン | 水冷90° V8 アルミニウム製クランクケース/シリンダーヘッド |
| 総排気量 | 4,244 cc |
| ボア×ストローク | 92x79.8 |
| 最高出力 | 400 bhp/7,000rpm |
| 最大トルク | 46 kgm / 4,500 rpm |
| 使用燃料 | |
| 燃料タンク容量 | 88L |
| 車両重量 | 1,580kg |
| 乗車定員 | 4 |
| 最小回転半径 | |
| 全長 | 4,523 mm |
| 全幅 | 1,822 mm |
| 全高 | 1,305 mm |
| ホイールベース | 2,660 mm |

| | |
|---|---|
| トレッド前 | 1,525 mm |
| トレッド後 | 1,538 mm |
| 最低地上高 | |
| ブレーキ | ブレンボブレーキングシステム/フェロードHP1000パッド/ボッシュ5.7 4チャンネルABS/EBD(電子制御ブレーキシステム) |
| 前 | クロスドリルドベンチレーティッドディスクブレーキ/合金製4ピストンキャリパー/セラミックインシュレーティングシール |
| 後 | クロスドリルドベンチレーティッドディスクブレーキ/合金製4ピストンキャリパー/セラミックインシュレーティングシール |
| タイヤサイズ | |
| 前 | 235/35 ZR 19 |
| 後 | 265/30 ZR 19 |
| 販売期間 | 2004-2007 |
| 販売台数 | |
| モデル名 | GranSport Contemporary Classic |
| トランスミッション | 6速＋リバース/横置きレイアウト/電磁油圧機構がパドルシフティングに応答/アシンメトリカルLSD(25% 加速中 45% リフトオフ中)/ドライツインプレートクラッチ/フレキシブルカップリング・油圧制御 |
| 駆動方式 | FR |
| エンジン | 水冷90° V8 アルミニウム/シリコン合金製クランクケース/シリンダーヘッド/クランクシャフトは鍛造鉄製に改良され5つのメインベアリング上でそれぞれバランス取りが行われた |
| 総排気量 | 4,244 cc |
| ボア×ストローク | 92x79.8 |
| 最高出力 | 400 bhp/7,000rpm |
| 最大トルク | 46 kgm / 4,500 rpm |
| 使用燃料 | |
| 燃料タンク容量 | 88L |
| 車両重量 | 1,580kg |
| 乗車定員 | 4 |
| 最小回転半径 | |
| 全長 | 4,523 mm |
| 全幅 | 1,822 mm |
| 全高 | 1,305 mm |
| ホイールベース | 2,660 mm |
| トレッド前 | 1,525 mm |
| トレッド後 | 1,538 mm |
| 最低地上高 | |
| ブレーキ | ブレンボブレーキングシステム/フェロードHP1000パッド/ボッシュ5.7 4チャンネルABS/EBD(電子制御ブレーキシステム) |
| 前 | クロスドリルドベンチレーティッドディスクブレーキ/合金製4ピストンキャリパー/セラミックインシュレーティングシール |
| 後 | クロスドリルドベンチレーティッドディスクブレーキ/合金製4ピストンキャリパー/セラミックインシュレーティングシール |
| タイヤサイズ | |
| 前 | 235/35 ZR 19 |
| 後 | 265/30 ZR 19 |
| 販売期間 | 2006-2006 |
| 販売台数 | |
| モデル名 | GranSport GranSport MC Victory |
| トランスミッション | 6速＋リバース/横置きレイアウト/電磁油圧機構がパドルシフティングに応答/アシンメトリカルLSD(25% 加速中 45% リフトオフ中)/ドライツインプレートクラッチ/フレキシブルカップリング・油圧制御 |
| 駆動方式 | FR |
| エンジン | 水冷90° V8 アルミニウム/シリコン合金製クランクケース/シリンダーヘッド/クランクシャフトは鍛造鉄製に改良され5つのメインベアリング上でそれぞれバランス取りが行われた |
| 総排気量 | 4,244 cc |
| ボア×ストローク | 92x79.8 |
| 最高出力 | 400 bhp/7,000rpm |
| 最大トルク | 46 kgm / 4,500 rpm |
| 使用燃料 | |
| 燃料タンク容量 | 88L |
| 車両重量 | 1,580kg |
| 乗車定員 | 4 |
| 最小回転半径 | |
| 全長 | 4,523 mm |
| 全幅 | 1,822 mm |
| 全高 | 1,305 mm |
| ホイールベース | 2,660 mm |
| トレッド前 | 1,525 mm |
| トレッド後 | 1,538 mm |
| 最低地上高 | |
| ブレーキ | ブレンボブレーキングシステム/フェロードHP1000パッド/ボッシュ5.7 4チャンネルABS/EBD(電子制御ブレーキシステム) |
| 前 | クロスドリルドベンチレーティッドディスクブレーキ/合金製4ピストンキャリパー/セラミックインシュレーティングシール |
| 後 | クロスドリルドベンチレーティッドディスクブレーキ/合金製4ピストンキャリパー/セラミックインシュレーティング |

| | |
|---|---|
| | シール |
| タイヤサイズ | |
| 前 | 235/35 ZR 19 |
| 後 | 265/30 ZR 19 |
| 販売期間 | 2006-2006 |
| 販売台数 | 180台 |
| モデル名 | GranSport Spyder |
| トランスミッション | 6速＋リバース/横置きレイアウト/電磁油圧機構がパドルシフティングに応答/アシンメトリカルLSD(25% 加速中 45% リフトオフ中)/ドライツインプレートクラッチ/フレキシブルカップリング・油圧制御 |
| 駆動方式 | FR |
| エンジン | 水冷90° V8 アルミニウム製クランクケース/シリンダーヘッド |
| 総排気量 | 4,244 cc |
| ボア×ストローク | 92x79.8 |
| 最高出力 | 400 bhp/7,000rpm |
| 最大トルク | 46 kgm / 4,500 rpm |
| 使用燃料 | |
| 燃料タンク容量 | 88L |
| 車両重量 | 1,630kg |
| 乗車定員 | 4 |
| 最小回転半径 | |
| 全長 | 4,303 mm |
| 全幅 | 1,822 mm |
| 全高 | 1,305 mm |
| ホイールベース | 2,440 mm |
| トレッド前 | 1,525 mm |
| トレッド後 | 1,538 mm |
| 最低地上高 | |
| ブレーキ | ブレンボブレーキングシステム/フェロードHP1000パッド/ボッシュ5.7 4チャンネルABS/EBD(電子制御ブレーキシステム) |
| 前 | クロスドリルドベンチレーティッドディスクブレーキ/チタンカラー軽合金製4ピストンキャリパー/セラミックインシュレーティングシール |
| 後 | クロスドリルドベンチレーティッドディスクブレーキ/チタンカラー軽合金製4ピストンキャリパー/セラミックインシュレーティングシール |
| タイヤサイズ | |
| 前 | ロースリップ角特性 特注Pirelli 235/35 ZR 19 |
| 後 | ロースリップ角特性 特注Pirelli 265/30 ZR 19 |
| 販売期間 | 2005-2007 |
| 販売台数 | |
| モデル名 | Quattroporte V |
| トランスミッション | 6速マセラティデュオセレクト(MDS)オートマチックトランスミッション/パドルシフト |
| 駆動方式 | FR |
| エンジン | 水冷90° V8 DOHC |
| 総排気量 | 4,244 cc |
| ボア×ストローク | 92x79.8 |
| 最高出力 | 400 ps (294 kW)/7,000 rpm |
| 最大トルク | 451 Nm/4,500 rpm |
| 使用燃料 | ハイオクガソリン |
| 燃料タンク容量 | 90 L |
| 車両重量 | 1,860 kg |
| 乗車定員 | 5 名 |
| 最小回転半径 | |
| 全長 | 5,052 mm |
| 全幅 | 1,895 mm |
| 全高 | 1,438 mm |
| ホイールベース | 3,064 mm |
| トレッド前 | 1,582 mm |
| トレッド後 | 1,595 mm |
| 最低地上高 | |
| ブレーキ | ブレンボブレーキングシステム |
| 前 | ベンチレーティッドソリッドディスクブレーキ |
| 後 | ベンチレーティッドソリッドディスクブレーキ |
| タイヤサイズ | |
| 前 | 245/45 R18 |
| 後 | 285/40 R18 |
| 販売期間 | 2004- |
| 販売台数 | |
| モデル名 | Quattroporte Automatica |
| トランスミッション | 6速オートマチックトランスミッション/パドルシフト |
| 駆動方式 | FR |
| エンジン | 水冷90° V8 DOHC |
| 総排気量 | 4,244 cc |
| ボア×ストローク | 92x79.8 |
| 最高出力 | 400 ps (295 kW)/7,000 rpm |
| 最大トルク | 460 Nm/4,250 rpm |
| 使用燃料 | ハイオクガソリン |
| 燃料タンク容量 | 90 L |
| 車両重量 | 2,050 kg (サンルーフ付 2,070 kg) |
| 乗車定員 | 5 名 |
| 最小回転半径 | |
| 全長 | 5,052 mm |
| 全幅 | 1,895 mm |
| 全高 | 1,438 mm |
| ホイールベース | 3,064 mm |
| トレッド前 | 1,582 mm |
| トレッド後 | 1,595 mm |

MASERATI COMPLETE GUIDE

|  |  |
|---|---|
| 最低地上高 | |
| ブレーキ | ブレンボブレーキングシステム |
| 前 | ベンチレーティッドソリッドディスクブレーキ |
| 後 | ベンチレーティッドソリッドディスクブレーキ |
| タイヤサイズ | |
| 前 | 245/45 ZR18 |
| 後 | 285/40 ZR18 |
| 販売期間 | 2004- |
| 販売台数 | |

|  |  |
|---|---|
| モデル名 | Quattroporte 後期型 |
| トランスミッション | 6速オートマチックトランスミッション/パドルシフト |
| 駆動方式 | FR |
| エンジン | 水冷90° V8 DOHC |
| 総排気量 | 4,244 cc |
| ボア×ストローク | 92x79.8 mm |
| 最高出力 | 401 ps (295 kW)/7,100 rpm |
| 最大トルク | 460 Nm/4,750 rpm |
| 使用燃料 | ハイオクガソリン |
| 燃料タンク容量 | 90 L |
| 車両重量 | 1,880 kg |
| 乗車定員 | 5 名 |
| 最小回転半径 | |
| 全長 | 5,097 mm |
| 全幅 | 1,895 mm |
| 全高 | 1,438 mm |
| ホイールベース | 3,064 mm |
| トレッド前 | 1,582 mm |
| トレッド後 | 1,595 mm |
| 最低地上高 | |
| ブレーキ | ブレンボブレーキングシステム |
| 前 | ベンチレーティッドディスクブレーキ |
| 後 | ベンチレーティッドディスクブレーキ |
| タイヤサイズ | |
| 前 | 245/45 R18 |
| 後 | 285/40 R18 |
| 販売期間 | 2008- |
| 販売台数 | |

|  |  |
|---|---|
| モデル名 | Quattroporte S |
| トランスミッション | 6速オートマチックトランスミッション/パドルシフト |
| 駆動方式 | FR |
| エンジン | 水冷90° V8 DOHC |
| 総排気量 | 4,691 cc |
| ボア×ストローク | 94x84.5 |
| 最高出力 | 431 ps (317 kW)/7,000 rpm |
| 最大トルク | 490 Nm/4,750 rpm |
| 使用燃料 | ハイオクガソリン |
| 燃料タンク容量 | 90 L |
| 車両重量 | 1,880 kg |
| 乗車定員 | 5 名 |
| 最小回転半径 | |
| 全長 | 5,097 mm |
| 全幅 | 1,895 mm |
| 全高 | 1,438 mm |
| ホイールベース | 3,064 mm |
| トレッド前 | 1,582 mm |
| トレッド後 | 1,595 mm |
| 最低地上高 | |
| ブレーキ | ブレンボブレーキングシステム |
| 前 | ベンチレーティッドディスクブレーキ |
| 後 | ベンチレーティッドディスクブレーキ |
| タイヤサイズ | |
| 前 | 245/40 R19 |
| 後 | 285/35 R19 |
| 販売期間 | 2008- |
| 販売台数 | |

|  |  |
|---|---|
| モデル名 | Quattroporte Sport GT S 後期型 |
| トランスミッション | 6速オートマチックトランスミッション/パドルシフト |
| 駆動方式 | FR |
| エンジン | 水冷90° V8 DOHC |
| 総排気量 | 4,691 cc |
| ボア×ストローク | 94x84.5 mm |
| 最高出力 | 439 ps (323 kW)/7,000 rpm |
| 最大トルク | 490 Nm/4,750 rpm |
| 使用燃料 | ハイオクガソリン |
| 燃料タンク容量 | 90 L |
| 車両重量 | 1,880 kg |
| 乗車定員 | 5 名 |
| 最小回転半径 | |
| 全長 | 5,097 mm |
| 全幅 | 1,895 mm |
| 全高 | 1,423 mm |
| ホイールベース | 3,064 mm |
| トレッド前 | 1,582 mm |
| トレッド後 | 1,595 mm |
| 最低地上高 | |
| ブレーキ | ブレンボブレーキングシステム |
| 前 | ベンチレーティッドディスクブレーキ |
| 後 | ベンチレーティッドディスクブレーキ |
| タイヤサイズ | |
| 前 | 245/35 ZR20 |
| 後 | 295/30 ZR20 |
| 販売期間 | 2008- |
| 販売台数 | |

|  |  |
|---|---|
| モデル名 | GranTurismo |
| トランスミッション | 6速マセラティデュオセレクト(MDS)オートマチックトランスミッション/パドルシフ |

|  |  |
|---|---|
| | ト/アダプティブコントロールシステム |
| 駆動方式 | FR |
| エンジン | 水冷90° V8 DOHC |
| 総排気量 | 4,244 cc |
| ボア×ストローク | 94x84.5 mm |
| 最高出力 | 405 ps (298 kW)/- rpm |
| 最大トルク | 460 Nm/ 4,750 rpm |
| 使用燃料 | ハイオクガソリン |
| 燃料タンク容量 | 86 L |
| 車両重量 | 1,880 kg |
| 乗車定員 | 4 名 |
| 最小回転半径 | |
| 全長 | 4,881 mm |
| 全幅 | 1,847 mm |
| 全高 | 1,353 mm |
| ホイールベース | 2,942 mm |
| トレッド前 | |
| トレッド後 | |
| 最低地上高 | |
| ブレーキ | ブレンボブレーキングシステム |
| 前 | ベンチレーティッドディスクブレーキ |
| 後 | ベンチレーティッドディスクブレーキ |
| タイヤサイズ | |
| 前 | 245/35 ZR20 |
| 後 | 295/30 ZR20 |
| 販売期間 | 2007- |
| 販売台数 | |

|  |  |
|---|---|
| モデル名 | GranTurismo S |
| トランスミッション | 6速マセラティデュオセレクト(MDS)オートマチックトランスミッション/パドルシフト/アダプティブコントロールシステム |
| 駆動方式 | FR |
| エンジン | 水冷90° V8 DOHC |
| 総排気量 | 4,691 cc |
| ボア×ストローク | 94x84.5 mm |
| 最高出力 | 439 ps (323 kW)/7,000 rpm |
| 最大トルク | 490 Nm/4,750 rpm |
| 使用燃料 | ハイオクガソリン |
| 燃料タンク容量 | 86 L |
| 車両重量 | 1,955 g |
| 乗車定員 | 4 名 |
| 最小回転半径 | |
| 全長 | 4,881 mm |
| 全幅 | 1,915 mm |
| 全高 | 1,353 mm |
| ホイールベース | 2,942 m |
| トレッド前 | |
| トレッド後 | |
| 最低地上高 | |
| ブレーキ | ブレンボブレーキングシステム |
| 前 | ベンチレーティッドディスク/アルミモノブロック6ピストンキャリパー |
| 後 | ベンチレーティッドディスク |
| タイヤサイズ | |
| 前 | 245/35 ZR20 |
| 後 | 285/30 ZR20 |
| 販売期間 | 2008- |
| 販売台数 | |

|  |  |
|---|---|
| モデル名 | GranTurismo S Automatica |
| トランスミッション | ZF社製6速オートマチックトランスミッション/パドルシフト/アダプティブコントロールシステム |
| 駆動方式 | FR |
| エンジン | 水冷90° V8 DOHC |
| 総排気量 | 4,691 cc |
| ボア×ストローク | 94x84.5 mm |
| 最高出力 | 439 ps (323 kW)/7,000 rpm |
| 最大トルク | 490 Nm/4,750 rpm |
| 使用燃料 | ハイオクガソリン |
| 燃料タンク容量 | 86 L |
| 車両重量 | 1,950 kg |
| 乗車定員 | 4 名 |
| 最小回転半径 | |
| 全長 | 4,881 mm |
| 全幅 | 1,915 mm |
| 全高 | 1,353 mm |
| ホイールベース | 2,942 mm |
| トレッド前 | |
| トレッド後 | |
| 最低地上高 | |
| ブレーキ | ブレンボブレーキングシステム |
| 前 | ベンチレーティッドディスク/アルミモノブロック6ピストンキャリパー |
| 後 | ベンチレーティッドディスク |
| タイヤサイズ | |
| 前 | 245/35 ZR20 |
| 後 | 285/35 ZR20 |
| 販売期間 | 2009- |
| 販売台数 | |

|  |  |
|---|---|
| モデル名 | GranTurismo MC Stradale |
| トランスミッション | ZF社製6速セミオートマチックトランスミッション/MCレースシフト/パドルシフト/アダプティブコントロールシステム |
| 駆動方式 | FR |
| エンジン | 水冷90° V8 DOHC |
| 総排気量 | 4,691 cc |
| ボア×ストローク | 94x84.5 mm |
| 最高出力 | 449 ps (330 kW)/7,000 rpm |
| 最大トルク | 510 Nm/4,750 rpm |
| 使用燃料 | ハイオクガソリン |
| 燃料タンク容量 | 90 L |
| 車両重量 | 1,850 kg |

|  |  |
|---|---|
| 乗車定員 | 2 名 |
| 最小回転半径 | |
| 全長 | 4,933 mm |
| 全幅 | 1,915 mm |
| 全高 | 1,343 mm |
| ホイールベース | 2,942 mm |
| トレッド前 | |
| トレッド後 | |
| 最低地上高 | |
| ブレーキ | デュアルキャストディスク/2段式ブレーキ冷却ダクトシステム/カーボンセラミックブレーキ |
| 前 | ベンチレーティッドディスク/固定式4ピストンキャリパー |
| 後 | ベンチレーティッドディスク/固定式4ピストンキャリパー |
| タイヤサイズ | |
| 前 | 255/35 ZR20 |
| 後 | 295/35 ZR20 |
| 販売期間 | 2011- |
| 販売台数 | |

|  |  |
|---|---|
| モデル名 | GranTurismo Sport |
| トランスミッション | ZF社製6速電子制御セミオートマチックトランスミッション/パドルシフト/アダプティブコントロールシステム |
| 駆動方式 | FR |
| エンジン | 水冷90° V8 DOHC |
| 総排気量 | 4,691 cc |
| ボア×ストローク | 94x84.5 mm |
| 最高出力 | 460 ps (338 kW)/7,000 rpm |
| 最大トルク | 520 Nm/4,750 rpm |
| 使用燃料 | ハイオクガソリン |
| 燃料タンク容量 | 86 L |
| 車両重量 | 1,955 kg |
| 乗車定員 | 4 名 |
| 最小回転半径 | |
| 全長 | 4,910 mm |
| 全幅 | 1,915 mm |
| 全高 | 1,380 mm |
| ホイールベース | 2,940 mm |
| トレッド前 | |
| トレッド後 | |
| 最低地上高 | |
| ブレーキ | デュアルキャストディスク/2段式ブレーキ冷却ダクトシステム/カーボンセラミックブレーキ |
| 前 | ドリルドベンチレーティッドディスク/固定式6ピストンキャリパー |
| 後 | ドリルドベンチレーティッドディスク/固定式4ピストンキャリパー |
| タイヤサイズ | |
| 前 | 245/35 ZR20 |
| 後 | 285/35 ZR20 |
| 販売期間 | 2009- |
| 販売台数 | |

|  |  |
|---|---|
| モデル名 | GranTurismo MC Stradale 4seater |
| トランスミッション | ZF社製6速電子制御セミオートマチックトランスミッション/MCレースシフト/パドルシフト/アダプティブコントロールシステム/スキッドコントロール |
| 駆動方式 | FR |
| エンジン | 水冷90° V8 DOHC |
| 総排気量 | 4,691 cc |
| ボア×ストローク | 94x84.5 mm |
| 最高出力 | 460 ps (338 kW)/7,000 rpm |
| 最大トルク | 520 Nm/4,750 rpm |
| 使用燃料 | ハイオクガソリン |
| 燃料タンク容量 | 90 L |
| 車両重量 | 1,955 kg |
| 乗車定員 | 4 名 |
| 最小回転半径 | |
| 全長 | 4,933 mm |
| 全幅 | 1,903 mm |
| 全高 | 1,343 mm |
| ホイールベース | 2,938 mm |
| トレッド前 | |
| トレッド後 | |
| 最低地上高 | |
| ブレーキ | デュアルキャストディスク/2段式ブレーキ冷却ダクトシステム/カーボンセラミックブレーキ |
| 前 | ドリルドベンチレーティッドディスク/固定式6ピストンキャリパー |
| 後 | ドリルドベンチレーティッドディスク/固定式4ピストンキャリパー |
| タイヤサイズ | |
| 前 | 255/35 ZR20 |
| 後 | 295/35 ZR20 |
| 販売期間 | 2013- |
| 販売台数 | |

|  |  |
|---|---|
| モデル名 | GranCabrio |
| トランスミッション | ZF社製6速電子制御オートマチックトランスミッション/MCレースシフト/パドルシフト/アダプティブコントロールシステム/スキッドコントロール |
| 駆動方式 | FR |
| エンジン | 水冷90° V8 DOHC |
| 総排気量 | 4,691 cc |
| ボア×ストローク | 94x84.5 mm |
| 最高出力 | 439 ps (323 kW)/7,000 rpm |
| 最大トルク | 490 Nm/4,750 rpm |
| 使用燃料 | ハイオクガソリン |

# ROAD CAR

| | |
|---|---|
| 燃料タンク容量 | 75 L |
| 車両重量 | 1,887 kg |
| 乗車定員 | 4 名 |
| 最小回転半径 | |
| 全長 | 4,881 mm |
| 全幅 | 1,847 mm |
| 全高 | 1,353 mm |
| ホイールベース | 2,942 mm |
| トレッド前 | |
| トレッド後 | |
| 最低地上高 | |
| ブレーキ | デュアルキャストディスク |
| 前 | ドリルドベンチレーティッドディスク/6ピストンキャリパー |
| 後 | ドリルドベンチレーティッドディスク/4ピストンキャリパー |
| タイヤサイズ | |
| 前 | 245/35 ZR20 |
| 後 | 285/35 ZR20 |
| 販売期間 | 2010- |
| 販売台数 | |

| | |
|---|---|
| モデル名 | GranCabrio MC |
| トランスミッション | ZF製6速電子制御オートマチックトランスミッション/MCレースシフト/パドルシフト/アダプティブコントロールシステム/スキッドコントロール |
| 駆動方式 | FR |
| エンジン | 水冷90° V8 DOHC |
| 総排気量 | 4,691 cc |
| ボア×ストローク | 94x84.5 mm |
| 最高出力 | 460 ps (338 kW)/7,000 rpm |
| 最大トルク | 520 Nm/4,750 rpm |
| 使用燃料 | ハイオクガソリン |
| 燃料タンク容量 | 75 L |
| 車両重量 | 2,070 kg |
| 乗車定員 | 4 名 |
| 最小回転半径 | |
| 全長 | 4,920 mm |
| 全幅 | 1,915 mm |
| 全高 | 1,380 mm |
| ホイールベース | 2,940 mm |
| トレッド前 | |
| トレッド後 | |
| 最低地上高 | |
| ブレーキ | デュアルキャストディスク |
| 前 | ドリルドベンチレーティッドディスク/6ピストンキャリパー |
| 後 | ドリルドベンチレーティッドディスク/4ピストンキャリパー |
| タイヤサイズ | |
| 前 | 245/35 ZR20 |
| 後 | 285/35 ZR20 |
| 販売期間 | 2013- |
| 販売台数 | |

| | |
|---|---|
| モデル名 | Quattroporte(GTS) Trofeo |
| トランスミッション | ZF製8速電子制御オートマチックトランスミッション |
| 駆動方式 | FR |
| エンジン | 水冷 90° V8 DOHC |
| 総排気量 | 3,798 cc |
| ボア×ストローク | 86.5x80.8 mm |
| 最高出力 | 530ps(390kW)/6,700rpm / 580ps(427kW)/6,750rpm |
| 最大トルク | 710Nm/ 2,000 rpm / 730Nm/2,250-5,250rpm |
| 使用燃料 | ハイオクガソリン |
| 燃料タンク容量 | 80L |
| 車両重量 | 2,060-2,130kg |
| 乗車定員 | 4/5 |
| 最小回転半径 | 5.9m |
| 全長 | 5,270 mm |
| 全幅 | 1,950 mm |
| 全高 | 1,470 mm |
| ホイールベース | 3,170 mm |
| トレッド前 | 1,635 mm |
| トレッド後 | 1,645 mm |
| 最低地上高 | |
| ブレーキ | デュアルキャストディスク |
| 前 | ドリルドベンチレーティッドディスク /6ピストンキャリパー |
| 後 | ドリルドベンチレーティッドディスク /4ピストンキャリパー |
| タイヤサイズ | |
| 前 | 245/50 ZR20 |
| 後 | 285/35 ZR20 |
| 販売期間 | 2013- |
| 販売台数 | |

| | |
|---|---|
| モデル名 | Quattroporte S & S Q4 |
| トランスミッション | ZF製8速電子制御オートマチックトランスミッション |
| 駆動方式 | FR |
| エンジン | 水冷60° V6 DOHC |
| 総排気量 | 2,979 cc |
| ボア×ストローク | 86.5x84.5 mm |
| 最高出力 | 409 ps (301 kW)/5,500 rpm |
| 最大トルク | 550 Nm/1,500-5,000 rpm |
| 使用燃料 | ハイオクガソリン |
| 燃料タンク容量 | 80 L |
| 車両重量 | 1,860kg & 1,920kg |
| 乗車定員 | 5 名 |
| 最小回転半径 | 5.9 m |
| 全長 | 5,270 mm |
| 全幅 | 1,950 mm |
| 全高 | 1,470 mm |

| | |
|---|---|
| | 3,170 mm |
| トレッド前 | 1,635 mm |
| トレッド後 | 1,645 mm |
| 最低地上高 | |
| ブレーキ | デュアルキャストディスク |
| 前 | ドリルドベンチレーティッドディスク/6ピストンキャリパー |
| 後 | ドリルドベンチレーティッドディスク/4ピストンキャリパー |
| タイヤサイズ | |
| 前 | 245/40 ZR20 |
| 後 | 275/40 ZR20 |
| 販売期間 | 2013- |
| 販売台数 | |

| | |
|---|---|
| モデル名 | Ghibli S & S Q4 |
| トランスミッション | ZF製8速電子制御オートマチックトランスミッション |
| 駆動方式 | FR & AWD |
| エンジン | 水冷90° V8 DOHC |
| 総排気量 | 2,979 cc |
| ボア×ストローク | 86.5x84.5 |
| 最高出力 | 409 ps (301 kW)/5,500 rpm |
| 最大トルク | 550 Nm/1,750-5,000 rpm |
| 使用燃料 | ハイオクガソリン |
| 燃料タンク容量 | 80 L |
| 車両重量 | 1,950kg & 2,030kg |
| 乗車定員 | 5 名 |
| 最小回転半径 | 5.85 m |
| 全長 | 4,985 mm |
| 全幅 | 1,945 mm |
| 全高 | 1,485 mm |
| ホイールベース | 3,000 mm |
| トレッド前 | 1,635 mm |
| トレッド後 | 1,655 mm |
| 最低地上高 | |
| ブレーキ | デュアルキャストディスク |
| 前 | クロスドリルドベンチレーティッドディスク/6ピストン軽合金キャリパー |
| 後 | クロスドリルドベンチレーティッドディスク/4ピストン軽合金キャリパー |
| タイヤサイズ | |
| 前 | 235/50 ZR18 |
| 後 | 275/45 ZR18 |
| 販売期間 | 2013- |
| 販売台数 | |

| | |
|---|---|
| モデル名 | Ghibli |
| トランスミッション | ZF製8速電子制御オートマチックトランスミッション |
| 駆動方式 | FR |
| エンジン | 水冷60° V6 DOHC |
| 総排気量 | 2,979 cc |
| ボア×ストローク | 86.5x84.5 |
| 最高出力 | 330 ps (243 kW)/4,500 rpm |
| 最大トルク | 500 Nm/1,750-4,500 rpm |
| 使用燃料 | ハイオクガソリン |
| 燃料タンク容量 | 80 L |
| 車両重量 | 1,950 kg |
| 乗車定員 | 5 名 |
| 最小回転半径 | 5.85 m |
| 全長 | 4,985 mm |
| 全幅 | 1,945 mm |
| 全高 | 1,485 mm |
| ホイールベース | 3,000 mm |
| トレッド前 | 1,635 mm |
| トレッド後 | 1,655 mm |
| 最低地上高 | |
| ブレーキ | デュアルキャストディスク |
| 前 | クロスドリルドベンチレーティッドディスク/4ピストン軽合金キャリパー |
| 後 | クロスドリルドベンチレーティッドディスク/フローティング軽合金キャリパー |
| タイヤサイズ | |
| 前 | 235/50 ZR18 |
| 後 | 275/45 ZR18 |
| 販売期間 | 2014- |
| 販売台数 | |

| | |
|---|---|
| モデル名 | Ghibli Diesel |
| トランスミッション | 8速オートマチックトランスミッション/パドルシフト |
| 駆動方式 | FR |
| エンジン | 水冷60° V6 DOHC ターボ |
| 総排気量 | 2,987 cc |
| ボア×ストローク | 83.0x92.0 mm |
| 最高出力 | 275 ps (202 kW)/4,000 rpm |
| 最大トルク | 600 Nm/2,000 rpm |
| 使用燃料 | 軽油 |
| 燃料タンク容量 | 80 L |
| 車両重量 | 2,040-2,130 kg |
| 乗車定員 | 5 名 |
| 最小回転半径 | 5.85 m |
| 全長 | 4,985 mm |
| 全幅 | 1,945 mm |
| 全高 | 1,485 mm |
| ホイールベース | 3,000 mm |
| トレッド前 | 1,635 mm |
| トレッド後 | 1,655 mm |
| 最低地上高 | |
| ブレーキ | |
| 前 | ベンチレーテッドディスクブレーキ |
| 後 | ベンチレーテッドディスクブレーキ |
| タイヤサイズ | |
| 前 | 235/50 R18 |

| | |
|---|---|
| 後 | 275/45 R18 |
| 販売期間 | 2013- |
| 販売台数 | |

| | |
|---|---|
| モデル名 | Ghibli Hybrid (Ghibli GT) |
| トランスミッション | 8速オートマチックトランスミッション/パドルシフト |
| 駆動方式 | FR |
| エンジン | 直列4気筒 eBooster + 48V BSG マイル |
| 総排気量 | 1,998 cc |
| ボア×ストローク | 84.0x90.0 mm |
| 最高出力 | 330 ps /5,750 rpm |
| 最大トルク | 450 Nm/4,000 rpm |
| 使用燃料 | |
| 燃料タンク容量 | 80 L |
| 車両重量 | 1950 kg |
| 乗車定員 | |
| 最小回転半径 | 5.85 m |
| 全長 | 4,971 mm |
| 全幅 | 1,945 mm |
| 全高 | 1,461 mm |
| ホイールベース | 2,998 mm |
| トレッド前 | 1,635 mm |
| トレッド後 | 1,653 mm |
| 最低地上高 | |
| ブレーキ | |
| 前 | ベンチレーテッドディスクブレーキ 345 x 28 mm, Brembo 製 4 ピストン・キャリパー |
| 後 | ベンチレーテッドディスクブレーキ 330 x 22 mm, シングルピストン・フローティングキャリパー |
| タイヤサイズ | |
| 前 | 235/50 R18 |
| 後 | 235/50 R18 |
| 販売期間 | 2020- |
| 販売台数 | |

| | |
|---|---|
| モデル名 | モデル名 Ghibli Trofeo 346Ultima |
| トランスミッション | ZF 製 8 速 AT |
| 駆動方式 | FR |
| エンジン | 90° V8 ツインターボ 直噴 (GDI) |
| 総排気量 | 3,799 cc |
| ボア×ストローク | 86.5x80.8 mm |
| 最高出力 | 580 ps /6,750 rpm |
| 最大トルク | 730 Nm/ 2.250-5.250rpm |
| 使用燃料 | |
| 燃料タンク容量 | 80 L |
| 車両重量 | 1,969 kg |
| 乗車定員 | 5 名 |
| 最小回転半径 | 5.85 m |
| 全長 | 4,971 mm |
| 全幅 | 1,945 mm |
| 全高 | 1,461 mm |
| ホイールベース | 2,998 mm |
| トレッド前 | 1,635 mm |
| トレッド後 | 1,655 mm |
| 最低地上高 | |
| ブレーキ | |
| 前 | ベンチレーテッドディスクブレーキ |
| 後 | ベンチレーテッドディスクブレーキ |
| タイヤサイズ | |
| 前 | 235/50 R18 |
| 後 | 275/45 R18 |
| 販売期間 | 2013- |
| 販売台数 | |

| | |
|---|---|
| モデル名 | Levante |
| トランスミッション | 8速オートマチックトランスミッション/パドルシフト |
| 駆動方式 | 4WD |
| エンジン | 水冷60° V6 DOHC ターボ |
| 総排気量 | 2,979 cc |
| ボア×ストローク | 86.5x84.5 mm |
| 最高出力 | 350 hp (257 kW)/5,500 rpm |
| 最大トルク | 500 Nm/1,600-4,500 rpm |
| 使用燃料 | ハイオクガソリン |
| 燃料タンク容量 | 80 L |
| 車両重量 | 2,140-2,280 kg |
| 乗車定員 | 5 名 |
| 最小回転半径 | 5.85 m |
| 全長 | 5,000-5,020 mm |
| 全幅 | 1,985 mm |
| 全高 | 1,680 mm |
| ホイールベース | 3,005 mm |
| トレッド前 | 1,645 mm |
| トレッド後 | 1,670 mm |
| 最低地上高 | |
| ブレーキ | |
| 前 | ベンチレーテッドディスクブレーキ |
| 後 | ベンチレーテッドディスクブレーキ |
| タイヤサイズ | |
| 前 | 255/60 R18 |
| 後 | 255/40 R18 |
| 販売期間 | 2016- |
| 販売台数 | |

| | |
|---|---|
| モデル名 | Levante S |
| トランスミッション | 8速オートマチックトランスミッション/パドルシフト |
| 駆動方式 | 4WD |
| エンジン | 水冷60° V6 DOHC ターボ |
| 総排気量 | 2,979 cc |
| ボア×ストローク | 86.5x84.5 mm |
| 最高出力 | 430 hp (316 kW)/5,750 rpm |

MASERATI COMPLETE GUIDE 169

|  |  |
|---|---|
| 最大トルク | 580 Nm/1,750-5,000 rpm |
| 使用燃料 | ハイオクガソリン |
| 燃料タンク容量 | 80 L |
| 車両重量 | 2,140-2,280 kg |
| 乗車定員 | 5 名 |
| 最小回転半径 | 5.85 m |
| 全長 | 5,000-5,020 mm |
| 全幅 | 1,985 mm |
| 全高 | 1,680 mm |
| ホイールベース | 3,005 mm |
| トレッド前 | 1,645 mm |
| トレッド後 | 1,670 mm |
| 最低地上高 | |
| ブレーキ 前 | ベンチレーテッドディスクブレーキ |
| 後 | ベンチレーテッドディスクブレーキ |
| タイヤサイズ 前 | 265/50 R19 |
| 後 | 295/45 R19 |
| 販売期間 | 2016- |
| 販売台数 | |

|  |  |
|---|---|
| モデル名 | Levante Diesel |
| トランスミッション | 8速オートマチックトランスミッション/パドルシフト |
| 駆動方式 | 4WD |
| エンジン | 水冷60°V6 DOHC ターボ |
| 総排気量 | 2,987 cc |
| ボア×ストローク | 83.0x92.0 mm |
| 最高出力 | 275 hp (202 kW)/4,000 rpm |
| 最大トルク | 600 Nm/2,000 rpm |
| 使用燃料 | 軽油 |
| 燃料タンク容量 | 80 L |
| 車両重量 | 2,290-2,340 kg |
| 乗車定員 | 5 名 |
| 最小回転半径 | 5.85 m |
| 全長 | 5,000-5,020 mm |
| 全幅 | 1,985 mm |
| 全高 | 1,680 mm |
| ホイールベース | 3,005 mm |
| トレッド前 | 1,645 mm |
| トレッド後 | 1,670 mm |
| 最低地上高 | |
| ブレーキ 前 | ベンチレーテッドディスクブレーキ |
| 後 | ベンチレーテッドディスクブレーキ |
| タイヤサイズ 前 | 265/50 R19 |
| 後 | 295/45 R19 |
| 販売期間 | 2016- |
| 販売台数 | |

|  |  |
|---|---|
| モデル名 | Levante GTS |
| トランスミッション | 8速オートマチックトランスミッション/パドルシフト |
| 駆動方式 | 4WD |
| エンジン | 水冷90°V8 DOHC ツインターボ |
| 総排気量 | 3,798 cc |
| ボア×ストローク | 86.5x80.8 mm |
| 最高出力 | 550 ps (404 kW)/6,250 rpm |
| 最大トルク | 733 Nm/3,000 rpm |
| 使用燃料 | ハイオクガソリン |
| 燃料タンク容量 | 80 L |
| 車両重量 | 2,270-2,300 kg |
| 乗車定員 | 5 名 |
| 最小回転半径 | 5.85 m |
| 全長 | 5,020 mm |
| 全幅 | 1,985 mm |
| 全高 | 1,700 mm |
| ホイールベース | 3,005 mm |
| トレッド前 | 1,645 mm |
| トレッド後 | 1,670 mm |
| 最低地上高 | |
| ブレーキ 前 | ベンチレーテッドディスクブレーキ |
| 後 | ベンチレーテッドディスクブレーキ |
| タイヤサイズ 前 | 265/40 R20 |
| 後 | 295/40 R20 |
| 販売期間 | 2018- |
| 販売台数 | |

|  |  |
|---|---|
| モデル名 | Levante Trofeo |
| トランスミッション | 8速オートマチックトランスミッション/パドルシフト |
| 駆動方式 | 4WD |
| エンジン | 水冷90°V8 DOHC ツインターボ |
| 総排気量 | 3,798 cc |
| ボア×ストローク | 86.5x80.8 mm |
| 最高出力 | 590 ps (434 kW)/6,250 rpm |
| 最大トルク | 734 Nm/2,500 rpm |
| 使用燃料 | ハイオクガソリン |
| 燃料タンク容量 | 80 L |
| 車両重量 | 2,310-2,340 kg |
| 乗車定員 | 5 名 |
| 最小回転半径 | 5.85 m |
| 全長 | 5,020 mm |
| 全幅 | 1,985 mm |
| 全高 | 1,700 mm |
| ホイールベース | 3,005 mm |
| トレッド前 | 1,645 mm |
| トレッド後 | 1,670 mm |
| 最低地上高 | |
| ブレーキ 前 | ベンチレーテッドディスクブレーキ |
| 後 | ベンチレーテッドディスクブレーキ |
| タイヤサイズ 前 | 265/40 R21 |
| 後 | 295/35 R21 |
| 販売期間 | 2018- |

|  |  |
|---|---|
| モデル名 | Levante GT (Hybrid) |
| トランスミッション | ZF製8速AT |
| 駆動方式 | AWD |
| エンジン | 直列4気筒 eBooster + 48V BSG マイルドハイブリッド |
| 総排気量 | 1,995 cc |
| ボア×ストローク | 84.0x90.0 mm |
| 最高出力 | 330 hp /5,750 rpm |
| 最大トルク | 450 Nm/2,250 rpm |
| 使用燃料 | ハイオクガソリン |
| 燃料タンク容量 | 80 L |
| 車両重量 | 2,280 kg |
| 乗車定員 | 5 名 |
| 最小回転半径 | 5.85 m |
| 全長 | 5,020 mm |
| 全幅 | 1,985 mm |
| 全高 | 1,680 mm |
| ホイールベース | 3,005 mm |
| トレッド前 | 1,645 mm |
| トレッド後 | 1,670 mm |
| 最低地上高 | |
| ブレーキ 前 | ベンチレーテッドディスクブレーキ 345 x 32 mm 2ピストン・フローティングキャリパー |
| 後 | ベンチレーテッドディスクブレーキ 330 x 22 mm、シングルピストン・フローティングキャリパー |
| タイヤサイズ 前 | 265/50 R19 |
| 後 | 265/50 R19 |
| 販売期間 | 2021- |

|  |  |
|---|---|
| モデル名 | MC20  MC20 チェロ |
| トランスミッション | 8速デュアルクラッチトランスミッション/パドルシフト |
| 駆動方式 | RWD |
| エンジン | 水冷90°V6 DOHC MTC パッシブプレチャンバー ツインターボ |
| 総排気量 | 3,000 cc |
| ボア×ストローク | 88.0x82.0 mm |
| 最高出力 | 630 hp (463 kW)/7,500 rpm |
| 最大トルク | 730 Nm/3,000-5,500 rpm |
| 使用燃料 | ハイオクガソリン |
| 燃料タンク容量 | 60 L |
| 車両重量 | 1,640 kg 1,750 kg |
| 乗車定員 | 2 名 |
| 最小回転半径 | |
| 全長 | 4,669 mm |
| 全幅 | 1,965 mm |
| 全高 | 1,221 mm |
| ホイールベース | 2,700 mm |
| トレッド前 | 1,681 mm |
| トレッド後 | 1,649 mm |
| 最低地上高 | |
| ブレーキ 前 | ベンチレーテッドディスクブレーキ(オプション:カーボンセラミック)/ブレンボ製6ピストンキャリパー |
| 後 | ベンチレーテッドディスクブレーキ(オプション:カーボンセラミック)/4ピストンキャリパー |
| タイヤサイズ 前 | 245/35 R20 |
| 後 | 305/30 R20 |
| 販売期間 | 2020- |

|  |  |
|---|---|
| モデル名 | Grecare Trofeo |
| トランスミッション | 8速AT Gen2 8HP75 |
| 駆動方式 | AWD |
| エンジン | 水冷90°V6 DOHC MTC パッシブプレチャンバー ツインターボ |
| 総排気量 | 3,000 cc |
| ボア×ストローク | 88.0x82.0 mm |
| 最高出力 | 530 hp /6,500 rpm |
| 最大トルク | 620 Nm/3,000-5,500 rpm |
| 使用燃料 | ハイオクガソリン |
| 燃料タンク容量 | 64 L |
| 車両重量 | 2,027 kg |
| 乗車定員 | 5 |
| 最小回転半径 | |
| 全長 | 4,859 mm |
| 全幅 | 1,979 mm |
| 全高 | 1,659 mm |
| ホイールベース | 2,901 mm |
| トレッド前 | 1,621 mm |
| トレッド後 | 1,694 mm |
| 最低地上高 | |
| ブレーキ 前 | デュアルキャスト、クロスドリルド、ベンチレーテッド ディスク6ピストン |
| 後 | デュアルキャスト、クロスドリルド、ベンチレーテッド ディスク4ピストン |
| タイヤサイズ 前 | 255/40 R21 |
| 後 | 295/35 R21 |
| 販売期間 | 2022 - |
| 販売台数 | |

|  |  |
|---|---|
| モデル名 | Grecare Modena  GT |
| トランスミッション | 8速AT Gen2.5 8HP50 |
| 駆動方式 | AWD |
| エンジン | 直4 MHEV、BSG 付 |
| 総排気量 | 1,995 cc |
| ボア×ストローク | 84.0x90.0 mm |
| 最高出力 | 330 ps /5,750 rpm  300 ps @ 5750 rpm |
| 最大トルク | 450 Nm/2,000-5,000 rpm  450 Nm @ 2000 - 4000 rpm |
| 使用燃料 | ハイオクガソリン |
| 燃料タンク容量 | 64 L |
| 車両重量 | 1,895 kg  1,870 kg |
| 乗車定員 | 5 |
| 最小回転半径 | |
| 全長 | 4,847  4,846 mm |
| 全幅 | 1,979 mm  1,948 mm |
| 全高 | 1,659 mm  1,670 mm |
| ホイールベース | 2,901 mm |
| トレッド前 | 1,621 mm |
| トレッド後 | 1,694 mm |
| 最低地上高 | |
| ブレーキ 前 | ベンチレーテッド モノリティック ディスク 4ピストン |
| 後 | ベンチレーテッド モノリティック ディスク |
| タイヤサイズ 前 | 255/45 R20 235/55 R19 |
| 後 | 295/40 R20 235/55 R19 |
| 販売期間 | 2020- |
| 販売台数 | |

|  |  |
|---|---|
| モデル名 | Granturismo Modena  Trofeo |
| トランスミッション | 8速AT Gen2 8HP75 |
| 駆動方式 | AWD |
| エンジン | 水冷90°V6 DOHC MTC パッシブプレチャンバー ツインターボ |
| 総排気量 | 3,000 cc |
| ボア×ストローク | 88.0x82.0 mm |
| 最高出力 | 490 ps /6,500 rpm  550 ps @ 6,500 rpm |
| 最大トルク | 600 Nm/3,000 rpm  650 Nm @ 3000 rpm |
| 使用燃料 | ハイオクガソリン |
| 燃料タンク容量 | 70 L |
| 車両重量 | 1,870 kg  1,870 kg |
| 乗車定員 | 5 |
| 最小回転半径 | 6.2 m |
| 全長 | 4,960 mm  4,965 mm |
| 全幅 | 1,955 mm  1,955 mm |
| 全高 | 1,410 mm  1,410 mm |
| ホイールベース | 2,930 mm |
| トレッド前 | 1,650 mm |
| トレッド後 | 1,660 mm |
| 最低地上高 | |
| ブレーキ 前 | ベンチレーテッド ディスク、380 x 34 mm ブレンボ 6ピストン固定式キャリパー |
| 後 | ベンチレーテッド ディスク、350 x 28 mm ブレンボ 4ピストン固定式キャリパー |
| タイヤサイズ 前 | 265/30 ZR20 |
| 後 | 295/30 ZR21 |
| 販売期間 | 2022 - |
| 販売台数 | |

|  |  |
|---|---|
| モデル名 | Gran Cabrio Trofeo |
| トランスミッション | 8速AT Gen2 8HP75 |
| 駆動方式 | AWD |
| エンジン | 水冷90°V6 DOHC MTC パッシブプレチャンバー ツインターボ |
| 総排気量 | 3,000 cc |
| ボア×ストローク | 88.0x82.0 mm |
| 最高出力 | 550 ps /6,500 rpm |
| 最大トルク | 650 Nm @ 3000 rpm |
| 使用燃料 | ハイオクガソリン |
| 燃料タンク容量 | 70 L |
| 車両重量 | 1,958 kg |
| 乗車定員 | 4 |
| 最小回転半径 | 6.2 m |
| 全長 | 4,966 mm |
| 全幅 | 1,957 mm |
| 全高 | 1,365 mm |
| ホイールベース | 2,929 mm |
| トレッド前 | 1,646 mm |
| トレッド後 | 1,660 mm |
| 最低地上高 | |
| ブレーキ 前 | ベンチレーテッド ディスク、380 x 34 mm ブレンボ 6ピストン固定式キャリパー |
| 後 | ベンチレーテッド ディスク、350 x 28 mm ブレンボ 4ピストン固定式キャリパー |
| タイヤサイズ 前 | 265/30 ZR20 |
| 後 | 295/30 ZR21 |
| 販売期間 | 2024 - |
| 販売台数 | |

# RACE CAR

## Post War RACE CAR

| | |
|---|---|
| モデル名 | A6G CS |
| トランスミッション | 4速+リバース マニュアル |
| 駆動方式 | |
| エンジン | 水冷71.5°V6 |
| 総排気量 | 1,978.7 cc |
| ボア×ストローク | 72x81 mm |
| 最高出力 | 130bhp /6,000 rpm |
| 最大トルク | |
| 使用燃料 | |
| 燃料タンク容量 | 100L |
| 車両重量 | 672 kg (レーシングバージョン 580kg) |
| 乗車定員 | 2名 |
| 最小回転半径 | |
| 全長 | 3,690 mm |
| 全幅 | 1,380 mm |
| 全高 | 900 mm |
| ホイールベース | 2,310mm |
| トレッド前 | |
| トレッド後 | |
| 最低地上高 | |
| ブレーキ | |
| 前 | 油圧式ドラムブレーキ |
| 後 | 油圧式ドラムブレーキ |
| タイヤサイズ | |
| 前 | Pirelli 3.50x16 |
| 後 | Pirelli 3.50x15 |
| 販売期間 | 1947-1953 |
| 販売台数 | 15台 |

| | |
|---|---|
| モデル名 | A6G CM 1951-1953 |
| トランスミッション | 4速+リバース マニュアル |
| 駆動方式 | |
| エンジン | 水冷直列6気筒 |
| 総排気量 | 1,987 cc (1951-52); 1,988.1 cc (1952); 1,959.5 cc (1953) |
| ボア×ストローク | 72.6x80 mm (1951-52); 75x75 mm (1952); 76.2x72 mm (1953) |
| 最高出力 | 160 bhp /6,500 rpm (1951-52); 180 bhp /7,300 rpm (1952); 197 bhp /8,000 rpm (1953) |
| 最大トルク | |
| 使用燃料 | |
| 燃料タンク容量 | 200L |
| 車両重量 | 550-560 kg(1951-52); 570 kg(1953) |
| 乗車定員 | 1名 |
| 最小回転半径 | |
| 全長 | 3,600 mm |
| 全幅 | 1,500 mm |
| 全高 | 1,000 mm |
| ホイールベース | 2,280 mm (1951-52) |
| トレッド前 | |
| トレッド後 | |
| 最低地上高 | |
| ブレーキ | |
| 前 | 油圧式ドラムブレーキ |
| 後 | 油圧式ドラムブレーキ |
| タイヤサイズ | |
| 前 | Pirelli 5.00x15-5.50x15 (1951-52); 5.25x16 (1953) |
| 後 | Pirelli 6.00x16-6.50x16 (1951-52); 6.50x16 (1953) |
| 販売期間 | 1951-1953 |
| 販売台数 | |

| | |
|---|---|
| モデル名 | A6GCS /53 |
| トランスミッション | 4速+リバース マニュアル |
| 駆動方式 | |
| エンジン | 水冷直列6気筒 |
| 総排気量 | 1,985.6 cc |
| ボア×ストローク | 76.5x72 mm |
| 最高出力 | 170 bhp /7,300 rpm |
| 最大トルク | |
| 使用燃料 | |
| 燃料タンク容量 | 115L |
| 車両重量 | 740kg |
| 乗車定員 | 2名 |
| 最小回転半径 | |
| 全長 | 3,840 mm |
| 全幅 | 1,530 mm |
| 全高 | 860 mm |
| ホイールベース | 2,310 mm |
| トレッド前 | |
| トレッド後 | |
| 最低地上高 | |
| ブレーキ | |
| 前 | 油圧式ドラムブレーキ |
| 後 | 油圧式ドラムブレーキ |
| タイヤサイズ | |
| 前 | Pirelli 6,00x16 |
| 後 | Pirelli 6,00x16 |
| 販売期間 | 1953-1955 |
| 販売台数 | 54台+スペア用エンジン |

| | |
|---|---|
| モデル名 | 250F |
| トランスミッション | 4速+リバース マニュアル / デフ内蔵ユニット |
| 駆動方式 | |
| エンジン | 水冷直列6気筒 |
| 総排気量 | 2,493.8 cc |
| ボア×ストローク | 84x75 mm |
| 最高出力 | 240-270 bhp /7,200-8,000 rpm |
| 最大トルク | |
| 使用燃料 | |
| 燃料タンク容量 | 200L |
| 車両重量 | 670-630 kg -1958 550kg |
| 乗車定員1名 | |
| 最小回転半径 | |
| 全長 | 4,050 mm -1957 4,270mm |
| 全幅 | 980 mm -1957 910mm |
| 全高 | 950 mm -1957 900mm |
| ホイールベース | 2,280 mm -1957 2225mm |
| トレッド前 | |
| トレッド後 | |
| 最低地上高 | |
| ブレーキ | |
| 前 | 油圧式ドラムブレーキ |
| 後 | 油圧式ドラムブレーキ |
| タイヤサイズ | |
| 前 | Pirelli 5.25x16-5.50x16-6.50x16 |
| 後 | Pirelli 5.25x16-5.50x16-6.50x16 |
| 販売期間 | 1954-1958 |
| 販売台数 | |

| | |
|---|---|
| モデル名 | 250F T2 |
| トランスミッション | 5速+リバース マニュアル / デフ内蔵ユニット |
| 駆動方式 | |
| エンジン | 水冷60° V12 |
| 総排気量 | 2,490.9cc |
| ボア×ストローク | 68.7x56 mm |
| 最高出力 | 310bhp /10,000 rpm |
| 最大トルク | |
| 使用燃料 | |
| 燃料タンク容量 | 230L |
| 車両重量 | 650 kg |
| 乗車定員1名 | |
| 最小回転半径 | |
| 全長 | 4,350 mm |
| 全幅 | 900 mm |
| 全高 | 900 mm |
| ホイールベース | 2,300 mm |
| トレッド前 | |
| トレッド後 | |
| 最低地上高 | |
| ブレーキ | |
| 前 | 油圧式ドラムブレーキ |
| 後 | 油圧式ドラムブレーキ |
| タイヤサイズ | |
| 前 | Pirelli 5.50x16-6.50x16-5.50x17 |
| 後 | Pirelli 7.00x16-7.00x17 |
| 販売期間 | 1957-1957 |
| 販売台数 | |

| | |
|---|---|
| モデル名 | 150S |
| トランスミッション | 4/5速+リバース マニュアル |
| 駆動方式 | |
| エンジン | 水冷直列4気筒 |
| 総排気量 | 1,484.1 cc |
| ボア×ストローク | 81x72 mm |
| 最高出力 | 140 bhp /7,500 rpm |
| 最大トルク | |
| 使用燃料 | |
| 燃料タンク容量 | 125L |
| 車両重量 | 630 kg |
| 乗車定員 | 2名 |
| 最小回転半径 | |
| 全長 | 3,800 mm |
| 全幅 | 1,500 mm |
| 全高 | 980 mm |
| ホイールベース | 2,150-2,250 mm |
| トレッド前 | |
| トレッド後 | |
| 最低地上高 | |
| ブレーキ | |
| 前 | 油圧式ドラムブレーキ |
| 後 | 油圧式ドラムブレーキ |
| タイヤサイズ | |
| 前 | Pirelli 5.25x16 |
| 後 | Pirelli 5.50x16 |
| 販売期間 | 1955-1957 |
| 販売台数 | 25台 (何台かは後に2Lクラス用に200Sエンジンでアップデートされた) |

| | |
|---|---|
| モデル名 | 200S/200SI |
| トランスミッション | 4/5速+リバース マニュアル |
| 駆動方式 | |
| エンジン | 水冷直列4気筒 |
| 総排気量 | 2,490.9cc |
| ボア×ストローク | 92x75 mm |
| 最高出力 | 140bhp /7,500 rpm |
| 最大トルク | |
| 使用燃料 | |
| 燃料タンク容量 | 120L |
| 車両重量 | 670-660 kg |
| 乗車定員 | 2名 |
| 最小回転半径 | |
| 全長 | 3,900 mm |
| 全幅 | 1,450 mm |
| 全高 | 980 mm |
| ホイールベース | 2,150から2,250 mmへ拡張 |
| トレッド前 | |
| トレッド後 | |
| 最低地上高 | |
| ブレーキ | |
| 前 | 油圧式ドラムブレーキ |
| 後 | 油圧式ドラムブレーキ |
| タイヤサイズ | |
| 前 | Pirelli 5.25x16-5.50x16 |
| 後 | Pirelli 5.50x16-6.00x16 |
| 販売期間 | 1955-1957 |
| 販売台数 | 28台(200S/200SIの合計)ほとんどがアメリカに販売された |

| | |
|---|---|
| モデル名 | 250S |
| トランスミッション | 4速+リバース マニュアル |
| 駆動方式 | |
| エンジン | 水冷直列6気筒 |
| 総排気量 | 2,493.8cc |
| ボア×ストローク | 84x75 mm |
| 最高出力 | 230bhp /7,000 rpm |
| 最大トルク | |
| 使用燃料 | |
| 燃料タンク容量 | 150L |
| 車両重量 | 760 kg |
| 乗車定員 | 2名 |
| 最小回転半径 | |
| 全長 | 4,100 mm |
| 全幅 | 1,450 mm |
| 全高 | 980 mm |
| ホイールベース | 2,310 mm |
| トレッド前 | |
| トレッド後 | |
| 最低地上高 | |
| ブレーキ | |
| 前 | 油圧式ドラムブレーキ |
| 後 | 油圧式ドラムブレーキ |
| タイヤサイズ | |
| 前 | Pirelli 5,50x16 |
| 後 | Pirelli 6,00x16 |
| 販売期間 | 1954-1956 |
| 販売台数 | |

| | |
|---|---|
| モデル名 | 300S |
| トランスミッション | 4速+リバース マニュアル / デフ内蔵ユニット |
| 駆動方式 | |
| エンジン | 水冷直列6気筒 |
| 総排気量 | 2,992.5cc |
| ボア×ストローク | 84x90 mm |
| 最高出力 | 245bhp /6,200 rpm |
| 最大トルク | |
| 使用燃料 | |
| 燃料タンク容量 | 150L |
| 車両重量 | 780 kg |
| 乗車定員 | 2名 |
| 最小回転半径 | |
| 全長 | 4,150 mm |
| 全幅 | 1,450 mm |
| 全高 | 980 mm |
| ホイールベース | 2,310mm |
| トレッド前 | |
| トレッド後 | |
| 最低地上高 | |
| ブレーキ | |
| 前 | 油圧式ドラムブレーキ |
| 後 | 油圧式ドラムブレーキ |
| タイヤサイズ | |
| 前 | Pirelli 6.00x16 |
| 後 | Pirelli 6.50x16 |
| 販売期間 | 1956-1958 |
| 販売台数 | 26台 |

| | |
|---|---|
| モデル名 | 350S |
| トランスミッション | 5速+リバース マニュアル / デフ内蔵ユニット |
| 駆動方式 | |
| エンジン | 水冷直列6気筒 |
| 総排気量 | 3,485.3cc |
| ボア×ストローク | 86x100 mm |
| 最高出力 | 290bhp /6,000 rpm |
| 最大トルク | |
| 使用燃料 | |
| 燃料タンク容量 | 150L |
| 車両重量 | 780 kg |
| 乗車定員 | 2名 |
| 最小回転半径 | |
| 全長 | 4,200 mm |
| 全幅 | 1,500 mm |
| 全高 | 980 mm |
| ホイールベース | 2,325mm |
| トレッド前 | |
| トレッド後 | |
| 最低地上高 | |
| ブレーキ | |
| 前 | 油圧式ドラムブレーキ |
| 後 | 油圧式ドラムブレーキ |
| タイヤサイズ | |
| 前 | Pirelli 6.00x16 |
| 後 | Pirelli 6.50x16 |
| 販売期間 | 1956-1957 |
| 販売台数 | |

| | |
|---|---|
| モデル名 | 450S |
| トランスミッション | 5速+リバース マニュアル / デフ内蔵ユ |

| | |
|---|---|
| | ニット |
| 駆動方式 | |
| エンジン | 水冷90°V8 |
| 総排気量 | 4,477.9 cc |
| ボア×ストローク | 93.8x81 mm |
| 最高出力 | 400 bhp /7,200 rpm |
| 最大トルク | |
| 使用燃料 | |
| 燃料タンク容量 | 160L |
| 車両重量 | 790 kg |
| 乗車定員 | 2名 |
| 最小回転半径 | |
| 全長 | 4,350 mm |
| 全幅 | 1,550 mm |
| 全高 | 1,000 mm |
| ホイールベース | 2,400 mm |
| トレッド前 | |
| トレッド後 | |
| 最低地上高 | |
| ブレーキ | |
| 前 | 油圧式ドラムブレーキ |
| 後 | 油圧式ドラムブレーキ |
| タイヤサイズ | |
| 前 | Pirelli 5.00x16 |
| 後 | Pirelli 7.00x16-7.00x17 |
| 販売期間 | 1956-1958 |
| 販売台数 | |

| | |
|---|---|
| モデル名 | 420/M/58 Eldorado（1958-1959） |
| トランスミッション | 2速＋リアドライブシャフト上にリバース |
| 駆動方式 | |
| エンジン | 水冷90°V8 |
| 総排気量 | 4,190.4 cc |
| ボア×ストローク | 93.8x75.8 mm |
| 最高出力 | 410 bhp /8,000 rpm |
| 最大トルク | |
| 使用燃料 | |
| 燃料タンク容量 | 250L |
| 車両重量 | 758 kg |
| 乗車定員 | 2名 |
| 最小回転半径 | |
| 全長 | 4,358 mm |
| 全幅 | 1,200 mm |
| 全高 | 1,100 mm |
| ホイールベース | 2,400 mm |
| トレッド前 | |
| トレッド後 | |
| 最低地上高 | |
| ブレーキ | |
| 前 | 油圧式ドラムブレーキ |
| 後 | 油圧式ドラムブレーキ |
| タイヤサイズ | |
| 前 | Firestone 7.60x16-8.00x16 |
| 後 | Firestone 8.00x18 |
| 販売期間 | 1958-1959 |
| 販売台数 | |

| | |
|---|---|
| モデル名 | Tipo60 |
| トランスミッション | 5速＋リバース マニュアル / デフ内蔵ユニット |
| 駆動方式 | |
| エンジン | 水冷直列4気筒 |
| 総排気量 | 1,990.2 cc |
| ボア×ストローク | 93.8x72 mm |
| 最高出力 | 200 bhp /7,800 rpm |
| 最大トルク | |
| 使用燃料 | |
| 燃料タンク容量 | 120L |
| 車両重量 | 570 kg |
| 乗車定員 | 2名 |
| 最小回転半径 | |
| 全長 | 3,800 mm |
| 全幅 | 1,500 mm |
| 全高 | 900 mm |
| ホイールベース | 2,200 mm |
| トレッド前 | |
| トレッド後 | |
| 最低地上高 | |
| ブレーキ | |
| 前 | 油圧式ディスクブレーキ |
| 後 | 油圧式ディスクブレーキ |
| タイヤサイズ | |
| 前 | Pirelli or Dunlop 5.25x16-5.50x16-6.00x16 |
| 後 | Pirelli or Dunlop 6.00x16-6.50x16 |
| 販売期間 | 1959-1960 |
| 販売台数 | |

| | |
|---|---|
| モデル名 | Tipo63 |
| トランスミッション | 5速＋リバース マニュアル / デフ内蔵ユニット |
| 駆動方式 | |
| エンジン | 水冷60°V12 |
| 総排気量 | 2,989.5 cc |
| ボア×ストローク | 70.4x64 mm |
| 最高出力 | 320 bhp /8,200 rpm |
| 最大トルク | |
| 使用燃料 | |
| 燃料タンク容量 | 120L |
| 車両重量 | 730 kg |
| 乗車定員 | 2名 |
| 最小回転半径 | |
| 全長 | 3,940 mm |
| 全幅 | 1,540 mm |
| 全高 | 960 mm |
| ホイールベース | 2,200 mm |
| トレッド前 | |
| トレッド後 | |
| 最低地上高 | |
| ブレーキ | |
| 前 | 油圧式ディスクブレーキ |
| 後 | 油圧式ディスクブレーキ |
| タイヤサイズ | |
| 前 | Dunlop 5.50x16 |
| 後 | Dunlop 6.00x16-6.50x16 |
| 販売期間 | 1961-1961 |
| 販売台数 | |

| | |
|---|---|
| モデル名 | Tipo64 |
| トランスミッション | 5速＋リバース マニュアル / デフ内蔵ユニット |
| 駆動方式 | |
| エンジン | 水冷60°V12 |
| 総排気量 | 2,989.5 cc |
| ボア×ストローク | 70.4x64 mm |
| 最高出力 | 320 bhp /8,200 rpm |
| 最大トルク | |
| 使用燃料 | |
| 燃料タンク容量 | 120L |
| 車両重量 | 640 kg |
| 乗車定員 | 2名 |
| 最小回転半径 | |
| 全長 | 3,940 mm |
| 全幅 | 1,540 mm |
| 全高 | 960 mm |
| ホイールベース | 2,200 mm |
| トレッド前 | |
| トレッド後 | |
| 最低地上高 | |
| ブレーキ | |
| 前 | 油圧式ディスクブレーキ |
| 後 | 油圧式ディスクブレーキ |
| タイヤサイズ | |
| 前 | Dunlop 5.50x16 |
| 後 | Dunlop 6.50x16 |
| 販売期間 | 1961-1962 |
| 販売台数 | |

| | |
|---|---|
| モデル名 | Barchetta corsa |
| トランスミッション | ゲトラグ社製6速＋リバース マニュアル |
| 駆動方式 | |
| エンジン | 水冷90°V6 |
| 総排気量 | 1,996 cc |
| ボア×ストローク | 82x63 mm |
| 最高出力 | 315 bhp /7,250 rpm |
| 最大トルク | 38 kgm /4,250 rpm |
| 使用燃料 | |
| 燃料タンク容量 | 120L |
| 車両重量 | 775 kg |
| 乗車定員 | 2名 |
| 最小回転半径 | |
| 全長 | 4,050 mm |
| 全幅 | 1,965 mm |
| 全高 | 845 mm |
| ホイールベース | 2,600 mm |
| トレッド前 | |
| トレッド後 | |
| 最低地上高 | |
| ブレーキ | 油圧式 フローティングキャリパー |
| 前 | ベンチレーティッドディスクブレーキ |
| 後 | ベンチレーティッドディスクブレーキ |
| タイヤサイズ | |
| 前 | 245/40 ZR 18 |
| 後 | 285/35 ZR 18 |
| 販売期間 | 1991-1991 |
| 販売台数 | 10台 |

| | |
|---|---|
| モデル名 | Ghibri Open Cup |
| トランスミッション | ゲトラグ社製6速＋リバース マニュアル |
| 駆動方式 | |
| エンジン | 水冷90°V6 |
| 総排気量 | 1,996 cc |
| ボア×ストローク | 82x63 mm |
| 最高出力 | 320 bhp /6,500 rpm |
| 最大トルク | 38.5 kgm /4,000 rpm |
| 使用燃料 | |
| 燃料タンク容量 | 82L |
| 車両重量 | 1,295 kg |
| 乗車定員 | 2名 |
| 最小回転半径 | |
| 全長 | 4,220 mm |
| 全幅 | 1,780 mm |
| 全高 | 1,300 mm |
| ホイールベース | 2,510 mm |
| トレッド前 | |
| トレッド後 | |
| 最低地上高 | |
| ブレーキ | デュアルサーキット 油圧リーボアシスト式 カーボンファイバーエアダクト |
| 前 | ベンチレーティッドディスクブレーキ(ブレンボ社製4ポットアルミキャリパー) |
| 後 | ベンチレーティッドディスクブレーキ(AP社製フローティングキャリパー) |
| タイヤサイズ | |
| 前 | Michelin Pilot SX slicks or rain 20/62x17 |
| 後 | Michelin Pilot SX slicks or rain 24/62x17 |
| 販売期間 | 1993-1993 |
| 販売台数 | 22台 |

# 机上のマセラティ
## Maserati on the Desk

### ネットゥーノ・パワーの マセラティ・スーパーカー消しゴムは机上のスピードキングとなるか!?

もちろんマセラティの本拠であるモデナを攻略しないワケはない。グランデ広場でゲーム大会を行うと、入場制限をしなければならないほどの大人気となった。マセラティ本社ショールームにおいてデモンストレーションを行うのはもちろんのことだ。

1970年代後半に小学生から中学生時代を過ごした日本全国の子供達はスーパーカーブームの洗礼を受けた。この"スーパーカー世代"にとって、ギブリやボーラなどのモデル名を知っているのは当然で、メーカー公表の最高速度や最高出力からエンジン形式などまで学校の勉強とは違った情熱で暗記したものであった。そんな大ブームの中でも、実際に"所有"したり、"ドライブ"?できるアイテムとして、グッズ類の中で最も人気を博したのが、スーパーカー消しゴムだ。文具というエクスキューズの元、学校にボールペンとスーパーカー消しゴムを持ち込み、休み時間には教室の机がエキサイティングなサーキットへと早変わりしたのだ。

しかし、スーパーカーブームの終焉と共に、スーパーカー消しゴムは皆の前から消え去ってしまった。実車と同じように"スーパーカー冬の時代"がやってきたのだ。

しかし、情熱があれば困難は乗り越えることができる。次世代のクルマ離れを憂う仕掛け人がこの難題に挑戦したのだ。実車のスキャン、もしくはメーカー提供のCADデータを元にプロモデラーがデータを作成。精密消しゴムの製造に拘った日本の匠が精巧な型を作り、Mad in Japanの超精密スーパーカー消しゴムが誕生したのだ。もちろん、この心意気に我がマセラティ本社は即座に賛同し、ライセンス契約を結んでくれたことはいうまでもない。

晴れてマセラティのスーパーカー消しゴムが誕生した。そして、販売ターゲットを単に日本の懐古的な想いを持つ層のみに設定しなかったこともユニークだ。海外からその導入を開始したのだ。トリノの国立自動車博物館はその想いを早速受け止めてくれた。イタリア人にこの"遊び"を教えるためにゲームイベントを何回も開催してくれたし、ミュージアムショップで、スーパーカー消しゴムはベストセラー・アイテムとなった。

消しゴムだけでなく、それを弾くボールペンもスーパーカー消しゴムにとって重要だ。消しゴム（マシン）の動力源、つまり"エンジン"であるからだ。プロジェクトは早速、新世代パワートレインのネットゥーノをモチーフとした、スーパーカー消しゴムゲーム専用のブースターペンの開発に取り掛かったのだった。シフトレバーによって弾く強さを調整しながら、机上サーキットで虎視眈々と相手のマシンを追い詰めていくのだ！

協力：GGF-T　https://www.ggf-t.jp/

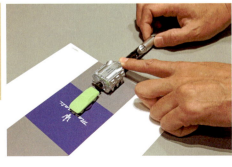

ギブリ（初代）、ボーラ、メラク、MC20、グレカーレの5車種がラインナップ。MC20を同梱したネットゥーノエンジン型 消しゴムブースターペン、5車種とペン、ゲームボードをセットにした「マセラティ直線番長レース」ボックスなどが商品化されている。

# マセラティを描いた二大巨匠
## ジョルジェット・ジウジアーロとマルチェッロ・ガンディーニ

いまも現役のジョルジェット。左は彼の片腕である息子のファブリツィオ。上はジョルジェットによる緻密なボーラの三面図。ボーラがデビューしたジュネーヴショーではマセラティ、シトロエンの重鎮とともにスタンドで。

マセラティを描いたデザイナーとして、誰もが頭に思い浮かべるのはジョルジェット・ジウジアーロであろう。プロダクションモデルでは初代ギブリ、ボーラ、メラク、クアトロポルテⅢ、3200GTといった人気モデルを手がけた。ベルトーネ在籍時には5000GT、コンペティションモデルとしてMC12にも彼の手が入っている。さらにブーメランをはじめとして幾つものコンセプトモデルを手がけ、比較的近年では、BrunやKuban（Ⅰ）などといったSUVモデルの提案も行っている。

もう一人の雄は、2024年に鬼籍に入ってしまったマルチェッロ・ガンディーニだ。彼はカムシン、クアトロポルテⅡ（ごく少量が生産）、シャマル、ギブリⅡ、クアトロポルテⅣ、さらにはチュバスコというコンセプトモデルも手がけた。

ジウジアーロとはテイストが異なるデザイナーであるが、初代ギブリ後継プロジェクトの検討にはいったシトロエン傘下時代、ジウジアーロは自前のイタルデザインを設立していた。イタルデザインはそれまでの伝統的なカロッツェリアとは異なり、ボディの製造を行わないことをポリシーにしていた。であるからボーラやメラクはジウジアーロのデザインであるが、モデナ近郊のオフィチーナ・パダーネがボディ製造を行った。ところが当時、このパダーネをはじめ多くの技術をもったボディサプライヤーが少量生産ビジネスから撤退していた。マセラティとしてはスタイリング開発だけでなく、ボディ製造を委託できるカロッツェリアを探さなければならなかったのだ。

そんな流れで、ベルトーネとマセラティの関係が生まれ、チーフデザイナーであったガンディーニとの縁が生まれた。デ・トマソ期になってしばらくの間、ベルトーネ、ガンディーニとのコラボレーションは行われなかったが、1990年代になるとフリーランスとなった（自前のファミリー会社を設立）ガンディーニとマセラティの関係が復活した。ビトゥルボ系のプラットフォームをベースに個性的なスタイリングを作りあげることで、マセラティのブランディングにも大いに貢献した。

ちなみにライバルとも目されるジウジアーロとガンディーニであるが、二人ともベルトーネに在籍したこともあり（ジウジアーロの後任としてガンディーニが在籍）、一台のモデルに両人が関わるという事態も発生した。そんなことから生まれた"ランボルギーニ・ミウラ論争"は有名である。ちなみにジウジアーロ、ガンディーニ共に1938年生まれというのも興味深い。

ジョヴァンニ・ミケロッティ、ピエトロ・フルアら、この二人以外にも重要なカーデザイナーがマセラティを描いている。オルシ家時代のマセラティは"世界最高峰のデザイナーに時代に合ったマセラティらしいスタイリングを提案してもらう"というポリシーの元に多くのデザイナーから提案を受けた。この考え方はピニンファリーナを専属カロッツェリアとして従えたフェラーリとは大きく異なるものであった。

在りし日のマルッチェロ・ガンディーニと彼の筆になるクアトロポルテIVのスケッチ。上はアレッサンドロ・デ・トマソに向けて制作されたプロポーザル作品。

MASERATI COMPLETE GUIDE | 175

## 著者プロフィール　　Author Profile

### 越湖 信一

イタリアのモデナ、トリノにおける幅広い人脈を持つカー・ヒストリアン。前職であるレコード会社ディレクター時代には、世界各国のエンターテインメントビジネスに関わりながら、ジャーナリスト、マセラティ クラブ オブ ジャパン代表として自動車業界に関わってきた。現在はビジネスコンサルタントおよびジャーナリスト活動の母体として EKKO PROJECT を主宰。クラシックカー鑑定のオーソリティであるイタリア ヒストリカセレクタ社の日本窓口も務める。

### Shin-ichi Ekko

Car Historian who has a wide range of contacts in Modena and Turin, Italy.
In his previous position as director of a record production company, he was involved in the entertainment business worldwide.
He has also been involved in the automotive industry as a journalist and as a representative of the Maserati Club of Japan.
Currently he operates EKKO PROJECT as a base for his business consulting and journalism activities.
The founder and chairman of MASERATI CLUB OF JAPAN since 1993.

## クレジット　　Credit

Photo：
MASERATI S.p.A.,MASERATI JAPAN,Centro Stile Maserati,
ITALDESIGN GIUGIARO S.p.A.,Adolfo Orsi archive,
ガレーヂ伊太利屋 , 宇沢章 ,Marc Sonnery,
Barthelemy Lafont,Matteo Panini,Walter Ghidoni,
Pierangelo Andreani,Frank Mandarano,Cleto Grandi,
CECOMP SPA,Pininfarina S.p.A.,
CARROZZERIA TOURING SUPERLEGGERA S.R.L.,
Ivano Cornia,Carrozzeria Castagna,
FUNDACIÓN MUSEO JUAN MANUEL FANGIO,
Ermanno Corghi, Girodano Casarini, Gianfranco Berni,
OPUS S.A.,Janpiet Groningen,Ken Okuyama Cars,GGF-T,
Koichi Inouye,Shin-ichi Ekko

Special Thanks：
Harald J. Wester,Davide Grasso,Maria Conti,
Matthew.Rindone,Luca Delfino,Takayuki Kimura,
Kazufumi Tamaki,Bungo Yamamoto, Rika Kishigami,
Tomoki Takeda,Federico Landini,Klaus Busse,
Davide Kluzer, Tiziana Solivani,Giovanni Sgro,
Andrea Bertolini,Davide Danesin, Christiano
Bonzoni,Sandro Bernardini,Ermanno Cozza,
Fabio Colina,D'Alessandro Andre,AdolfoOrsi,
MatteoPanini,Giorgetto Giugiaro,Fabrizio Giugiaro,
Marcello Candini,Carrozzeria Campana,
Andrea Zagato,Tamotsu Akama,Masaaki Sakai,
Garage Italya,MASERATI CLUB OF JAPAN

CoverImage： MASERATI SpA

協力：マセラティ ジャパン株式会社 MASERATI JAPAN

企画・構成・著作：越湖　信一
Produced/Edited/Text by: Shin-ichi Ekko

## マセラティ大全　MASERATI COMPLETE GUIDE III

発行日　　2024 年 12 月 1 日
　　　　　初版第 1 刷発行

著　者　　越湖 信一
制　作　　EKKO PROJECT

発行人　いのうえ・こーいち
発行所　株式会社こー企画／いのうえ事務所
　　〒158-0098　東京都世田谷区上用賀 3-18-16
　　　　　PHONE 03-3420-0513
　　　　　FAX　　03-3420-0667

発売所　株式会社メディアパル（共同出版者、流通責任者）
　　〒162-8710　東京都新宿区東五軒町 6-24
　　　　　PHONE 03-5261-1171
　　　　　FAX　　03-3235-4645

印刷 製本　株式会社 JOETSU デジタルコミュニケーションズ

© Shin-ichi Ekko 2024

ISBN 978-4-8021-3491-0　C0065
2024 Printed in Japan

◎定価は表紙に表示してあります。造本には充分注意しておりますが、万が一、落丁 乱丁などの不備がございましたら、お手数ですが、発行元までお送りください。送料は弊社負担でお取替えいたします。

◎本書の無断複写（コピー）は、著作権法上での例外を除き禁じられております。また代行業者に依頼してスキャンやデジタル化を行なうことは、たとえ個人や家庭内での利用を目的とする場合でも著作権法違反です。